组合机床设计简明手册

主编 谢家瀛
参编 刘跃南 吴季安 江飞舟 徐旭东
主审 徐嘉模

U0240849

机 械 工 业 出 版 社

本书主要内容分两篇共8章。第一篇阐述组合机床设计方法，组合机床设计特点及步骤、通用部件及选用、总体设计、多轴箱设计等4章；第二篇提供组合机床设计常用配套资料，有"1字头"新通用部件性能参数和配套关系及联系尺寸、常用工艺方法及切削用量、多轴箱设计指导资料、常用工辅具等4章。全书贯彻现行国家新标准和部颁标准。

本书作为高等院校机制专业金属切削机床课程配套教材和设计用书，也适用于各类成人高校机制专业，同时可供机械制造工程有关技术人员设计使用。

图书在版编目（CIP）数据

组合机床设计简明手册/谢家瀛主编. —北京：机械工业出版社，1996.8（2024.1重印）

ISBN 978-7-111-03832-0

Ⅰ. 组⋯ Ⅱ. 谢⋯ Ⅲ. 组合机床 – 设计 – 手册

Ⅳ. TG650.2 – 62

中国版本图书馆 CIP 数据核字（2002）第 054932 号

机械工业出版社（北京市百万庄大街 22 号　邮政编码 100037）
责任编辑：高文龙　张一萍　版式设计：王　颖　责任校对：樊钟英
封面设计：单爱军　　　　责任印制：李　昂
北京虎彩文化传播有限公司印刷
2024 年 1 月第 1 版第 16 次印刷
184mm×260mm · 12.25 印张 · 300 千字
标准书号：ISBN 978 - 7 - 111 - 03832 - 0
定价：35.00 元

电话服务　　　　　　　网络服务
客服电话：010-88361066　机　工　官　网：www.cmpbook.com
　　　　　010-88379833　机　工　官　博：weibo.com/cmp1952
　　　　　010-68326294　金　书　网：www.golden-book.com
封底无防伪标均为盗版　机工教育服务网：www.cmpedu.com

前　言

　　本书经全国高等专科学校机制专业教材编审委员会审定，作为《金属切削机床概论》（顾维邦主编）和《金属切削机床设计》（黄鹤汀主编）两本基本教材的配套教材。本书可作为高等院校机制专业"组合机床设计"课程和设计用书，也适用于职业大学、业余大学、职工大学、电视大学等，同时可供机械制造工程有关技术人员设计使用。

　　为适应全国各地大专院校的教学需要，同时能满足企业组合机床设计的需求，由机械电子工业部教材编辑室建议，并与全国高等专科学校机制专业教材编审委员会及机床液压课程组商定，由原定《组合机床设计指导》书稿改编为《组合机床设计简明手册》。本书主要阐述组合机床设计方法和常用配套资料，分两篇共8章。第一篇设计方法指导，有组合机床特点及设计步骤、通用部件及选用、总体设计、多轴箱设计等4章；第二篇设计资料，有"1字头"通用部件性能参数和配套件及联系尺寸、常用工艺及切削用量、多轴箱设计指导资料、常用工辅具和通用件等4章。全书均采用了国家法定计量单位，国家标准、部颁标准。

　　本书由连云港职业大学江飞舟（第一章、第四章第三节、第七章第四节）、湘潭机电专科学校刘跃南（第二、五章）、常州工业技术学院吴季安（第三、六章）、扬州工学院谢家瀛（第四章第一、二、四节、第七章第一、二、三节、第八章第二节）、江南大学徐旭东（第八章第一节）编写。本书由谢家瀛主编。

　　本书由大连组合机床研究所副总工程师、研究员级高级工程师徐嘉模主审。

　　1990年11月、1991年6月在扬州、无锡召开审稿会。参加审稿会议的有湘潭机电专科学校丁树模、扬州工学院黄鹤汀、洛阳建材专科学校张永安、上海机械专科学校顾维邦及有关学校教师。

　　本书编写过程中，得到了有关大专院校、研究所和企业的大力支持和热情帮助，在此谨致谢意。

　　限于编者水平和经验，书中难免有错误和不妥之处，敬希读者批评指正。

编　者
1992年10月

目　　录

第一篇　组合机床设计方法指导

第一章　组合机床的组成、设计特点
　　　　及步骤 ……………………… 1
　第一节　组合机床的组成及特点……… 1
　第二节　组合机床的工艺范围及配置
　　　　　形式……………………………… 2
　第三节　组合机床自动线的组成和分类… 8
　第四节　组合机床的设计步骤………… 9
第二章　组合机床通用部件及其选
　　　　用 ………………………………… 11
　第一节　通用部件的类型及标准 …… 11
　第二节　常用通用部件 ……………… 15

第三节　通用部件的选用 ……………… 30
第三章　组合机床总体设计 …………… 32
　第一节　工艺方案的拟订 …………… 32
　第二节　切削用量的确定 …………… 38
　第三节　组合机床总体设计——"三图
　　　　　一卡" …………………………… 39
第四章　组合机床多轴箱设计 ………… 53
　第一节　多轴箱的基本结构及表达方法… 53
　第二节　通用多轴箱设计 …………… 60
　第三节　攻螺纹多轴箱的设计特点 …… 80
　第四节　多轴箱计算机辅助设计（CAD）
　　　　　简介 …………………………… 86

第二篇　组合机床设计常用资料

第五章　通用部件主要技术性能、配套关系及
　　　　联系尺寸 ………………………… 91
　第一节　动力滑台 …………………… 91
　第二节　主轴部件 …………………… 104
　第三节　主运动驱动装置 …………… 113
　第四节　工作台 ……………………… 118
　第五节　其它 ………………………… 120
第六章　组合机床常用工艺方法及切
　　　　削用量 ………………………… 123
　第一节　常用工艺方法及能达到的精度和
　　　　　表面粗糙度 ………………… 123

第二节　常用工艺方法切削用量推荐值……… 130
第七章　通用多轴箱设计指导资料 …… 135
　第一节　通用多轴箱体 ……………… 135
　第二节　通用主轴、传动轴组件 …… 141
　第三节　齿轮、套 …………………… 159
　第四节　攻螺纹行程控制机构 ……… 165
第八章　组合机床常用工辅具和通
　　　　用件 …………………………… 167
　第一节　常用工辅具 ………………… 167
　第二节　常用标准件和通用件 ……… 182
参考文献 ……………………………… 191

第一篇　组合机床设计方法指导

第一章　组合机床的组成、设计特点及步骤

第一节　组合机床的组成及特点

　　组合机床是根据工件加工需要，以大量通用部件为基础，配以少量专用部件组成的一种高效专用机床。

　　图1-1所示为典型的双面复合式单工位组合机床。其组成是：侧底座1、滑台2、镗削头3、夹具4、多轴箱5、动力箱6、立柱7、垫铁8、立柱底座9、中间底座10、液压装置11、电气控制设备12、刀工具13等。通过控制系统，在两次装卸工件间隔时间内完成一个自动工作循环。图中各个部件都是具有一定独立功能的部件，并且大都是已经系列化、标准化和通用化的通用部件。通常夹具4、中间底座10和多轴箱5是根据工件的尺寸形状和工艺要求设计的专用部件，但其中的绝大多数零件如定位夹压元件、传动件等也都是标准件和通用件。

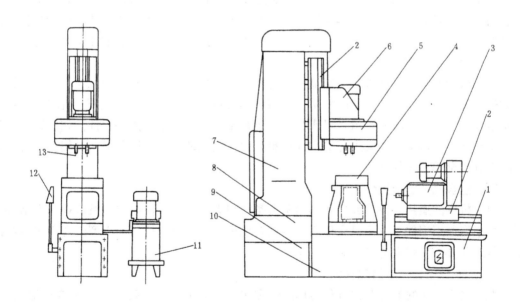

图1-1　双面复合式组合机床

1—侧底座　2—滑台　3—镗削头　4—夹具　5—多轴箱　6—动力箱　7—立柱　8—垫铁

9—立柱底座　10—中间底座　11—液压装置　12—电气控制设备　13—刀工具

通用部件是组成组合机床的基础。用来实现机床切削和进给运动的通用部件，如单轴工艺切削头（即镗削头、钻削头、铣削头等）、传动装置（驱动切削头）、动力箱（驱动多轴箱）、进给滑台（机械或液压滑台）等为动力部件。用以安装动力部件的通用部件如侧底座、立柱、立柱底座等称为支承部件。

组合机床具有如下特点：

1）主要用于棱体类零件和杂件的孔面加工。

2）生产率高。因为工序集中，可多面、多工位、多轴、多刀同时自动加工。

3）加工精度稳定。因为工序固定，可选用成熟的通用部件、精密夹具和自动工作循环来保证加工精度的一致性。

4）研制周期短，便于设计、制造和使用维护，成本低。因为通用化、系列化、标准化程度高，通用零部件占 70%～90%，通用件可组织批量生产进行预制或外购。

5）自动化程度高，劳动强度低。

6）配置灵活。因为结构模块化、组合化。可按工件或工序要求，用大量通用部件和少量专用部件灵活组成各种类型的组合机床及自动线；机床易于改装：产品或工艺变化时，通用部件一般还可以重复利用。

第二节　组合机床的工艺范围及配置形式

一、组合机床的工艺范围

目前，组合机床主要用于平面加工和孔加工两类工序。平面加工包括铣平面、锪（刮）平面、车端面；孔加工包括钻、扩、铰、镗孔以及倒角、切槽、攻螺纹、锪沉孔、滚压孔等。随着综合自动化的发展，其工艺范围正扩大到车外圆、行星铣削、拉削、推削、磨削、珩磨及抛光、冲压等工序。此外，还可以完成焊接、热处理、自动装配和检测、清洗和零件分类及打印等非切削工作。

组合机床在汽车、拖拉机、柴油机、电机、仪器仪表、军工及缝纫机、自行车等轻工行业大批大量生产中已获得广泛的应用；一些中小批量生产的企业，如机床、机车、工程机械等制造业中也已推广应用。组合机床最适宜于加工各种大中型箱体类零件，如气缸盖、气缸体、变速箱体、电机座及仪表壳等零件；也可用来完成轴套类、轮盘类、叉架类和盖板类零件的部分或全部工序的加工。

二、组合机床的配置形式

组合机床的通用部件分大型和小型两大类。用大型通用部件组成的机床称为大型组合机床。用小型通用部件组成的机床称为小型组合机床。大型组合机床和小型组合机床在结构和配置型式等方面有较大的差别。

（一）大型组合机床的配置型式

大型组合机床的配置型式可分为单工位和多工位两大类，而每类中又有多种配置形式，见表1-1所示。

按照工序集中程度和不同批量生产的需要还有其他几种配置型式：

1）工序高度集中的组合机床　在基本配置型式的基础上，增设动力部件来加工工件的更多的表面（见图1-2）。这些型式都是结合工件的特定情况配置的。

表 1-1　组合机床的基本配置形式及其适用范围

类别	刀具对工件的加工顺序	组合机床配置形式			示　意　图	说　明	适用范围
单工位组合机床	平行加工	单面			进给方向	机床带有一套固式定夹具，根据所需的加工面数布置动力部件。动力部件可以立式、卧式或倾斜式安装。工件安装在机床的固定夹具里，夹具和工件固定不动。动力滑台实现进给运动，滑台上的动力箱连同多轴箱或单轴切削头实现切削主运动	各种工件的孔和平面，采用简单刀具时，通常只能完成单道工序。能保证各加工表面有较高的相互位置精度。机床生产率较低。特别适用于大中型箱体类零件的加工
		双面					
		三面					
		四面					
		多面（四面以上）					
多工位组合机床	平行顺序加工	回转输送方式	分度回转工作台			通过工作台的回转分度，将装在工作台上的工件顺次送往各工位进行加工。动力部件可以立式、卧式或倾斜式安装。工作台台面直径一般在 1600mm 以下，工位数 2～12	各种中、小工件复杂形状的孔、精密孔及面。通常只从一个方向进行加工。除双工位回转工作台式机床外，通常设有单独的上下料工位，生产率较高。每个工位分别采用独立的动力部件的型式，适用于大型工件的加工，也可用于几个方向的同时加工

类别	刀具对工件的加工顺序	组合机床配置形式	示意图	说明	适用范围
多工位组合机床	平行顺序加工	回转输送方式	鼓轮式	工件装夹在鼓轮的棱面或端面上，通过鼓轮的分度回转，将工件顺次送往各工位进行加工。通用部件通常都是卧式安装 鼓轮外径通常在1000mm以内，工位数3~8	各种中、小件复杂形状孔、精密孔及面，甚至大型工件。特别适用于有相互垂直要求的复杂工件。一般设有单独的上下料工位
			中央立柱式或环形回转工作台	机床带有环形分度回转工作台，通过工作台的回转分度将工件顺次送往各工位进行加工。可在中央立柱上布置立式动力部件，可在工作台周围布置卧式或倾斜式动力部件。不用中央立柱时也可在中央布置卧式动力部件 环形工作台外径通常在3000mm以内，工位数4~10	各种中、小件复杂形状孔、精密孔及面，甚至大型工件。特别适用于有相互垂直要求的孔和面的复杂工件。一般设有单独的上下料工位
多工位组合机床	平行加工和顺序加工相结合	直线输送方式	移动工作台	通过移动工作台的移动和定位，带着工件沿各工位顺序逐一进行加工。动力部件可以是立式，卧式或倾斜式安装、工位数可达到几十个	各种大、中、小件复杂形状的孔、精密孔及面、机床生产率较低，可用于中批量生产中。也适用于特大型复杂工件中批生产。可设或不设单独的上下料工位

2）用于大批大量生产的组合机床　为提高生产率，除缩短加工时间和辅助时间，尽量使辅助时间和加工时间重合外，还可考虑在每个工位上安装几个工件同时进行加工，或在一个工位（或一台机床）上设置几套夹具，对工件进行多次安装，从而加工不同的表面，见图1-3。

3）转塔头式及转塔动力箱式组合机床　有单轴和多轴两类，并有通用化系列化标准。通过带有各种工艺性能的单轴（或多轴）转塔头或转塔动力箱转位，实现对工件的顺序加工。单轴转塔主轴设置在转塔体上，工位数有4~8个或更多，转塔可布置成卧式和立式；

多轴转塔主轴则设置在多轴箱（或单轴主轴箱）上，工位数有 3、4、6 个，可以完成对工件一个面上的主要加工工序。图 1-4 所示为转塔式组合机床，转塔头或转塔动力箱具有主切削运动和转塔的转位（或安装在滑台上随滑台作进给运动，此时工件固定不动），工件可安装在滑台上作进给运动，也可以安装在回转工作台上实现多面加工。转塔头或转塔动力箱也可用于组成单面、多面或多工位等各种配置形式的组合机床。

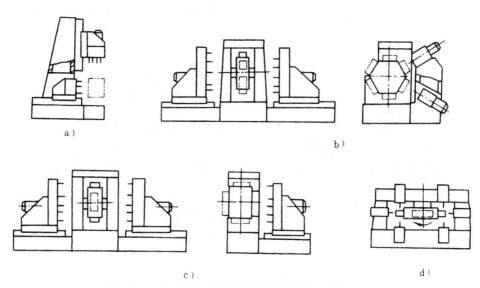

图 1-2　工序高度集中的组合机床配置型式

a）跨挡式立柱中增设卧式动力部件　b）鼓轮式组合机床上增设辐射安装动力部件
c）鼓轮式组合机床上增设后动力部件　d）倒挂工作台式

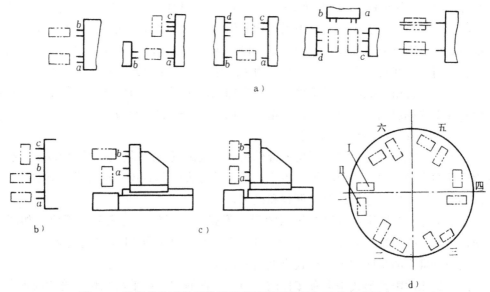

图 1-3　采用多次不同安装对工件不同面进行加工的示意图

a）水平两次安装　b）水平三次安装　c）垂直两次安装　d）回转工作台或鼓轮上两次安装
a、*b*、*c*、*d* 表示不同加工面；一、二、…、六表示不同工位；Ⅰ、Ⅱ表示安装次序

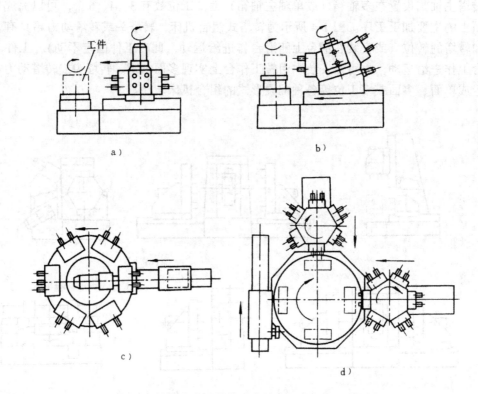

图 1-4 转塔头式及转塔动力箱式组合机床示意图

转塔式组合机床可以完成一个工件的多工序加工，并可减少机床台数和占地面积，由于转塔各工位主轴顺序加工，避免了各工位间切削振动的互相干扰，加工精度较高，但切削时间叠加，而且切削时间与辅助时间不重合，机床生产率较低，适宜于中小批量生产场合。

除上述各种配置形式外，还采用可调式组合机床，以适应几种工件的轮番生产；采用自动换刀式和自动更换主轴箱式组合机床，以适应孔数较少的工件和孔数较多外形尺寸较大的工件；采用工件在机床上多次安装与采用多工位回转工作台或移动工作台相结合的方式的组合机床，使一台组合机床能对工件进行多次加工；还可以采用将若干种加工工艺相近似的工件合并加工的成组加工组合机床，以增大中批量生产的加工能力。

（二）小型组合机床配置形式

小型组合机床也是由大量通用零部件组成，其配置特点是：常用两个以上具有主运动和进给运动的小型动力头分散布置、组合加工。动力头有套筒式、滑台式，横向尺寸小，配置灵活性大，操作使用方便，易于调整和改装。

图 1-5 所示为几种小型组合机床的配置形式。小型组合机床分单工位（如图 1-5a、b、c、d）和多工位（如图 1-5e、f、g）两类。目前在生产中使用较多的是各种多工位小型机床，其中最常用的是回转工作台式小型组合机床。

组合机床的配置形式是多种多样的，同一零件的加工可采用几种不同的配置方案。在确定组合机床配置形式时，应对几个可行的方案进行综合分析，从机床负荷率、能达到的加工精度、使用和排屑的方便性、机床的可调性、机床部件的通用化程度、占地面积等方面作比较，选择合理的机床总体布局方案。

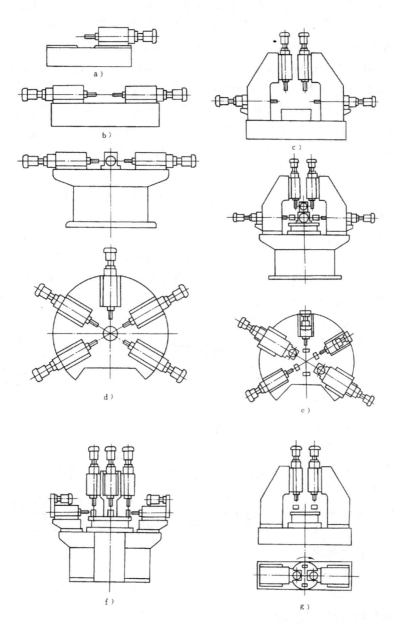

图 1-5　小型组合机床的配置形式

第三节　组合机床自动线的组成和分类

有些零件由于结构复杂，加工工序较多，在一台组合机床上不能完成全部加工，这时往往将几台组合机床按照合理的工艺路线布置成流水线。如果把流水线中各台组合机床实现单机自动化，并把它们和各种辅助设备通过工件自动传送装置联系起来，统一控制，机床和所有机构按照规定的动作顺序和节奏自动进行工作，就成了组合机床自动线。

组合机床自动线由组合机床（和少量专用机床）、零件输送装置、转位装置、排屑装置及电气和液压控制设备等组成。采用组合机床自动线，可以明显地改善劳动强度、提高生产率；能减少占地面积和操作工人，并利于保证产品质量和减少在制品。但自动线可调性差，投资大，要求上线工件的结构和工艺相对稳定，毛坯材质要均匀，尺寸偏差要小。而且自动线装置复杂，调整环节多，一处有故障往往引起全线停车。因此是否采用自动线应作全面分析。

组合机床自动线按被加工零件的输送方式分为直接输送和间接输送两大类。

一、直接输送的组合机床自动线

直接输送的组合机床自动线，一组工件由输送带直接带动，各工件同步输送到各相应的工位。输送基面就是工件上的某一表面。近年来常采用抬起步伐式输送带，托起工件输送，可保护工件基面和提高输送速度。图 1-6a 所示为通过式输送自动线。这种自动线的工件输送带贯穿全线机床，工件直接经过加工工位，从自动线的始端输入，完成加工后从末端送出。

这种型式的自动线结构较简单，工作可靠，辅助时间较短，已被广泛采用。当某些工件加工工艺和机床布局结构不允许工件直接贯穿加工工位进行传输时，常采用如图 1-6b 所示的非通过式输送自动线。这种自动线输送带布置在机床的外侧，工件为了进入机床夹具，还需要有横向运送机构。当然也有设置在机床上方的空架式机械手直接抓取工件进行传输的组合机床自动线布局方案。

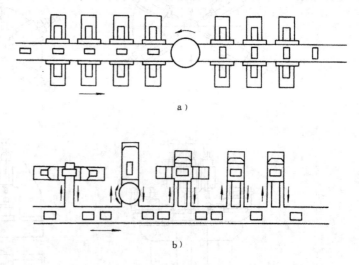

a)

b)

图 1-6　直接输送的组合机床自动线

二、间接输送的组合机床自动线

如果工件没有合适的输送和定位基面，或者为防止输送时擦伤基面（如轻金属件），常采用间接输送的组合机床自动线，也称为随行夹具自动线。这种自动线开始应先在线首装料工位将工件装夹到随行夹具上，再由输送带将随行夹具依次传送到各个工位加工。加工完毕后在线末端卸工件，随行夹具空返线首。随行夹具的返回方式有水平返回（如图 1-7a）、上方返回（如图 1-7b）和下方返回（如图 1-7c）等。

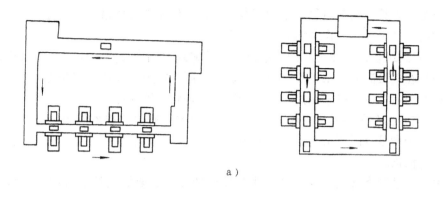

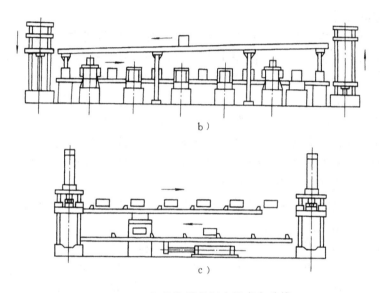

图 1-7　间接输送的组合机床自动线

第四节　组合机床的设计步骤

　　组合机床一般都是根据和用户签订的设计、制造合同进行设计的。合同中规定了具体的加工对象（工件）、加工内容、加工精度、生产率要求、交货日期及价格等主要的设计原始数据。在设计过程中，应尽量做到采用先进的工艺方案和合理的机床结构方案；正确选择组合机床通用部件及机床布局型式；要十分注意保证加工精度和生产效率的措施以及操作使用方便性，力争设计出技术上先进、经济上合理和工作可靠的组合机床。组合机床设计的步骤大致如下。

一、调查研究

　　调查研究的主要内容包括以下几个方面：

　　1）认真阅读被加工零件图样，研究其尺寸、形状、材料、硬度、重量、加工部位的结构及加工精度和表面粗糙度要求等内容。通过对产品装配图样和有关工艺资料的分析，充分认识被加工零件在产品中的地位和作用。同时必须深入到用户现场，对用户原来生产所采用的加工设备、刀具、切削用量、定位基准、夹紧部位和加工质量及精度检验方法、装卸方法及装卸时间、加工时间等作全面的调查研究。

2）深入到组合机床使用和制造单位，全面细致地调查使用单位车间的面积、机床的布置、毛坯和在制品流向、工人的技术水平、刀具制造能力、设备维修能力、动力和起重设备等条件以及制造单位的技术能力、生产经验和设备状况等条件。

3）研究分析合同要求，查阅、搜集和分析国内外有关的技术资料，吸取先进的科学技术成就。对于满足合同要求的难点拟采用的新技术、新工艺应要求进行必要的试验，以取得可靠的设计依据。

总之，通过调查研究应为组合机床总体设计提供必要的大量的数据、资料，作好充分的、全面的技术准备。

二、总体方案设计

总体方案的设计主要包括制定工艺方案（确定零件在组合机床上完成的工艺内容及加工方法，选择定位基准和夹紧部位，决定工步和刀具种类及其结构形式，选择切削用量等）、确定机床配置形式、制订影响机床总体布局和技术性能的主要部件的结构方案。总体方案的拟定是设计组合机床最关键的一步。方案制定得正确与否，将直接影响机床能否达到合同要求，保证加工精度和生产率，并且结构简单、成本较低和使用方便。

对于同一加工内容，有各种不同的工艺方案和机床配置方案，在最后决定采用哪种方案时，必须对各种可行的方案作全面分析比较，并考虑使用单位和制造单位等诸方面因素，综合评价，选择最佳方案或较为合理的方案。

总体方案设计的具体工作是编制"三图一卡"，即绘制被加工零件工序图、加工示意图、机床联系尺寸图，编制生产率计算卡。

在设计联系尺寸图过程中，不仅要根据动力计算和功能要求选择各通用部件，往往还应对机床关键的专用部件结构方案有所考虑。例如影响加工精度的较复杂的夹具要画出草图，以确定可行的结构及其主要轮廓尺寸；多轴箱是另一个重要专用部件，也应根据加工孔系的分布范围确定其轮廓尺寸。根据上述确定的通用部件和专用部件结构及加工示意图，即可绘制机床总体布局联系尺寸图。

三、技术设计

技术设计就是根据总体设计已经确定的"三图一卡"，设计机床各专用部件正式总图，如设计夹具、多轴箱等装配图以及根据运动部件有关参数和机床循环要求，设计液压和电气控制原理图。设计过程中，应按设计程序作必要的计算和验算等工作，并对第二、三阶段中初定的数据、结构等作相应的调整或修改。

四、工作设计

当技术设计通过审查（有时还须请用户审查）后即可开展工作设计，即绘制各个专用部件的施工图样、编制各部件零件明细表。

第二章　组合机床通用部件及其选用

通用部件是具有特定功能、按标准化、系列化、通用化原则设计制造的组合机床基础部件。它有统一的联系尺寸标准，结构合理、性能稳定。组合机床的通用化程度是衡量其技术水平的重要标志。通用部件的选择是组合机床设计的重要内容之一。本章将对通用部件的类型、标准、配套关系、结构、性能及选用原则等作较全面的介绍。

第一节　通用部件的类型及标准

一、通用部件的分类

随着科学技术的迅速发展，组合机床类型在不断更新和发展，如已有数控组合机床、专能组合机床等新品种。所以，通用部件的品种、规格也日趋繁多。

通用部件按其尺寸大小、驱动和控制方式、单机和自动线的不同，可分为大型和小型通用部件；机械驱动、液压驱动、风动或数控通用部件；组合机床和组合机床自动线通用部件。还出现整机的通用模块，如专能机床（缸盖导管孔加工机床等）、柔性加工单元（UD 系列组合式柔性单元等）。但这些通用部件有其共性功能，按功能划分的类别覆盖面较大。

通用部件按其功能通常分为五大类。

1）动力部件　动力部件是用于传递动力，实现工作运动的通用部件。它为刀具提供主运动和进给运动，是组合机床及其自动线的主要通用部件。它包括动力滑台、动力箱、具有各种工艺性能的动力头等。

2）支承部件　支承部件是用于安装动力部件、输送部件等的通用部件。它包括侧底座、中间底座、立柱、立柱底座、支架等。它是组合机床的基础部件，机床上各部件之间的相对位置精度、机床的刚度等主要依靠它来保证。

3）输送部件　输送部件是具有定位和夹紧装置、用于安装工件并运送到预定工位的通用部件。它包括回转工作台、移动工作台和回转鼓轮等。通常具有较高的定位精度。

4）控制部件　控制部件用来控制具有运动动作的各个部件，以保证实现组合机床工作循环。它包括可编程序控制器（PC）、液压传动装置、分级进给机构、自动检测装置及操纵台电柜等。

5）辅助部件　辅助部件包括定位、夹紧、润滑、冷却、排屑以及自动线的清洗机等各种辅助装置。

上述通用部件中，有一部分通用部件及大量通用零件（特别是控制和辅助部件），通用范围更广，既可用于通用部件，也可用于专用部件，通常称为"广泛通用部件"（T 字头编号）。

二、通用部件的标准、型号、规格及其配套的关系

国内外一直很重视组合机床通用部件的系列化和标准化工作，早已产生国际标准（ISO）。

我国通用部件不仅具有完整的国家标准，并已贯彻了国际标准，许多与国际标准等效。这是随着科学技术和生产的发展，通用部件的结构、性能和品种不断改进、更新和完善的结果。1964 年我国制定的组合机床通用部件系列标准（部标）共有 131 个品种规格（代号为 YT、JT 等）；1975 年和 1978 年颁布两批共 41 项通用部件标准，建立了以滑台为基础的通用部件体系，共 327 个品种规格，即目前工厂中仍被广泛采用的 HY、HJ、TC、TX、TA 等系列的通用部件。根据积极采用国际标准的原则，1983 年又颁布了 13 项与国际标准等效的通用部件新标准（国家标准），据此，陆续设计了"1 字头"新系列通用部件。

（一）"1 字头"新系列通用部件特点

"1 字头"新系列通用部件是大连组合机床研究所在原有通用部件长期生产实践和一系列性能试验、研究的基础上，吸取德、美、英等国家的先进经验而研制的新一代产品，其主要特点如下。

1）全面贯彻了国际、国家和机电部通用部件互换尺寸标准。有利于打入国际市场。

2）全面贯彻了国家机械制图标准及公差配合、形位公差、表面粗糙度、螺纹、齿轮及花键六项基础标准。

3）精度分级。分为普通级、精密级和高精度级（孔加工精度可达 H6）三种精度等级。便于用户按需要选用，提高经济性。

4）内在质量高。如刚度好、噪声低、振动小、寿命长等，且便于使用维护。

5）品种规格齐全。共有 80 个系列，540 个品种规格。增加了多工位移动工作台、数控滑台、静压镗头、偏心镗头、箱体转动式机械动力头等一系列新品种。

（二）通用部件型号编制方法

1．以滑台为基础的通用部件型号编制方法

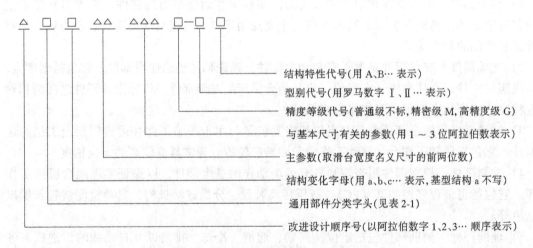

结构特性代号（用 A、B… 表示）

型别代号（用罗马数字 Ⅰ、Ⅱ… 表示）

精度等级代号（普通级不标，精密级 M，高精度级 G）

与基本尺寸有关的参数（用 1～3 位阿拉伯数表示）

主参数（取滑台宽度名义尺寸的前两位数）

结构变化字母（用 a、b、c… 表示，基型结构 a 不写）

通用部件分类字头（见表 2-1）

改进设计顺序号（以阿拉伯数字 1、2、3… 顺序表示）

表 2-1　组合机床通用部件分类字头

	适用范围	液 压		机 械	风动液压	机械液压
滑　　台	短台面型	HY		HJ	HQ	HU
	长台面型	HYA		HJA	HQA	HUA
十字滑台	适用小型组合机床	HYS		HJS	—	HUS
动力箱	短台面型	TD	长台面型	TDA	转　塔　型	TDZ

（续）

主轴部件 （切削头）	适用范围	铣头	镗头	偏心镗头	精镗头	镗车头	可调头	钻削头		攻螺纹头	
								单轴	多轴	单轴	多轴
	短台面型	TX	TA	TAP	TJ	TC	TK	TZ	TZD	TG	TGD
	长台面型	TXA	TAA	—	—	TCA	TKA	TZA	—	—	—

动力头	滑套式				机械箱体式	转塔式		自动更换式	
	机械	液压	风动	风动液压		机械	液压	机械	液压
	LHJ	LHY	LHF	LHQ	LXJ	LZJ	LZY	LGJ	LGY

工作台	分度回转工作台					移动工作台				
	机械	液压	风动	风动液压	机械液压	机械	液压	风动	风动液压	机械液压
	AHJ	AHY	AHF	AHQ	AHU	AYJ	AYY	AYF	AYQ	AYU

转台	机械	液压	风动	风动液压	机械液压
	AZJ	AZY	AZF	AZQ	AZU

支承部件	适用范围	侧底座	立柱	落地式有导轨立柱	有导轨立柱	立柱底座	中间底座	支架
	短台面型	CC	CL	CLC	CLL	CD	CZ	CJ
	长台面型	CE	CLA	—	—	CLH	CZY，CZD	CJY，CJD CJK，CJF

其它	跨系列传动装置	自动线通用部件	广泛通用部件	数控通用部件
	NG	ZXT	T	NC

注：短台面主要适用于大型组合机床；长台面主要适用于小型组合机床。

例如 1HY32M-IB，表示经过第一次改进设计、台面宽为 320mm、精密级液压滑台，滑台行程长度为短行程（Ⅰ型），滑座体导轨为镶钢导轨；1TX63G-Ⅱ，表示经过第一次改进设计、与台面宽度为 630mm 的滑台配套、高精度级、带液压自动让刀机构的滑套式铣削头。

2．自动线通用部件、广泛通用部件型号编制方法

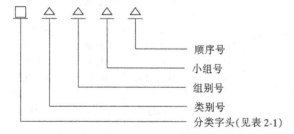

顺序号
小组号
组别号
类别号
分类字头（见表 2-1）

类别号、组别号、小组号及顺序号均用一位阿拉伯数表示（类组划分见表 5-46）

3．通用部件附属部件的型号编制方法

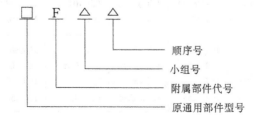

顺序号
小组号
附属部件代号
原通用部件型号

小组号、顺序号均用一位阿拉伯数字表示，小组号的编制方法见表2-2。

表2-2　通用部件附属部件编号法

小组号	0	1	2	3	4	5	6	7	8	9
小组分类	—	支承附件	夹紧、定位、输送	电控附件	传动附件	风动、液压、控制附件	工具附件	多轴箱传动附件	冷却、润滑、排屑附件	其他

4．数控通用部件型号编制方法

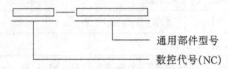

通用部件型号

数控代号(NC)

(三)"1字头"通用部件的型号、规格及其配套关系

通用部件系列标准中，对通用部件的外廓尺寸及与其它部件之间连接处的联系尺寸（如结合面的大小，联接螺钉布置、尺寸及定位销（位置等），均作了统一规定，即互换尺寸标准。因此，只要各部件的规格、技术性能符合设计要求，就可以在不同功用的组合机床上相互通用。

通用部件标准规定动力滑台的主参数为其台面宽度，它也是与滑台配套的其它通用部件的主参数，即以滑台为基础的通用部件体系。主参数采用R10系列，其公比$\phi = 1.25$，如：200、250、320…。由此可知，主参数反映出成套通用部件的规格，主参数的一致性反映出通用部件的配套关系。"1字头"通用部件的型号、规格及其配套关系如表2-3所示。

表2-3　"1字头"系列通用部件的型号、规格及其配套关系

部件名称	标　准	名　义　尺　寸　(mm)					
		250	320	400	500	630	800
液压滑台	GB3668.4—83 (≈ISO2562—1973)	1HY25 1HY25M 1HY25G	1HY32 1HY32M 1HY32G	1HY40 1HY40M 1HY40G	1HY50 1HY50M 1HY50G	1HY63 1HY63M 1HY63G	1HY80 1HY80M 1HY80G
机械滑台		1HJ25 1HJ25M $1HJ_b25$ $1HJ_b25M$	1HJ32 1HJ32M $1HJ_b32$ $1HJ_b32M$	1HJ40 1HJ40M $1HJ_b40$ $1HJ_b40M$	1HJ50 1HJ50M $1HJ_b50$ $1HJ_b50M$	1HJ63 1HJ63M $1HJ_b63$ $1HJ_b63M$	
动力箱	GB3666.5—83 (≈ISO2727—1973)	1TD25	1TD32	1TD40	1TD50	1TD63	1TD80
侧底座	GB3666.6—83 (≈ISO2769—1973)	1CC251 1CC2521 1CC251M 1CC252M	1CC321 1CC322 1CC321M 1CC322M	1CC401 1CC402 1CC401M 1CC402M	1CC501 1CC502 1CC501M 1CC502M	1CC631 1CC632 1CC631M 1CC632M	1CC801 1CC802 1CC801M 1CC802M
立　柱	GB3666.7—83 (≈ISO2891—1977)	1CL25 1CL25M $1CL_b25$ $1CL_b25M$	1CL32 1CL32M $1CL_b32$ $1CL_b32M$	1CL40 1CL40M $1CL_b40$ $1CL_b40M$	1CL50 1CL50M $1CL_b50$ $1CL_b50M$	1CL63 1CL63M	

（续）

部件名称	标准	名 义 尺 寸 （mm）					
		250	320	400	500	630	800
铣削头	GB3668.9—83 （≈ISO3590—1975）	1TX25 1TX25G	1TX32 1TX32G	1TX40 1TX40G	1TX50 1TX50G	1TX63 1TX63G	1TX80 1TX80G
钻削头		1TZ25	1TZ32	1TZ40			
镗削头与车 端 面 头		1TA25 1TA25M	1TA32 1TA32M	1TA40 1TA40M	1TA50 1TA50M	1TA63 1TA63M	

注：1. 机械滑台型号中，1HJ××型使用滚珠丝杠传动；1HJ_b××型使用铜螺母，普通丝杠传动。

2. 侧底座型号中，1CC××1型高度为560mm；1CC××2型高度为630mm。

3. 立柱型号中，1CL_b××型与机械滑台配套使用；1CL××型与液压滑台配套使用。

4. 标准中：ISO为国际标准化组织的标准，"≈"符号表示等效采用。

第二节　常用通用部件

一、动力滑台

动力滑台是由滑座、滑鞍和驱动装置等组成、实现直线进给运动的动力部件。根据被加工零件的工艺要求，在滑鞍上安装动力箱（用以配多轴箱）或切削头（如钻削头、镗削头、铣削头、攻螺纹头等主轴部件配以传动装置），可以完成钻、扩、铰、镗孔、倒角、刮端面、铣削及攻螺纹等工序；台面宽320mm以下的滑台配有分给进给装置，可完成深孔加工。此外，滑台还可当移动工件台用，装上检测装置也可完成自动检测等工序。滑台本身可以安装在侧底座上、立柱上或倾斜的底座上，以便配置成卧式、立式或倾斜式等形式的组合机床。

根据驱动和控制方式不同，滑台可分为液压滑台、机械滑台和数控滑台三种类型。

（一）液压滑台

1. 液压滑台的结构

液压滑台和液压传动装置是两个分离的独立部件。滑台上装有液压缸。液压滑台结构如图2-1所示，液压缸3固定在滑座1上，活塞杆4通过支架5与滑鞍连接。工作时，液压传动装置的压力油通过活塞杆带动滑鞍沿滑座顶面的导轨移动。液压滑台的结构特点是：

1）采用双矩型导轨结构型式，以单导轨两侧面导向，导向的长宽比较大，导向性好。

2）滑座体为箱形框架结构，滑座底面中间增加了结合面，结构刚度高。

3）导轨淬火，硬度高，使用寿命长（A型铸铁导轨：G42-48，B型镶钢导轨：G42-48）。

4）液压缸活塞和后盖上分别装有双向单向阀和缓冲装置，可减轻滑台换向和退至终点时的冲击。

5）滑台分普通级、精密级和高精度级三个精度等级，可按要求选用，提高经济性。

2. 液压滑台的典型工作循环及其应用

液压滑台与其附属部件配套，通过电气、液压联合控制实现自动循环。采用不同的液压、电气系统可实现不同的工作循环。根据选用的液压传动装置不同，液压滑台常用的典型工作循环如图2-2所示。

（1）一次工作进给（图2-2a）这种工作循环主要用于对工作进给速度要求不变的情况下，如钻孔、扩孔、镗孔等。当孔的加工深度要求较高精度时，可采用死挡铁停留来保证。

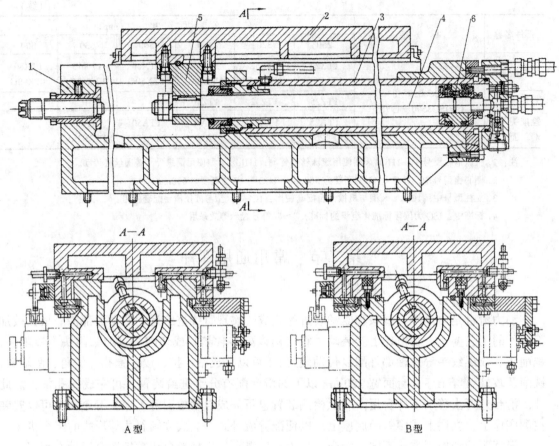

图 2-1　1HY 系列液压滑台结构图

1—滑座　2—滑鞍　3—液压缸　4—活塞杆　5—支架　6—单向阀

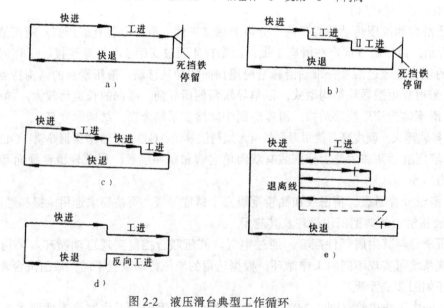

图 2-2　液压滑台典型工作循环

a）一次工作进给　b）二次工作进给　c）超越进给　d）反向进给　e）分级进给

（2）二次工作进给（图 2-2b）这种工作循环主要用于循环中要求工作进给速度变化的情况下，如镗孔终了时再刮端面。

（3）超越进给（图 2-2c）这种工作循环主要用于镗削两个壁上的同轴孔。

（4）反向进给（图 2-2d）这种工作循环的向前进给用于粗加工，反向进给多用于精加工。如镗孔、铣削等。

（5）分级进给（图 2-2e）这种工作循环主要用于深孔钻削，便于刀具定期自动退出排屑和冷却。

3．液压滑台的主要技术性能及其配套关系

1HY 系列液压滑台的主要技术性能、配套部件及联系尺寸参阅表 5-1～表 5-4。

（二）机械滑台

机械滑台有 1HJ、$1HJ_b$、$1HJ_c$ 三个系列。其中 1HJ、$1HJ_b$ 两个系机械滑台都有普通级、精密级两个精度等级，其刚度高、热变形小、进给稳定性高，常用于粗加工及半精加工，$1HJ_c$ 系列为高精度级机械滑台，适用于精加工。

1．机械滑台的结构

机械滑台由滑座、滑鞍、丝杠螺母副及传动装置等组成。其中滑座、滑鞍部分的结构与液压滑台基本相同。1HJ 系列机械滑台采用滚珠丝杠传动，$1HJ_b$ 系列机械滑台采用普通丝杠（铜螺母）传动。这两个系列机械滑台均采用双矩形导轨结构、单导轨两侧面导向型式；$1HJ_c$ 系列机械滑台采用滚珠丝杠传动、三矩形导轨导向及塑料导轨板，具有精度保持性好、导向约束稳定性好及动态性能好等优点。三个系列滑台都有优质铸铁导轨或镶钢导轨、左型或右型等型式，均采用双封闭结构（滑鞍、滑座两在两者导轨间都是封闭结构）型式。如图 2-3 所示，旧 HJ 系列机械滑台结构（图 2-3a）为蜂腰形滑鞍和 U 形滑座，1HJ、$1HJ_b$ 和 $1HJ_c$ 系列滑台采用双封闭结构（图 2-3b、c），这种结构型式的刚度较之 HJ 滑台有较大幅度的提高。

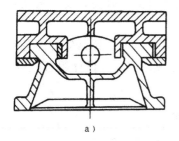 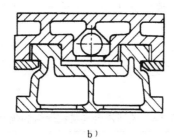 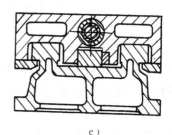

图 2-3　机械滑台结构比较图

$1HJ_c$ 系列高精度滑台采用三导轨导向型式，是国际发展趋势。以三导轨的中间导轨双侧导向，不仅导向约束稳定性好，而且导轨摩擦力作用线与驱动力作用线重合，可降低滑鞍扭转变形；滑鞍的热变形是以中间导轨为中心左右均匀分布，热变形小。

2．机械滑台的传动系统和工作循环

机械滑台与过渡箱传动装置、制动器、分级进给装置等附属部件和支承部件配套使用。机械滑台的传动系统如图 2-4 所示。机械传动装置采用双电机（工作进给电机 3、快进电机 2）差速器（行星机构）传动方式。滑台的工作进给是由工作进给电机 3 经蜗杆、蜗轮和行星机构等驱动丝杠来实现的。滑台工作进给速度通过调整交换齿轮 *A*、*B*、*C*、*D* 获得；把电机 3 改成双速电机，滑台可实现二次工作进给。滑台的快进、快退由电机 2 经齿轮直接驱动，此时工作进给电机可以转动或不转动，转动时滑台的快进、快退速度略有变化；快速电机靠其后端的傍磁式直流电磁铁制动器实现制动。在传动装置中设有过转矩保护装置，当滑鞍碰上死挡铁 7 停留或发生故障而不能前进时，丝杠不转，蜗轮 z_{10} 亦不能转动，此时工作电机仍在工作，迫使蜗杆 z_9 产生轴向窜动，通过杠杆机构 4 压下行程开关 5 发出指令，使快速电机反转，滑鞍快速退回。

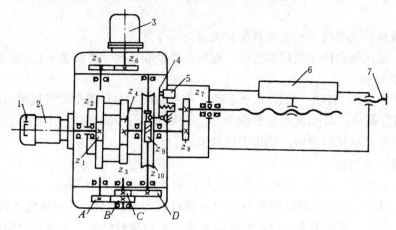

图 2-4　机械滑台的传动系统

1—制动器　2—快进电机　3—工作进给电机　4—杠杆机构
5—行程开关　6—滑台滑鞍　7—死挡铁　A、B、C、D—交换齿轮

机械滑台的工作电机根据需要，可以左或右配置，不需要作任何补充加工或更换零件，只要将中间轴调头、左右两侧盖相互调换安装位置即可。

机械滑台能实现的典型工作循环有：一次工作进给，超越进给，反向进给和分级进给。

3．机械滑台的主要技术性能及其配套部件

$1HJ$、$1HJ_b$、$1HJ_c$ 系列机械滑台的主要技术性能、与配套部件的配套关系及联系尺寸详见表 5-5～表 5-8。

液压滑台与机械滑台由于采用的传动装置不同，因而在性能、使用及维修等方面各有特点。目前，这两种滑台都得到广泛的应用。它们的优缺点比较见表 2-4。设计组合机床时，应根据具体情况合理选用。

表 2-4　液压滑台与机械滑台的优缺点

	液 压 滑 台	机 械 滑 台
优点	1．在相当大的范围内进给量可以无级调速 2．可以获得较大的进给力 3．由于液压驱动，零件磨损小，使用寿命长 4．工艺上要求多次进给时，通过液压换向阀，很容易实现 5．过载保护简单可靠 6．由行程调速阀来控制滑台的快进转工进，转换精度高，工作可靠	1．进给量稳定，慢速无爬行，高速无振动，可以降低加工工件的表面粗糙度 2．具有较好的抗冲击能力，断续铣削、钻头钻通孔将要出口时，不会因冲击而损坏刀具 3．运行安全可靠，易发现故障，调整维修方便 4．没有液压驱动的管路、泄漏、噪声和液压站占地的问题

（续）

	液 压 滑 台	机 械 滑 台
缺点	1. 进给量由于载荷的变化和温度的影响而不够稳定 2. 液压系统漏油影响工作环境，浪费能源 3. 调整维修比较麻烦	1. 只能有级变速，变速比较麻烦 2. 一般没有可靠的过载保护 3. 快进转工进时，转换位置精度较低

（三）数控机械滑台

数控机械滑台是 1HJ 系列机械滑台的派生产品，只是传动装置采用了大连组合机床研究所研制的 ZHS-ACO4D 交流伺服数控系统，其它组成部分及主要联系尺寸与 1HJ 系列机械滑台相同。其特点是可自动变换进给速度和工作循环，可在较宽范围实现自动调速和位控、执行零件加工的数控程序。因此，用这类滑台组成的组合机床或自动线，适用于较多品种中小批量或中大批量的柔性生产。

交流伺服数控机械滑台传动原理如图 2-5 所示。数控机械滑台的主要技术性能参见表 5-9。数控机械滑台与附属部件、支承部件配套关系及联系尺寸详见表 5-10～表 5-12。

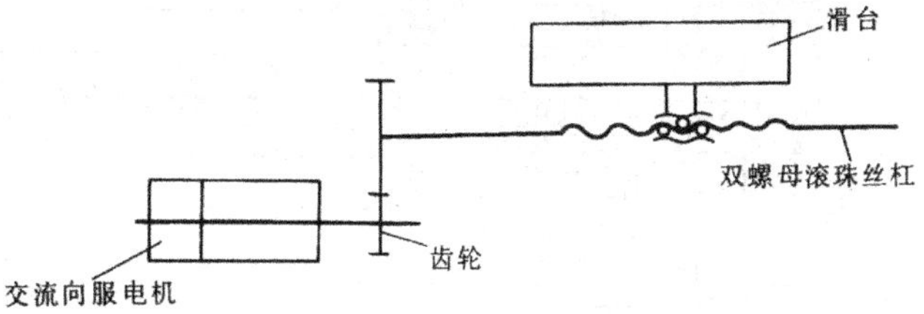

图 2-5　交流伺服数控机械滑台传动原理图

二、主轴部件

主轴部件又称单轴头或工艺切削头，其端部安装刀具，尾部联接传动装置，即可进行切削。如进行铣削、镗削、钻削及攻螺纹等单轴加工工序。每种主轴部件均采用刚性主轴结构。在加工时，刀杆（或刀具）一般不需要导向装置，加工精度主要由主轴部件本身以及滑台的精度来保证。

主轴部件与相应规格的主运动传动装置（跨系列）配套使用。主轴部件配上传动装置安装在动力滑台上，可以组成立式或卧式组合机床。这类机床不设导向装置，夹具结构较简单，机床配置灵活。

主轴部件种类较多，下面介绍大型组合机床上常用的铣削头、钻削头、镗削与车端面头。

（一）铣削头

1. 铣削头的用途

铣削头与相应规格的 1HJ 系列滑台配套，或与 1XG 系列铣削工作台配套，可组成各种型式组合铣床，用以完成对铸铁、钢及有色金属件的平面铣削、沟槽铣和成型铣等工序。

1TX 系列铣削头可选配四种传动装置。配以 1NG×× 齿形带传动装置，适用于高速铣削，主要用于有色金属的粗精加工及钢和铸铁件的精加工；配以 $1NF_b××$ 顶置式交换齿轮变速的传动装置，主要用于对铸铁和钢件中低速粗、精铣削，较适用于大批大量生产卧式组合机床；配以 $1NG_c××$ 尾置式交换齿轮变速的传动装置和配以 $1NG_d××$ 手柄变速传动装置（属于中低速传动），加工性能均与配置 $1NG_b××$ 的铣削头相同，仅 $1NG_c$ 宜于配置立式机床、$1NG_d$ 宜配置为中小批多品种加工的组合机床。

2. 铣削头的结构

1TX 系列铣削头按精度分为普通级、精密级和高精度级三种，其结构完全相同。仅主要零件和轴承的精度不同。根据主轴滑套移动方式不同，又分两种型式：Ⅰ型只能手动移动和夹紧滑套，用于对刀调整；Ⅱ型能液压自动移动和夹紧滑套，用于精铣自动让刀或凹入面加工进退刀。

图2-6 所示为1TX 系列滑套式铣削头结构。铣削头由主轴及轴承、滑套移动机构、滑套夹紧机构和液压让刀机构四部分组成。主轴通过两个双列向心短圆柱滚子轴承支承在滑套3内。在前支承还装有60°接触角的双向推力球轴承，用于承受左右两个方向的轴向力。这种主轴结构不仅刚性好、轴承间隙容易调整、易于保持精度，而且因推力轴承较接近主轴前端面，后轴承可轴向游动，故当主轴以推力轴承为支点向前和向后热伸长时，对铣削精度影响小。

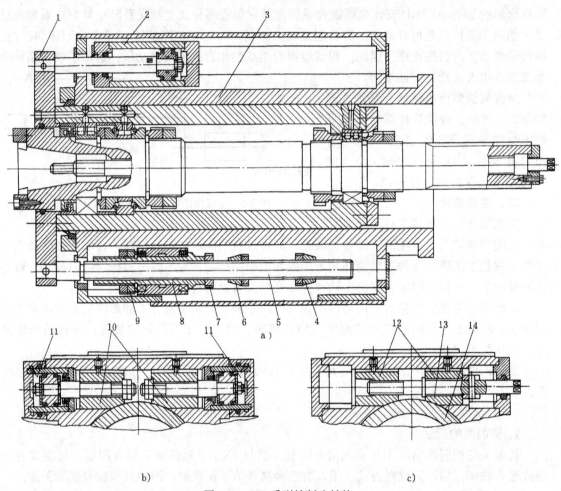

图 2-6 1TX 系列铣削头结构
1—法兰盘 2—液压缸 3—滑套 4—挡铁 5—螺杆 6—挡铁 7—螺母 8—螺母套
9—圆螺母 10—楔块 11—夹紧液压缸 12—楔块 13—夹紧螺杆 14—滑套

滑套3 的轴向移动可以通过丝杠螺母机构或由让刀液压缸来实现（1TXⅡ型）。如果需要进行手动对刀或满足不同加工宽度的对刀调整时，可松开螺母7，转动轴向固定的螺母套8，使螺杆5 轴向移动即可带动滑套实现手动对刀调整。为了防止刀具划伤已加工表面及刀具后面的磨损，铣削头在加工完毕返回时，可以由液压自动让刀机构使铣刀后退实现让刀。让刀时，压力油进入液压缸2 左腔，由活塞杆通过法兰盘1 使滑套和主轴一起后退，实现让刀；同时带动螺杆5 及螺母套8 后退，通过螺母套8 左侧的圆螺母9 控制让刀行程（圆螺母

9 在让刀前已调整好,使它同轴承端面保持与让刀行程相等的距离);让刀结束,由螺杆 5 上的挡铁 4 压下微动开关,发出让刀完成信号。挡铁 6 用来在滑套向前复位时,压另一微动开关,发出复位完成信号。让刀机构也可实现二次进刀运动,例如在粗加工后,刀具自动向前移动以便进行精加工。

滑套的轴向移动无论是手动调整还是自动完成,滑套移动之前必须松开,移动完成之后必须夹紧。1TXⅡ型铣削头采用液压夹紧机构(图 2-6b),压力油进入两边的夹紧液压缸 11 过两楔块 10 实现夹紧或松开。

1TXⅠ型铣削头没有液压自动让刀机构,滑套的调整移动及夹紧均采用手动。图 2-6c 所示为手动夹紧机构,转动夹紧螺杆 13 便可通过楔块 12 将滑套 14 夹紧。1TX_b 系列铣削头没有滑套,其结构与 1TA 系列镗削头相似,但主轴端部标准不同,绝大部分零件与镗削头通用。这种铣削头常安装在十字滑台上进行对刀调整。

1TX、1TX_b 系列铣削头的性能、结构及与各种传动装置配套的联系尺寸见表 5-13~表 5-18。

(二)镗削头及车端面头

1. 镗削头的用途

旧系列有 TA 系列镗削头和 TC 系列镗孔车端面头两种主轴部件。为了提高通用化程度,1TA 新系列镗削头具有两种功能:1)与同规格的主传动装置配套单独作为镗削头使用,用以完成对铸铁、钢及有色金属工件的粗、精镗孔加工。2)与同规格的主传动装置以及附件——单向刀盘或双向刀盘、刀盘传动装置等配套作为镗孔车端面头使用,用以完成对铸铁、钢及有色金属工件的粗或精镗孔、车端面、车止口,切槽及倒角等工序加工(图 2-7)。

1TA 系列镗削头的性能技术参数见表 5-19;与 1NG 系列主传动装置的配套及技术参数见表 5-20,其中齿形皮带传动装置适用于半精镗和精镗,齿轮传动装置常用于一般镗削,手柄变速传动装置适用于卧式组合机床上多品种工件的粗、精镗削。1TA 系列镗削头配置四种传动装置的联系尺寸参阅表 5-21~表 5-24。

图 2-8a 为 1TA 系列镗削头外形图,图 2-8b 为镗削头加上刀盘和径

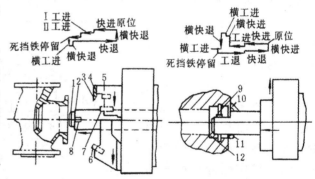

图 2-7 轴向、径向与正、反向进给连用在一次工作循环中完成多表面的加工

1、12—镗孔刀 2、11—倒角刀 3—镗车后端面刀 4—后端面倒角刀 5—外圆倒角刀 6—镗车外圆刀 7、10—镗车端面刀 8—锪端面刀 9—切槽刀

向进给传动装置组成的车端面头外形图。镗削头与其它配套部件组成镗孔车端面头的配套关系及联系尺寸参见表 5-25、表 5-26。

2. 镗削头结构

镗削头有普通级和精密级两种,其结构完全相同,但主要零件的加工精度和轴承精度等级有所不同。主轴前支承采用双列圆柱滚子轴承和接触角球轴承,后支承为单列圆柱滚子轴承。镗削头的主轴前端结构按 JB2521—79《法兰式车床主轴端部尺寸》(3、4、5、6、8、11 号)。当镗削直径不大的孔时,用主轴莫氏锥孔作为镗刀杆定位面;当镗孔直径较大时,

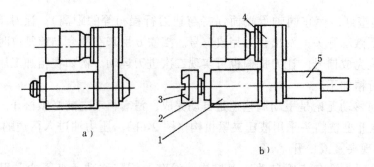

图 2-8 1TA 系列镗削头和车端面头外形图

1—镗削头 2—径向进给刀盘 3—径向进给刀具溜板 4—主传动装置 5—径向进给刀盘传动装置

由于传递的转矩大，可用主轴前端的短圆锥面和端面定位，并由端面键传递转矩。

（三）钻削头

1TZ 系列钻削头与同规格的主传动装置配套使用（参见表 5-20），用于完成对铸铁、钢、有色金属的钻孔、扩孔、倒角及锪沉孔等工序。其主要技术性能参数规格如表 5-27 所示。

钻削头的主轴结构采用一般钻床主轴轴承配置方式；主轴与刀具之间采用标准接杆联接，并由主轴前端压紧螺钉固定接杆。1TZ 系列钻削头的主轴端部结构尺寸如表 5-28 所示。

1TZ 系列钻削头配置 1NG 系列传动装置四种型式的联系尺寸参见表 5-29～表 5-32。

（四）攻螺纹头

1TG 系列攻螺纹头与同规格的各种传动装置、液压滑台或机械滑台、攻螺纹行程控制装置、制动器等配套组成组合机床，用以完成对铸铁、钢及有色金属零件的攻螺纹。

攻螺纹头主轴呈三层结构，如图 2-9 所示。外层主轴套支承在前后两个单列向心球轴承上，从传动装置获得主运动，并通过传动键使外伸内层主轴（靠模螺杆）旋转。中层主轴套用压板压紧在攻螺纹头前盖上，而靠模螺母则用端面接合器与中层主轴套连接，因而靠模螺母只能向前作轴向微量移动（不能转动）。外伸内层主轴（靠模螺杆）支承在中层主轴套内，

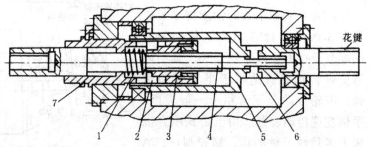

图 2-9 攻螺纹头主轴及攻螺纹靠模结构

1—弹簧 2—键 3—靠模 4—主轴 5—传动轴 6—键 7—套筒

在旋转的过程中按靠模螺母副的螺距作一定的轴向运动实现攻螺纹。传动装置通过花键驱动传动轴 5，由键 6 驱动主轴 4 回转，靠模 3 通过键 2 与紧固在箱体上的套筒 7 连在一起，因此在主轴回转的同时，在靠模螺母作用下，主轴前后移动，完成攻螺纹动作。

1TG 系列攻螺纹头的主要性能、攻螺纹头的配套部件及主轴转速、攻螺纹头与各种传动装置配套的联系尺寸参阅表 5-33～表 5-36。1TG 系列攻螺纹头主轴端部尺寸见表 5-28。

三、主运动驱动装置

主运动驱动装置主要有两大类：一类是与通用主轴部件配套使用的主运动传动装置；另一类是与多轴箱（专用部件）相配的动力箱。1NG 系列传动装置联系尺寸符合 JB3557—83 标准。

（一）1NG 系列主运动传动装置

1. 传动装置的用途及配置型式

1NG 系列传动装置是通用主轴部件必不可少的配套部件，它是使刀具作旋转运动的驱动装置。1NG 系列传动装置是根据"跨系列通用"原则设计的"跨系列传动装置"，即每一种传动装置均可与同规格的五个系列的六种主轴部件（系指铣削头、镗削头与镗孔车端面头、钻削头、攻螺纹头和可调钻孔与攻螺纹头等六种）配套使用。1TX 系列铣削头分别配置四种传动装置如图 2-10 所示，六种主轴部件配置顶置式齿轮传动装置如图 2-11 所示。由此可见，1NG 系列主传动装置具有通用化程度高、选配灵活、便于生产管理等优点。

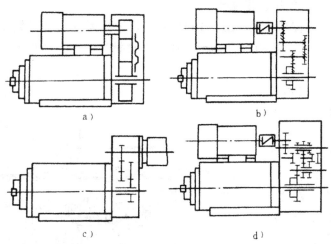

图 2-10　1TX 系列铣削头分别配置四种传动装置
a) 齿形皮带　b) 顶置式　c) 尾置式　d) 手柄变速

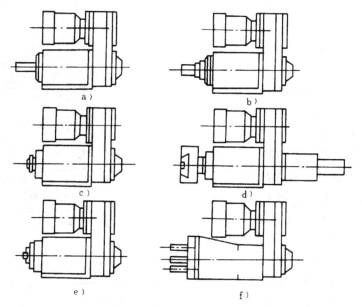

图 2-11　各种主轴部件配置顶置式齿轮传动装置
a) 1TZ 系列钻削头　b) 1TG 系列攻螺纹头　c) 1TA 系列镗削头
d) 1TA 系列镗车头　e) 1TX 系列铣削头　f) 1TK 系列可调头

2．传动装置的类型及应用

1NG 系列主运动传动装置主要有 1NG_a、1NG_b、1NG_c、1NG_d 等四种，一般 a 不标注。

（1）1NG 型带传动装置（图 2-10a）它采用聚氨脂同步齿形带传动及交换带轮方式变速、具有传动平稳、振动小、噪声低、传动准确及传动效率高等优点。适用于转速要求高的场合，如与镗削头配套，适宜对各种材质工件的半精镗和精镗。

（2）1NG_b 型顶置式齿轮传动装置（图 2-10b）它适用于中、低速加工场合，如卧式配置时的粗、精镗孔。一般适用于卧式配置，采用交换齿轮变速。

（3）1NG_c 型尾置式齿轮传动装置（图 2-10c）它适用于中、低速加工，不经常变速的场合，一般配置成立式机床，如粗、精镗孔。

（4）1NG_d 型手柄变速传动装置（图 2-10d）它采用手柄操纵滑移齿轮变速，适用于经常变速场合，一般组成卧式配置的组合机床，加工小批量生产、多品种零件，如粗、精镗孔。

此外，1NG_e 型顶置式齿轮传动装置与小规格 1TX 系列滑套式铣削头配套使用；1NG_f 型顶置式齿轮传动装置与大规格 1TX 系列镗孔车端面头配套使用。

1NG 系列主运动传动装置与主轴部件的配套关系参见表5-37。

3．主运动传动装置结构

图 2-12 所示为 1NG_b 型顶置式齿轮传动装置的结构图。通用主轴部件的主轴尾部伸入到传动装置的空心轴 V 内，以花键连接。传动装置以轴 V 左端法兰 1 的外圆与主轴部件壳体尾端的内止口配合定位，用四个螺钉紧固。旋转运动由电动机轴 I 经联轴器 2、轴 II、III、IV、V 及其上的齿轮传动主轴。II、III 轴间的齿轮为 C 和 D，III、IV 轴间的齿轮即是挂轮 A 和 B。根据 C 和 D 传动比的不同配置，1NG_b 型传动装置分为 A 型（低速组）和 B 型（高速组）。每组又可通过 A、B 挂轮的不同，得到 8 级转速。润滑泵 3 由轴 II 通过一对齿轮传动，对传动装置中的传动件及轴承进行润滑。

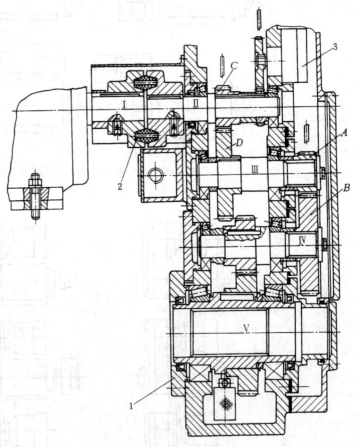

图 2-12　1NG_b 顶置式齿轮传动装置结构

1—法兰　2—联轴器　3—润滑泵
A、B—交换齿轮　C、D—齿轮

（二）动力箱

　　动力箱是将电机的动力传递给多轴箱、并使刀具作旋转运动的动力部件。它与多轴箱配套使用。

　　图 2-13 所示为 1TD 系列齿轮传动的动力箱结构图。其上的驱动轴 2 由电机经一对齿轮传动，并将运动传递给多轴箱。

　　根据配套电机型号的不同，同一规格的动力箱又可分为多种型式。1TD 系列动力箱的性能详见表 5-38、表 5-39；1TD25～1TD80 动力箱与多轴箱、滑台的联系尺寸参阅表 5-40。

四、工作台

　　工作台是多工位组合机床的输送部件，它用来将被加工工件从一个工位转换到另一个工位。工作台按运动方式的不同分为分度回转工作台（简称回转工作台）和多工位移动工作台简称移动工作台；按传动方式的不同分为机械传动、液压传动及气压传动等多种型式。

　　（一）液压回转工作台

　　1AHY 系列液压回转工作台是按国家标准（GB3668.3—83）设计的。

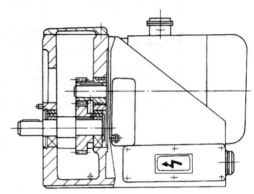

图 2-13　1TD 系列齿轮传动动力箱结构图

　　1. 液压回转工作台的用途

　　液压回转工作台是用于安装多个夹具和工件，绕垂直轴线分度回转间隙输送工件的输送部件，它用来配置回转工作台式多工位组合机床。在回转工作台的台面上安装与工位数数量相同的装夹工件的夹具，依靠工作台的分度回转，将被加工工件进行换位。采用回转工作台的组合机床可以完成多种加工工序，如钻、扩、铰孔、攻螺纹、铣削、检测、装配等。通常，一个工位用来装卸工件，其它多个工位可同时对工件进行加工。中小型零件可在该机床上完成全部加工工序，一台机床相当于一条圆形自动线，机床的生产率高，占地面积小，其结构比自动线简单。因此，回转工作台是组成高效多工位组合机床的重要通用部件。

　　2. 液压回转工作台的结构及原理

　　液压回转工作台按定位方式的不同有圆柱销或菱形销定位、圆锥销定位、反靠定位、齿盘定位和钢球定位等多种型式。1AHY 系列液压回转工作台采用齿盘定位方式，图 2-14 为液压回转工作台的工作原理图。其主要构成有台面、定位机构、抬起夹紧机构、转位机构等几部分。一对互相啮合的定位齿盘 4 上下齿盘分别固定在回转工作台台面（花盘）3 和底座 8 上，台面下装有抬起夹紧液压缸 2 及分度转位液压缸 7。

　　液压回转工作台工作循环如下：工作台及其驱动液压缸处于原位（行程开关 3S 被压下），当按下"回转"按钮，则电磁阀 1YA 通电，压力油进入液压缸 2 的下腔，上腔通油箱，台面 3 被抬起，齿盘 4 脱开，同时，牙嵌离合器 1 啮合。由于台面的抬起，讯号挡块松开行程开关 2S，压下 1S，使 3YA 通电，压力油进入液压缸 7 的左腔，右腔通油箱，于是活塞 5 向右移动，由其上的齿条带动空套齿轮 6，通过离合器 1 使台面 3 转位。当转位终了时，行程开关 4S 被压下，延时继电器接通并延时一个很短的时间（让回转工作台台面 3 转位稳定后），使 1YA 断电、2YA 通电，此时压力油进入液压缸 2 的上腔，下腔通油箱，于是台面 3 下落，齿盘 4 啮合，工作台在新的位置上定位并夹紧，同时离合器 1 脱开。由于台面落下，松开行程开关1S，压下2S，电磁阀3YA断电，4YA通电，压力油进入液压缸7的右腔，活塞5返回原位，为下一次转位作准备。此时，由于离合器已经脱开，所以活塞返回时齿轮6空转。

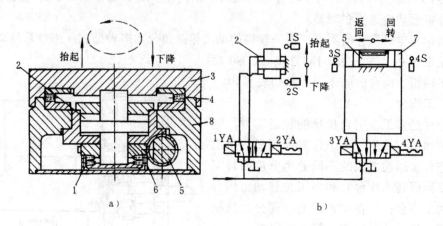

图 2-14　液压回转工作台工作原理图

1—牙嵌式离合器　2、7—液压缸　3—回转工作台台面　4—齿盘　5—活塞　6—齿轮　8—底座

1AHY系列液压回转工作台采用齿盘定位，定位精度高、刚性好。这种非任意分度的工作台常用工位数为8种（见表5-42注），不需改变定位齿盘，只改变分度转位液压缸行程即可。

液压回转工作台分为a、b、c三种型式。a型为基本型（"a"在型号中不标出），带有液压滑阀和工件夹紧的压力油分配器；b型不带上述液压阀和配油器；c型带有液压阀，但不带配油器。

液压回转工作台精度分为普通级、精密级和高精度级三种等级。工作台主要技术性能及联系尺寸参见表5-41、表5-42。

（二）多工位移动工作台

多工位移动工作台是用于安装夹具和工件，并将其直线输送到预定工位的输送部件。实际上它就是滑台，它不仅具有按要求位置移位和准确定位的功能，并在准确定位之后能将工作台牢固夹紧，以防止因切削力的作用使工作台位置发生变化，而且还具有普通滑台的移动功能，但其进给力略低于同规格的滑台。因此，这种滑台主要用于移送工件并更换工件（夹具）的加工位置，也可用于完成进给运动。

1AYU系列移动工作台采用反靠式定位，定位精度可达到±0.005mm，其主要技术性能及联系尺寸参见表5-43、表5-44（拟发展的系列型谱）。

五、支承部件

组合机床的支承部件往往是通用和专用两部分的组合。例如：卧式组合机床的床身是由通用的侧底座和专用中间底座组合而成；立式机床的床身则由立柱及立柱底座组合而成。此种组合结构的优点是加工和配装工艺性好，安装和运输较方便；其缺点是削弱了床身的整体刚性。

（一）中间底座

中间底座其顶面安装夹具或输送部件，侧面可与侧底座或立柱底座相连接，并通过端面键或定位销定位。根据机床配置形式不同，中间底座有多种形式，如双面卧式组合机床的中间底座，两侧面都安装侧底座；三面卧式组合机床的中间底座为三面安装侧底座；立式回转工作台式组合机床，除安装立柱外，还需安装回转工作台。总之，中间底座的结构、尺寸需根据工件的大小、形状以及组合机床的配置形式等来确定。因此，中间底座一般按专用部件进行设计，但为了不致使组合机床的外廓尺寸过分繁多，中间底座的主要尺寸应符合表 2-5 所列的国家标准规定。

表 2-5　中间底座主要尺寸　　　　　　　　　　　　　　　　（mm）

中间底座长	中　间　底　座　宽						
800	500	560	630	710	800	900	—
1000	—	—	630	710	800	900	1000
1250	—	—	—	710	800	900	1000
>1250	—	—	—	710	800	900	1000

注：1. 中间底座和侧底座、立柱底座的定位方式：键定位，允许锥销定位。
　　2. 高度 630mm 为优先采用值，可根据具体情况选用 560mm 和 710mm。
　　3. 当中间底座长度大于 1250mm 时，可从优先数系 R10GB321—64 中选用。
　　4. 当中间底座宽超过表中规定数值时，可从优先数系 R20GB321—64 中选用。

（二）侧底座（1CC 系列）

侧底座用于卧式组合机床，其上面安装滑台，侧面与中间底座相连接时可用键或锥销定位。侧底座的长度应与滑台相适应，即滑台行程有几种规格，侧底座长度就有几种规格。它的高度有 560、630mm 两种。当需要更低的高度时，其高度可按 450mm 设计。为适应一定的装料高度的要求，如果夹具高度调整受限制，一般可在侧底座和滑台之间增加调整垫。

侧底座有普通级和精密级两种精度等级，与相同精度等级的滑台配套使用（高精度滑台可采用精密级侧底座）。

（三）立柱及立柱侧底座

立柱用于安装立式布置的动力部件。1CL 和 1CL$_b$ 型立柱分别用于液压滑台和机械滑台。立柱安装在立柱侧底座（1CD 系列）上，组成立式组合机床。根据主轴与工件间的距离要求，也可在立柱及其底座之间增加调整垫。立柱内装有平衡滑台台面及多轴箱等运动部分用的重锤。立柱和立柱侧底座均有普通级（用于普通滑台）和精密级（用于精密级和高精度级滑台）两种精度等级。

六、自动线通用部件

组合机床自动线是由组合机床及工件输送装置、转位装置、排屑装置等辅助设备和检测装置、电气、液压控制设备等组成。自动线通用部件多为连线设备和各台机床具有共同功能的设备，是按标准化、系列化、通用化原则设计的。目前，自动线通用部件划分为通用零件、夹具、工件输送、排屑等几类（参见表 5-45），可供选用的自动线通用部件参见表 5-47。下面简要介绍一些常用的自动线通用部件。

（一）工件输送装置

组合机床自动线通常采用步伐式工件输送方式。即工作时工件输送带将工件或随行夹具向前移动一个步距（步距 t 的尺寸应符合部颁标准（JB2712—80）。当工件或随行夹具在新的工位上定位并夹紧后，工件输送带退回原位。工件输送装置由工件输送带及其驱动装置等组成。

1．工件输送带

工件输送带是在驱动装置传动下，按一定输送步距将各工位工件同时送至下一工位的装置。工件输送带有棘爪式、摆杆式及抬起步进式三种，通用结构有棘爪式和摆杆式两种。

（1）棘爪式工件输送带　图 2-15 所示为棘爪式工件输送带。它由首端棘爪、中间棘爪、末端棘爪、侧板等组成。驱动装置向前推动输送带时，各棘爪推动工件或随行夹具前进。输送带向后时棘爪被工件压下。离开工件后，在弹簧作用下，棘爪恢复原来位置。为满足步距 t 的变化，设计有多种型号的通用棘爪式输送带（如 1ZXT4121 型、1ZXT4122 型等）。棘爪的高度 B 有 15、25mm 两种，可根据工件输送基面具体结构选用。

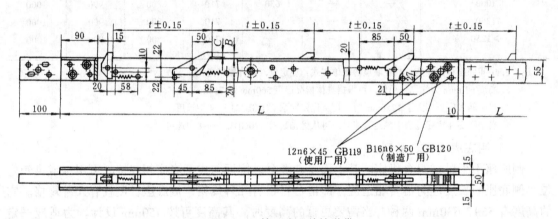

图 2-15　棘爪式工件输送带

输送带在支承滚子上移动。支承滚子也是通用结构，通常安装在机床夹具上。支承滚子的数目随机床之间的距离而定。一般每隔 1m 左右安装一个。

棘爪式工件输送带的缺点是缺少对工件的限位机构，在输送过程中，速度较高时容易导致工件惯性位移，不能保证终止位置的准确。因此，输送带速度不能太高，一般只能在 8～12m/min 内选取。

（2）摆杆式工件输送带　图 2-16 所示的摆杆式工件输送带克服了棘爪式输送带的缺点。输送带具有刚性棘爪 1 和限位挡铁 2，可以保证工件的终止位置正确。输送带允许采用 20m/min 以上的输送速度。输送过程中，输送摆杆除前进、后退的往复运动外，还需要作回转摆动，以便使棘爪和挡铁在脱开工件状态下返回一步距，而后回转至原位，为下一个步伐作好准备。

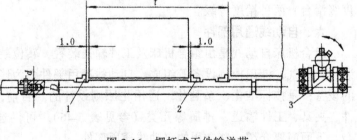

图 2-16　摆杆式工件输送带
1—刚性棘爪　2—限位挡铁　3—支承滚子

2．输送带驱动装置

输送带驱动装置目前广泛采用液压传动方式。通用液压传动的工件输送带驱动装置有三种：1ZXT4212 型采用液压缸直接推动，适用于小行程范围；1ZXT4222 型采用液压缸、齿条齿轮增倍机构，适用于大行程范围；1ZXT4231 型采用横向布置的传动装置，可减少自动线长度。

图 2-17 所示为液压缸直接推动的传动装置。这种装置结构简单，由液压缸直接推动滑台从而带动输送带（输送带搭接在滑台上）。当行程终了时滑台一侧的液压挡铁压下行程节流阀，使滑台减速后准确到位（死挡铁停留）。滑台返回原位时，在同一侧的另一端的行程节流阀使滑台缓冲后停止。

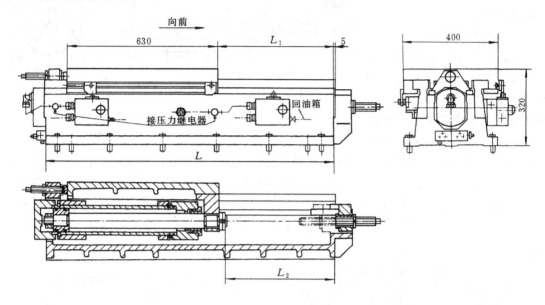

图 2-17　液压缸直接推动的传动装置

（二）转位装置

转位装置主要用于使工件改变方向和位置的装置。通用转位装置有：使工件绕垂直轴旋转的转位台（1ZXT4912 型）；绕水平轴旋转的转位鼓轮（1ZXT4922 型、1ZXT4923 型）。

1．转位台

转位台用于实现工件的水平转位。在自动线上，有时需把工件抬起后方可转位。因此，通用转位台有两种型式：Ⅰ型转位台能把工件抬起 25mm，然后顺时针向转位 90°；Ⅱ型转位台没有抬起装置，可以顺时针或逆时针向转位 90°。

2．转位鼓轮

转位鼓轮用于使工件或随行夹具改变输送方位，或用于倒屑。通用转位鼓轮直径有 450 和 700mm 两种。可以绕平水轴回转 90°、180°、270°，回转角度取决于液压缸的行程长度。

（三）排屑装置

在组合机床自动线中常设有贯穿全线的集中排屑装置，以便及时排除各台机床的切屑。目前使用的排屑装置主要有螺旋排屑装置和刮板排屑装置。对于随行夹具自动线，也有利用随行夹具集屑盘输送切屑的。但在自动线中间或末端应设倒屑工位，并采用倒屑装置，使随行夹具翻转 180°，把切屑倒入集屑车内人工排除。

1．螺旋排屑装置

螺旋排屑装置主要用于排除钢屑、铝屑以及有切削液的铸铁切屑。因为这种排屑装置不但不怕切屑卷在螺旋器上，而且还能起到破碎切屑的作用。螺旋排屑装置具有结构简单、使用方便等优点。

图 2-18 所示为螺旋排屑装置。它是由通用化的零部件组合而成。自由搁置在槽内的螺旋器 3、由减速器 1 通过万向联轴器 2 驱动旋转，这样可以使螺旋器 3 随着磨损而自动下

降，能始终与容屑槽底部紧密贴合。排屑槽一般是用铸铁或钢板焊接而成。

2.刮板排屑装置

刮板排屑装置主要用于排除粒状和块状切屑，不适用于卷状和带状切屑。因为卷状或带状切屑容易缠在链轮等机构上而无法正常工作。通用刮板

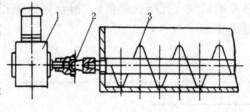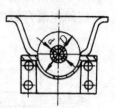

图 2-18　螺旋排屑装置
1—减速器　2—方向联轴器　3—螺旋器

排屑装置可设置在中间底座内或设置在床身下面地沟内。图 2-19a 所示为设在中间底座内的连续刮板排屑装置，每两台机床中间底座间用钢板制成的铁屑槽连接。刮板固定在链条的两侧，刮板之间的间距取链条链节的整倍数，可在 200～400mm 范围内选取。电动机通过减速器驱动链轮带动链条，从而带动刮板运动。链条支承在导向板上移动。链条的一端有张紧装置。

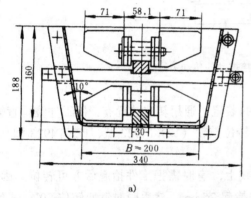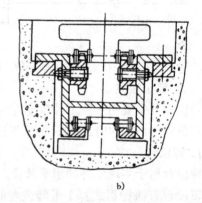

a)　　　　　　　　　　　　　b)

图 2-19　刮板排屑装置

图 2-19b 所示为设在地沟内的刮板排屑装置。刮板宽度为 250mm，由两根链条传动，刮板之间的间距取链条链节的整数倍，可在 400～600mm 范围内选取。

除上述基本通用部件外，表 5-46、表 5-48 列出了广泛通用部件的类、组划分以及可供选用的广泛通用部件，表 5-49 为引出德国 Hüller-Hille 公司的通用部件技术，可供参阅。

第三节　通用部件的选用

一、通用部件选用的方法和原则

通用部件的选用是组合机床设计的主要内容之一。选用的基本方法是：根据所需的功率、进给力、进给速度等要求，选择动力部件及其配套部件。选用原则如下：

1）切削功率应满足加工所需的计算功率（包括切削所需功率、空转功率及传动功率）。

2）进给部件应满足加工所需的最大计算进给力、进给速度和工作行程及工作循环的要求，同时还需考虑装刀、调刀的方便性。

3）动力箱与多轴箱尺寸应相适应和匹配。根据加工主轴分布位置可大致算出多轴箱尺寸（边缘主轴与多轴箱边缘最小距离为 70～100mm），并圆整后选用相近尺寸的标准规格多轴箱，据此选择结合尺寸相适应的动力箱。

4）应满足加工精度的要求。选用时应注意结构不同或者结构相同、精度等级不同的动力部件所能达到的加工精度是不同的。

5）尽可能按通用部件的配套关系选用有关通用部件。

二、通用部件的选用

1．动力部件的选用

选用动力部件主要是确定动力部件的品种和规格。

（1）动力部件品种的确定　在设计组合机床时，究竟选用哪种动力部件，应当根据具体的加工要求、机床的配置型式、制造及使用条件等确定。对于完成主运动的动力部件，如钻削头、铣削头、镗削头等，通常是根据加工工艺要求和配置型式等确定。例如：设计一台镗孔加工的立式组合机床时，宜选用镗削头并配以尾置式的主传动装置；对于完成进给运动的动力部件，如液压滑台、机械滑台，通常是根据进给速度的稳定性、进给量的可调性、工作循环等要求来确定。还要注意用户所在地区气温条件及用户使用的方便性。例如：设计的组合机床要求进给速度稳定、工作循环不太复杂、进给量又不需要无级调速时，一般可选用机械滑台；不太炎热的地区可选用液压滑台；对自动线或流水线各台机床一般选用同一传动方式的滑台，以便设计制造和使用维护；批量不大的多品种柔性化生产，应考虑选用数控滑台。

（2）动力部件规格的确定　影响动力部件规格的因素有功率、进给力、进给速度、最大行程及多轴箱外形尺寸等。在确定动力部件规格时，一般先进行功率和进给力计算，再根据选用动力部件的原则。综合地、全面地考虑其它因素来确定其规格。必须强调的是最后所确定的动力部件的规格，应全部满足原则中的各项要求。当遇到动力部件的功率或进给力不能满足要求，但又相差不太大时，不要轻易地选用大一规格的动力部件，而应适当调整切削用量或改变工艺方法，如将同一面部分通孔顺序钻削，刮削端面改为车端面等，但必须以不影响加工精度和生产率要求为前提。

2．其它通用部件的确定

对于支承部件如侧底座、立柱等通用部件，可选与动力滑台规格相配套的相应规格。

对于输送部件可按所需工作台的运动形式、工作台台面尺寸（根据估算或夹具草图）、工位数、驱动方式及定位精度等来选用。通常根据运动形式及驱动方式等要求，确定输送部件的品种；根据所需工作台台面的大小、工位数及行程等要求，确定输送部件的规格。

选择通用部件时，还应根据加工精度要求、制造成本等确定通用部件的精度等级。

第三章　组合机床总体设计

组合机床总体设计，通常是根据与用户签订的合同和技术协议书，针对具体加工零件，拟订工艺和结构方案，并进行方案图样和有关技术文件的设计。

第一节　工艺方案的拟订

工艺方案的拟订是组合机床设计的关键一步。因为工艺方案在很大程度上决定了组合机床的结构配置和使用性能。因此，应根据工件的加工要求和特点，按一定的原则、结合组合机床常用工艺方法、充分考虑各种影响因素，并经技术经济分析后拟订出先进、合理、经济、可靠的工艺方案。

一、确定组合机床工艺方案的基本原则及注意问题

1. 确定组合机床工艺方案的基本原则

(1) 粗精加工分开原则　粗加工时的切削负荷较大，切削产生的热变形、较大夹压力引起的工件变形以及切削振动等，对精加工工序十分不利，影响加工尺寸精度和表面粗糙度。因此，在拟订工件一个连续的多工序工艺过程时，应选择粗精加工工序分开的原则。

粗精加工分开原则有几种含意。其一是在同一台多工位机床（如回转工作台式机床）上粗精加工工序分开在相隔工位数较多的两个位置上进行，使粗加工切削热有足够的冷却时间，避免或减轻对精加工的影响。同时粗精加工夹具要分别考虑，注意避免或减轻粗加工夹压变形对精加工的影响。必要时精加工前采取松夹或采用双工位夹具工件重装等措施。其二是粗精加工分开在自动线或流水线相离机床数（工序数）较多的两台机床上进行，同样可使工件粗加工后有足够的冷却时间，又避免了粗加工时的振动和夹压变形对精加工的影响，机床较为简单可靠。但机床台数、占地面积和投资增大。为此要综合分析，以满足加工要求为前提权衡粗精加工工序不同安排方案的利弊。

(2) 工序集中原则　工序集中是近代机械加工主要发展方向之一。组合机床正是基于这一原则发展而来，即运用多刀（相同或不同刀具）集中在一台机床上完成一个或几个工件的不同表面的复杂工艺过程，从而有效地提高生产率。因此，拟订工艺方案时，在保证加工质量和操作维修方便的前提下，应适当提高工序集中程度，以便减少机床台数、占地面积和节省人力，取得理想的效益。但是，工序过于集中会使机床结构太复杂，增加机床设计和制造难度，机床使用调整不便，甚至影响机床使用性能。如刀具数过多，停机率增高，反而会影响机床生产率，切削负荷过大，当工件刚性不足而产生变形会影响加工质量。因此须全面分析多方因素，合理决定工序集中程度。考虑的一般原则如下：

1) 适当考虑相同类型工序的集中　在条件许可时，把相同工序集中在一台机床或同一工位上加工，能简化循环和结构。

集中攻螺纹　箱体上大量攻螺纹工序集中在一台机床上加工，并与钻、镗孔工序分开。这样便于考虑统一的润滑、简化多轴箱传动系统设计及采用统一的工作循环方式，工件夹具

及机床结构也更简化。

集中深孔加工工序　钻小直径深孔与一般浅孔加工分开，以便于单独针对深孔加工特点考虑分级进给循环和特殊的冷却排屑系统，以及过扭矩保护措施。

适当集中一般的钻铰工序　集中小孔钻铰工序，与镗孔工序分开，使切削用量（都是中低转速大进给量）差异小，而镗孔则是高速小进给量。这样能简化多轴箱传动链和进给循环。另外，一些大孔的粗镗振动对铰孔也不利，不仅镗铰工序应分开，有时钻铰工序也分别集中在不同的机床上进行。

适当集中镗孔工序　镗孔直径一般较大，精度较高，要求主轴和机床刚度较好，其切削用量与小孔孔系加工也有差异。因此镗孔工序也常集中进行。

但是，在拟订工艺方案时，也不应片面追求工序的单一化，应分析异类工序相互影响的程度和改善措施全面考虑。例如加工箱体件基面，一次安装分两工位铣平面和镗孔或铣后钻铰销孔也是常有的和可行的方案。

2）有相对位置精度要求的工序应集中加工　如箱体各面上主要的传动轴孔，相互间有严格的位置精度。为避免二次安装误差影响和便于机床精度的调整与找正，这类孔的精加工应集中在一台机床上一次安装下完成，并且孔的粗加工最好集中在一台机床上完成，这样可使精加工余量分布均匀，更利于保证加工质量。

对一些位置精度要求不甚高的孔，如箱体件上联接用的紧固孔，在大量生产时，应尽可能集中在同一台机床上一次安装下加工，以获得较高的位置精度，使装配容易些。

对相互位置精度要求较高的孔面也常考虑集中在一台机床上加工。如汽缸体底面先精铣后精镗定位销孔；缸体顶面先精铣后精镗缸孔等。

确定工序集中程度时，必须充分考虑加工节拍要求。如果工作循环时间满足不了生产率要求时，须要对限制性刀具（见本章第二节）或关键性工序予以恰当处理。如改用高级耐磨刀具材料提高切削用量，或分散工序（如深孔或多工序孔分工步分散加工），减少迭加的切削时间，但这样会增加机床台数或增加工位。

2. 确定组合机床工艺方案应注意的问题

(1) 按一般原则拟订工艺方案时的一些限制

1）孔间中心距的限制　根据切削扭矩计算要求，主轴轴颈和轴承外径有一最小许用尺寸；对于螺孔加工还要考虑相应攻螺纹靠模的径向尺寸限制；对于镗孔，要考虑浮动卡头和导向尺寸或刚性主轴结构尺寸限制。所以近距离孔能否在同一多轴箱上同一工位进行加工，要受各类主轴允许的最小中心距限制。钻孔、攻螺纹类主轴间的最小中心距数据详见第四章表 4-3。

当孔间距小于相应主轴轴间距许用值时，如果孔系相互位置精度要求不甚严格，则可将近距孔分散在几个工位或几台机床上分别加工。

2）工件结构工艺性不好的限制　有些工件结构工艺性不好，如箱体多层壁上的同轴线的孔径中间大两头小时，则进刀困难。当孔径大于 $\phi50\mathrm{mm}$ 时，可采用让刀（镗杆削扁允许让刀）的办法加工，如主轴处于定位刀具定向状态，抬起工件或刀杆径向移动，以便轴向进退刀。否则不适宜在组合机床上加工。又如多层壁同轴孔，为便于布置中间导向装置，孔中心离箱体侧壁间距离也应足够。

(2) 其他应注意的问题

1）精镗孔时应注意孔表面是否允许留有退刀刀痕。这对机床的工作循环、多轴箱和夹具结构都有影响。如果允许有螺旋形刀痕时，刀具可不停转退刀；若只允许有直线形刀痕时，刀具必须停转后退刀；如不准留有刀痕时，刀具必须先停转、定位并使刀具或工件让刀后方可退刀。当生产率许可时，刀具可按工进速度退回，这样既不留刀痕，又利于提高加工精度。

2）对互相结合的两壳体零件，均应分别从结合面加工联接孔。这样能更好地保证联结孔的位置精度，便于装配。

3）钻阶梯孔时，应先钻大孔后钻小孔。这样可缩短钻小孔的长度，提高生产率和减少小钻头钻孔时折断的事故。

4）平面一般采用铣削加工。但孔口端面常对孔有垂直度要求而加工尺寸较小时，常用钻锪或扩锪复合刀具加工；加工尺寸较大时常采用镗孔车端面的方法，一次加工出孔和端面。工件内端面可用径向走刀的方法加工。

5）在制订加工一个工件的几台成套机床或流水线的工艺方案时，应尽可能使精加工集中在所有粗加工之后，以减少内应力变形影响，有利于保证加工精度。攻螺纹工序应尽量放在最后进行，以减少油腻污垢对基面的影响。

二、组合机床工艺方案的拟订

拟订组合机床工艺方案的一般步骤如下。

1．分析、研究加工要求和现场工艺

在制订组合机床工艺方案时，首先要分析、研究被加工零件，如被加工零件的用途及其结构特点，加工部位及其精度、表面粗糙度、技术要求及生产纲领。深入现场调查分析零件（或同类零件）的加工工艺方法，定位和夹紧方式，所采用的设备、刀具及切削用量，生产率情况及工作条件等方面的现行工艺资料，以便制订出切合实际的合理工艺方案。

2．定位基准和夹压部位的选择

组合机床一般为工序集中的多刀加工，不但切削负荷大，而且工件受力方向变化。因此，正确选择定位基准和夹压部位是保证加工精度的重要条件。对于毛坯基准选择要考虑有关工序加工余量的均匀性；对于光面定位基准的选择要考虑基面与加工部位间位置尺寸关系，使它利于保证加工精度。定位夹压部位的选择应在有足够的夹紧力下工件产生的变形最小，并且夹具易于设置导向和通过刀具。

组合机床常用工艺方法及所能获得的加工精度；表面粗糙度和形位精度推荐数据参见第六章表 6-1～表 6-9。

3．影响工艺方案的主要因素

（1）加工的工序内容和加工精度　这是制订机床工艺方案的主要依据。显然，面加工和孔加工、不同尺寸的平面和孔径加工以及不同的加工精度要求，直接影响着工艺方法的选择（铣、镗钻、铰等）和工步数及工艺路线的确定。

（2）被加工零件的特点　如工件的材料及硬度、加工部位的结构形状、工件刚性、定位基准面的特点等，对组合机床工艺方案的拟订都有着重要影响。

1）工件材料及硬度　工件材料及硬度不同时，加工方法和效果也有所不同。例如加工较软的轻金属件或有色金属件时比加工铸铁件或钢件采用的切削用量高，加工小孔时工步较少，加工精度较好。加工铝合金工件孔径小于 $\phi25mm$ 时，用钻、镗两道工序精度可达 H6，

表面粗糙度可达 $R_a1.6\mu m$。相反，加工钢件较困难，不易断屑排屑，加工精度相同的情况下，所需工步数比加工铸铁件或轻金属件要多。

2）加工部位的结构形状　当工件内壁孔径大于外壁孔径时，只能采用单刀镗削，加工时工件（或镗刀头）要让刀，使镗刀头定向送进工件以后方可加工。

3）工件的刚性　当工件刚性不足时，工序不能太集中。必要时某些工序须错开加工，以免工件变形和振动影响加工精度。当加工薄壁件时，要采用多点夹压或塑性夹具及其它工艺措施防止夹压变形和加工时的共振。

此外，还须重视前道工序或毛坯孔的质量。当孔余量很大或余量偏移很大以及毛坯孔铸造质量较差，有大毛刺时，常须安排粗拉荒工序。

（3）零件的生产批量　零件的生产批量大时，工序安排一般趋向分散，而且粗加工、半精及精加工也宜分开。这样机床数增多，但对提高生产率和保证加工质量稳定有利。中小批量生产时，工序安排应尽量集中，减少机床台数，提高机床利用率。以上需要根据节拍要求对限制性工序选择工艺方法及切削用量，作必要计算分析。

（4）使用厂后方车间制造能力　如工具制造能力。若使用厂没有制造、刃磨复杂的复合刀具或特殊刀具能力，制订工艺方案时就应尽可能采用简单或标准刀具。

4．工序间余量的确定

为可靠地保证加工质量，必须合理确定工序间余量。组合机床孔加工常用工序间余量参见表 3-1，其他工艺方法的工序间余量可参考有关工艺设计资料。

确定工序间余量应注意以下问题：

1）粗镗时应考虑工件的冷硬层、铸造里皮和孔偏心，孔径余量一般应大于或等于 6～7mm。

2）工件经重新安装或用多工位机床加工，定位误差较大时，余量应适当加大。当工件在一次安装下半精加工和精加工时，精加工余量可小些。精镗 H6～H7 孔时，直径上余量一般不应超过 0.4～0.5mm。

3）在确定镗孔余量时，应注意余量对镗杆直径的影响。尤其是需要让刀时，加工余量和让刀量决定了镗杆直径需要削扁的程度。

5．刀具结构的选择

正确选择刀具结构，对保证组合机床正常工作极为重要。根据工艺要求和加工精度不同，常用刀具有一般刀具（标准）、复合刀具及特种刀具等。选择刀具结构应注意以下问题：

1）只要条件许可，应尽量选用标准刀具和一般简单刀具。

表 3-1　孔加工常用工序间余量　　　(mm)

加工工序	加工孔径	工序特点	直径上工序间余量
扩孔	$\phi10\sim\phi20$	钻孔后扩孔	1.5～2.6
		粗孔后精孔	0.5～1.0
	$\phi20\sim\phi50$	钻孔后扩孔	2.0～2.5
		粗扩后精扩	1.0～1.5
铰孔	$\phi10\sim\phi20$	—	0.10～0.20
	$\phi20\sim\phi30$		0.15～0.52
	$\phi30\sim\phi50$		0.20～0.30
	$\phi50\sim\phi80$		0.25～0.35
	$\phi80\sim\phi100$		0.30～0.40
半精镗	$\phi20\sim\phi80$	—	0.7～1.2
	$\phi80\sim\phi150$		1.0～1.5
精镗	$\sim\phi30$	—	0.20～0.25
	$\phi30\sim\phi130$		0.25～0.40
	$>\phi130$		0.35～0.50

2) 为提高工序集中程度或保证加工精度，可采用先后加工或同时加工两个或两个以上表面的复合刀具。但应尽量采用组装式结构，如装几把镗刀的镗杆；几把扩孔钻或铰刀的刀杆，同时加工孔及端面的镗刀头等。整体式复合刀具制造刃磨较困难，刀体不能重复使用，成本高，只有为了节省工位或机床台数和为保证加工精度所必须时才能采用。

选择和设计复合刀具，应注意刀具加工行程和导向位置的变化；刀具制造、刃磨和排屑是否方便；还应使复合刀具各切削部分的耐用度大致相同。

3) 采用镗刀和铰刀的原则：由于大直径铰刀不易制成，一般铰刀使用直径在 $\phi100$mm 以内（常在 $\phi40$mm 以内）。下列情况选用铰刀较为有利：孔面不连续，镗削时易产生振动，影响孔的圆度；在机床上对刀不够方便；加工孔径小于 $\phi40$mm 且要求较高的同心孔系；加工节拍短，要求不常调刀且尺寸精度较稳定。除上述情况外，应优先选用镗削工艺。因为镗刀制造、刃磨简便，特别对不通孔、高精度孔、孔中心线直线度和位置度要求严格的孔，采用精密镗削工艺是必要的。

组合机床大多采用装在镗杆上的硬质合金镗刀头（块）进行镗孔。镗杆直径和镗刀头截面尺寸一般可根据镗孔直径按表 3-2 选取。

表 3-2　镗孔、镗杆直径和镗刀截面　　　　　　　　　　　（mm）

镗孔直径 D	30～40	42～50	50～70	70～90	90～100
镗杆直径 d	20～30	30～40	40～50	50～65	65～90
镗刀方截面 $B \times B$	8×8	10×10	12×12	16×16	16×16；20×20
镗刀圆截面直径 d_1	8～10	10～12	12～16	18～20	

4) 选择刀具结构必须考虑工件材料特点。如加工硬度较高的铸铁，为提高刀具使用寿命，宜采用多刃铰刀或多刃镗头；加工钢件时，为避免切屑缠绕镗杆，也适宜用多刃铰刀或多刃镗刀头。当能可靠解决切屑缠绕镗杆问题时，可采用单刀镗削，以利于提高加工精度和表面粗糙度。

三、确定组合机床配置型式及结构方案应考虑的问题

根据工件的结构特点、工艺要求、生产率要求及工艺方案等，可大体确定采用哪种基本配置型式的机床。满足同样要求，可有多种配置方案。配置方案不同对机床的复杂程度、通用化程度、结构工艺性、加工精度、机床重新调整的可能性以及经济性等都有不同的影响。因此，确定机床配置型式和结构方案时应考虑以下主要问题。

1. 不同配置型式和结构方案对加工精度的影响

在确定机床配置型式和结构方案时，首先要考虑如何稳定地保证零件的加工精度。影响加工精度的主要因素有夹具误差和加工误差两方面。

夹具误差：一般精加工的夹具公差为零件公差的 $1/3 \sim 1/5$；粗加工时，夹具精度可略低，但不能太低。夹具型式也有影响。

固定式夹具单工位组合机床可达到的加工精度最高；移动（或回转）式夹具多工位组合机床，因存在移（转）位、定位误差，其加工精度一般比固定式夹具低。表 3-3 为不同夹具型式的组合机床所能达到的加工位置精度。

2. 其他应注意的问题

表 3-3　组合机床不同配置型式和结构方案时的位置精度

机床型式	加工工艺及形位精度	机床配置型式和结构方案及加工条件	精度数值（mm）
固定式夹具单工位组合机床	钻孔位置精度	一般情况	±0.2
		提高主轴与夹具导向同轴度、减小刀具与导向的间隙及导向尽量靠近工件的情况下	±0.15
		用活动钻模板以定位销与夹具定位的情况下	±0.2～±0.25
	扩孔位置精度	一般情况	±0.1
	镗、铰孔位置精度	一般情况	±0.03～±0.05
		采取精密导向及其他提高精度措施时	±0.025～±0.05
	镗孔的同轴度	一面镗孔采用前后或多层精导向时	±0.015～0.04/1000
		两面单轴镗孔主轴位置精度可调整时	±0.015～0.04/1000
		一般情况下从两面多轴镗孔时	±0.05～0.08/1000
		精密机床夹具从两面多轴镗孔时	±0.03～0.04/1000
	镗孔轴线平行度	一般情况下能保在孔距公差的范围	
		在机床夹具调整精确时	±0.02～0.05/1000
	孔对基面或相垂直的孔的垂直度	通常可达	0.02/100
移动（或回转）式夹具多工位组合机床	钻孔位置精度	在立式多工位机床统一活动钻模板时	±0.2
		在鼓轮式机床导向设在支架上时	±0.25
	精加工孔的位置精度（镗或铰）	在一个工位上同时精加工	±0.05
		用立式回转工作台机床在不同工位分别精加工	±0.1
		用卧式鼓轮机床在不同工位分别精加工	±（0.1～1.2）

注：1. 固定式夹具单工位精镗组合机床，主轴与镗杆之间采用尼龙浮动卡头连接，B级精度滚动轴承旋转导向与镗杆配研间隙，并严格控制切削用量、余量及机床日温差变化量，加工孔的同轴度可以达到±0.005/1000mm。

2. 若导向设在鼓轮夹具上或在各工位独自配置小型动力头，用刚性主轴精加工孔的位置度可大为提高。

（1）要注意排屑通畅　如采用前后导向进行加工的机床，最好卧式布置，以免切屑挤入前导向。对多工位机床，应特别注意前道工序存留在孔中的切屑，尤其是立式机床加工盲孔（如攻螺纹前钻孔或铰孔前的钻、扩孔）应设吹屑或倒屑装置。条件允许，也可将孔钻（扩）深一些，以防孔内积屑折损刀具或破坏加工精度。

（2）注意相关联的机床夹具结构的统一性　确定成套或流水线上的机床型式时，应尽量使机床和夹具型式一致，以利保证加工精度、提高通用化程度，便于设计、制造和维修。

（3）应注意机床使用条件：如车间的布置情况、毛坯或在制品的堆放和流向　装卸方位和操作方便性以及使用单位的后方车间技术水平和维修能力等。

四、组合机床方案分析比较的主要指标

1. 机床加工精度和生产率

主要分析比较机床保证加工精度的持久性和机床负荷率。加工精度应有储备量。机床负荷率一般为70%～90%，复杂机床、多品种加工机床负荷率不能偏高（控制在60%）左右。

2. 机床使用方便性和自动化程度

分析比较时一定要与生产率相适应，不应过分追求机床的自动化程度。生产率高、节拍短，则要求自动化程度高、刀具耐磨且更换调整方便，这样使用才有方便性。

3. 经济性与可靠性

在满足加工要求的前提下，机床避免复杂刀具，力求简单和较高的通用化程度。这样可以降低机床成本，提高工作可靠性。有两点要注意：1）应根据加工精度的需要选择相当精度等级的通用部件。2）应根据生产率要求合理安排工艺流程，均衡负荷，使机床数量少，机床利用率最高（机床负荷率不应低于50%），以取得好的经济效果。

第二节　切削用量的确定

在组合机床工艺方案确定过程中，工艺方法和关键工序的切削用量选择十分重要。切削用量选择是否合理，对组合机床的加工精度、生产率、刀具耐用度、机床的结构型式及工作可靠性均有较大的影响。

一、组合机床切削用量选择的特点、方法及注意问题

1. 组合机床切削用量选择的特点

1）组合机床常采用多刀多刃同时切削，为尽量减少换刀时间和刀具的消耗，保证机床的生产率及经济效果，选用的切削用量应比通用机床单刀加工时低30%左右。

2）组合机床通常用动力滑台来带动刀具进给。因此，同一滑台带动的多轴箱上所有刀具（除丝锥外）的每分钟进给量相同，即等于滑台的工进速度。

2. 组合机床切削用量选择方法及应注意的问题

目前常用查表法，参照生产现场同类工艺，必要时经工艺试验确定切削用量。组合机床加工孔、平面及螺纹的常用切削用量详见表6-11～表6-19。确定切削用量时应注意以下问题：

1）应尽量做到合理使用所有刀具，充分发挥其使用性能。由于多轴箱上同时工作的刀具种类不同且直径大小不等，其切削用量也各有特点。如钻孔要求高的切削速度和较小的进给量；铰孔则与之相反；锪端面则要求切削速度低而进给量比钻孔还小等。但同一多轴箱上各刀具每分钟进给量必须相等并等于滑台的工进速度 v_f 单位为（mm·min^{-1}），所以要求同一多轴箱上各刀具均有较合理的切削用量是困难的。因此，一般先按各刀具选择较合理的转速 n_i（单位为 r·min^{-1}）和每转进给量 f_i（单位为 mm·r^{-1}），再根据其中工作时间最长、负荷最重、刃磨较困难的所谓"限制性刀具"来确定并调整每转进给量和转速，通常用"试凑法"来满足每分钟进给量相同的要求。

即

$$n_1 f_1 = n_2 f_2 = \cdots = n_i f_i = v_f$$

必要时可对少数难以协调的刀具采用附加（增或减速）机构加以解决。当同一多轴箱上有锪端面工序，应将锪端面安排在滑台工进的最后，以便于采用二次工进时选用所需的进给量。

2）复合刀具切削用量选择应考虑刀具的使用寿命。保证刀具应有的使用寿命，进给量按复合刀具最小直径选择，切削速度按复合刀具最大直径选择。如钻一铰复合刀具，进给量按钻头选，切削速度按铰刀选。在分别选择时均应取允许值的上限，以使复合刀具有较合适的切削用量。对整体复合刀具，往往强度较低，故切削用量应选得稍低些。

3）多轴镗孔主轴刀头均需定向快速进退时（刀头处于同一角度位置进入或退出工件孔），各镗轴转速应相等或成整数倍。

4）选择切削用量时要注意既要保证生产批量要求，又要保证刀具一定的耐用度。在生产率要求不很高时，切削用量就不必选得很高，以免降低刀具耐用度。即使是生产率要求很高的组合机床，也是在保证加工精度和刀具的耐用度的情况下，提高"限制性刀具"的切削用量；对于"非限制性刀具"，其耐用度只要求不低于某一极限值，这样可减少切削功率。组合机床切削用量选择通常要求刀具耐用度不低于一个工作班，最少不低于 4h。

5）确定切削用量时，还须考虑所选动力滑台的性能。如采用液压滑台时，选择每分钟进给量 f_M 应比该滑台最小工进速度大 50%，否则会受温度和其他原因导致进给不稳定。

二、确定切削力、切削转矩、切削功率及刀具耐用度

根据选定的切削用量（主要指切削速度 v 及进给量 f），确定进给力，作为选择动力滑台及设计夹具的依据；确定切削转矩，用以确定主轴及其他传动件（齿轮、传动轴）的尺寸；确定切削功率，用作选择主传动电机（一般指动力箱电机）功率；确定刀具耐用度，用以验证所选用量或刀具是否合理。第六章表 6-20 列出了不同刀具对不同工件材料完成不同工序（如钻孔、镗孔和攻螺纹等）时切削力、转矩及功率的计算公式。刀具耐用度计算参考有关手册。

第三节　组合机床总体设计——"三图一卡"

绘制组合机床"三图一卡"，就是针对具体零件，在选定的工艺和结构方案的基础上，进行组合机床总体方案图样文件设计。其内容包括：绘制被加工零件工序图、加工示意图、机床联系尺寸总图和编制生产率计算卡等。

一、被加工零件工序图

1. 被加工零件工序图的作用与内容

被加工零件工序图是根据制订的工艺方案，表示所设计的组合机床（或自动线）上完成的工艺内容，加工部位的尺寸、精度、表面粗糙度及技术要求，加工用的定位基准、夹压部位以及被加工零件的材料、硬度和在本机床加工前加工余量、毛坯或半成品情况的图样。除了设计研制合同外，它是组合机床设计的具体依据，也是制造、使用、调整和检验机床精度的重要文件。被加工零件工序图是在被加工零件图基础上，突出本机床或自动线的加工内容，并作必要的说明而绘制的。其主要内容包括：

1）被加工零件的形状和主要轮廓尺寸以及与本工序机床设计有关部位结构形状和尺寸。当需要设置中间导向时，则应把设置中间导向临近的工件内部肋、壁布置及有关结构形状和尺寸表示清楚，以便检查工件、夹具、刀具之间是否相互干涉。

2）本工序所选用的定位基准、夹压部位及夹紧方向。以便据此进行夹具的支承、定位、夹紧和导向等机构设计。

3）本工序加工表面的尺寸、精度、表面粗糙度、形位公差等技术要求以及对上道工序的技术要求。

4）注明被加工零件的名称、编号、材料、硬度以及加工部位的余量。

末端传动壳体精镗孔组合机床的被加工零件工序图如图 3-1 所示。

2. 绘制被加工零件工序图的规定及注意事项

（1）绘制被加工零件工序图的规定　为使被加工零件工序图表达清晰明了，突出本工序

40

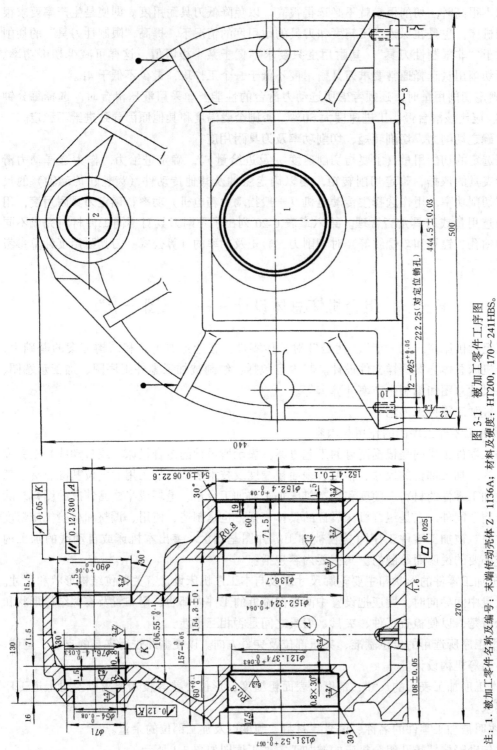

图 3-1 被加工零件工序图

注: 1. 被加工零件名称及编号: 末端传动壳体 Z-1136A; 材料及硬度: HT200, 170～241HBS。
2. 图中∨为定位基准符号, ↓为夹压符号。
3. 粗实线上尺寸为本序保证尺寸。
4. 加工部位余量: 1号孔直径上 0.5mm; 2号孔直径上 0.25mm。

内容，绘制时规定：应按一定的比例，绘制足够的视图以剖面；本工序加工部位用粗实线表示，保证的加工部位尺寸及位置尺寸数值下方画"—"粗实线，如图 3-1 中的 $\phi 90^{+0.60}_{0}$，其余部位用细实线表示；定位基准符号用 $\vee$，并用下标数表明消除自由度数量（如 $\vee 3$）；夹压位置符号用 $\downarrow$ 或 ，辅助支承符号用 $\triangle$ 表示。

（2）绘制被加工零件工序图注意事项

1）本工序加工部位的位置尺寸应与定位基准直接发生关系。当本工序定位基准与设计基准不符时，必须对加工部位的位置精度进行分析和换算，并把不对称公差换算为对称公差，如图 3-1 中尺寸 152.4 ± 0.1，是由被加工零件图中的尺寸 $152.5^{0}_{-0.2}$ 换算而来。有时也可将工件某一主要孔的位置尺寸从定位基准面开始标注，其余各孔则以该孔为基准标注，如图 3-1 中尺寸 226.54 ± 0.06。

2）对工件毛坯应有要求，对孔的加工余量要认真分析。在镗阶梯孔时，其大孔单边余量应小于相邻两孔半径之差，以便镗刀能通过。

3）当本工序有特殊要求时必须注明。如精镗孔时，当不允许有退刀痕迹或只允许有某种形状的刀痕时必须注明。又如薄壁或孔底部壁薄，加工螺孔时螺纹底孔深度不够及能否钻通等。

二、加工示意图

1. 加工示意图的作用和内容

加工示意图是在工艺方案和机床总体方案初步确定的基础上绘制的。是表达工艺方案具体内容的机床工艺方案图。它是设计刀具、辅具、夹具、多轴箱和液压、电气系统以及选择动力部件、绘制机床总联系尺寸图的主要依据；是对机床总体布局和性能的原始要求；也是调整机床和刀具所必需的重要技术文件。

加工示意图应表达和标注的内容有：机床的加工方法，切削用量，工作循环和工作行程；工件、刀具及导向、托架及多轴箱之间的相对位置及其联系尺寸；主轴结构类型、尺寸及外伸长度；刀具类型、数量和结构尺寸（直径和长度）；接杆（包括镗杆）、浮动卡头、导向装置、攻螺纹靠模装置等结构尺寸；刀具、导向套间的配合，刀具、接杆、主轴之间的连接方式及配合尺寸等。图 3-2 为末端传动箱精镗孔的加工示意图。

2. 绘制加工示意图的注意事项

加工示意图应绘制成展开图。按比例用细实线画出工件外形。加工部位、加工表面画粗实线。必须使工件和加工方位与机床布局相吻合。为简化设计，同一多轴箱上结构尺寸完全相同的主轴（即指加工表面，所用刀具及导向，主轴及接杆等规格尺寸、精度完全相同时）只画一根，但必须在主轴上标注与工件孔号相对应的轴号。一般主轴的分布不受真实距离的限制。当主轴彼此间很近或需设置结构尺寸较大的导向装置时，必须以实际中心距严格按比例画，以便检查相邻主轴、刀具、辅具、导向等是否相互干涉。主轴应从多轴箱端面画起；刀具画加工终了位置（攻螺纹则应画加工开始位置）。对采用浮动卡头的镗孔刀杆，为避免刀杆退出导向时下垂，常选用托架支撑退出的刀杆。这时必须画出托架并标出联系尺寸。采用标准通用结构（刀具、接杆、浮动卡头、攻螺纹靠模及丝锥卡头、通用多轴箱外伸出部分等）只画外轮廓，但须加注规格代号；对一些专用结构，如专用的刀具、导向、刀杆托架、专用接杆或浮动卡头等，须用剖视图表示其结构，并标注尺寸、配合及精度。

当轴数较多时，加工示意图必须用细实线画出工件加工部位分布情况简图（向视图），

42

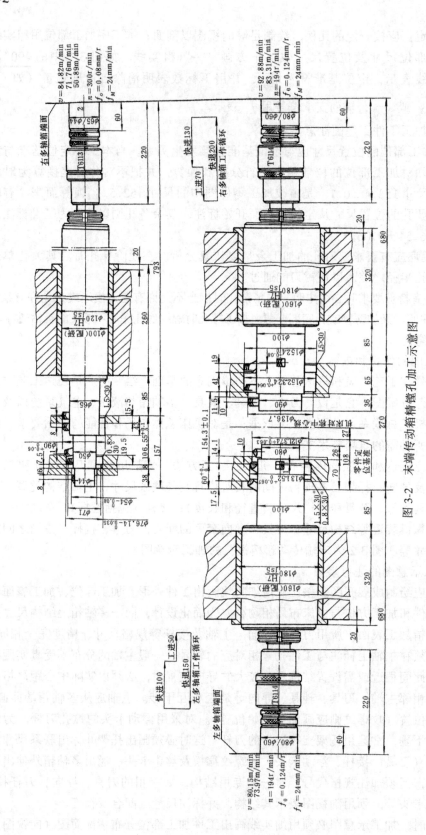

图 3-2 末端传动箱精镗孔加工示意图

并在孔旁标明相应号码，以便于设计和调整机床。多面多工位机床的加工示意图一定要分工位，按每个工位的加工内容顺序进行绘制。并应画出工件在回转工作台或鼓轮上的位置示意图，以便清楚地看出工件及在不同工位与相应多轴箱主轴的相对位置。

3. 选择刀具、导向及有关计算

(1) 刀具的选择　选择刀具应考虑工件材质、加工精度、表面粗糙度、排屑及生产率等要求。只要条件允许，应尽量选用标准刀具。为提高工序集中程度或满足精度要求，可以采用复合刀具。孔加工刀具（钻、扩、铰等）的直径应与加工部位尺寸、精度相适应，其长度应保证加工终了时刀具螺旋槽尾端离导向套外端面 30～50mm，以利排屑和刀具磨损后有一定的向前调整量。刀具锥柄插入接杆孔内长度，在绘制加工示意图时应注意从刀具总长中减去。

(2) 导向结构的选择　组合机床加工孔时，除采用刚性主轴加工方案外，零件上孔的位置精度主要是靠刀具的导向装置来保证的。因此，正确选择导向结构和确定导向类型、参数、精度，是设计组合机床的重要内容，也是绘制加工示意图时必须解决的问题。导向类型及结构的选择、导向主要参数及导向数量的确定，详见第八章第一节导向装置。

(3) 确定主轴类型、尺寸、外伸长度　主轴类型主要依据工艺方法和刀杆与主轴的联结结构进行确定。主轴轴颈及轴端尺寸主要取决于进给抗力和主轴——刀具系统结构。如与刀杆有浮动联接或刚性联接，主轴则有短悬伸镗孔主轴和长悬伸钻孔主轴。主轴轴颈尺寸规格应根据选定的切削用量计算出切削转矩 T，查表 3-4 和表 3-5 初定主轴直径 d，并考虑便于生产管理，适当简化规格。综合考虑加工精度和具体工作条件，按表 3-6 和表 4-1 选定主轴外伸长度 L、外径 D 和内径 d_1 及配套的刀具接杆莫氏锥度号或攻螺纹靠模规格代号等。对于精镗类主轴。因其切削转矩 T 较小，如按 T 值来确定主轴直径，则刚性不足。因此，应按加工孔径→镗杆直径→浮动卡头规格→主轴直径的顺序，逐步推定主轴直径。

表 3-4　轴能承受的转矩　　　　　　　　　　　(N·m)

轴径 d（mm）	允许扭转角 $[\varphi]$（°/m）			计　算　依　据
	1/4	1/2	1	
10	0.35	0.69	1.4	
12	0.72	1.4	2.9	
15	1.75	3.5	7.1	
20	5.5	11	23	
25	13.5	27	55	$d = B \sqrt[4]{10T}$
30	28	56	114	$\dfrac{T}{W_\rho} \leqslant [\tau]$
35	52	104	210	
40	89	178	360	式中　d——轴的直径（mm）
45	142	285	580	T——轴所传递的转矩（N·m）
50	217	434	880	W_ρ——轴的抗扭截面模数（m³）。实心轴的 $W_\rho \approx$
55	317	635		$0.2d^3$
60	450	900		$[\tau]$——许用剪切应力（Pa）本表是以 45 钢编制的，
65	620	1240		45 钢的 $[\tau] = 31$MPa
70	830	1670		B——系数。当材料的剪切弹性模数 $G = 81.0$GPa
75	1100	2200		时，B 值如下：
90	2270	4550		
100	3460			
105	4210			

$[\varphi][(°)/m]$	1/4	1/2	1
B	7.3	6.2	5.2

轴径 d（mm）	1/4		
110	5070		
115	6060		
120	7180		
130	9890		
140	13300		
150	17500		

注：允许扭转角 $[\varphi]$ 的适用对象，推荐如下：刚性主轴，取 $[\varphi] = 1/4$；非刚性主轴，取 $[\varphi] = 1/2$；传动轴，取 $[\varphi] = 1$。

表 3-5　攻螺纹主轴直径的确定

被加工材料	铸　铁		钢		计　算　依　据
螺　纹	转矩 (N·m)	主轴直径 (mm)	转　矩 (N·m)	主轴直径 (mm)	
M3	0.32	8	0.44	10	
M4	0.8	10	1.1	12	
M5	1.34	12	1.85	15	
M6	2.40	15	3.3	15	$d = 6.2 \sqrt[4]{10T}$
M8	5	17	7	20	加工铸铁　　加工钢
M10	9	20	12.5	20	$T = 0.195 D^{1.4} P^{1.5}$　$T = 0.27 D^{1.4} P^{1.5}$
M12	14.6	25	20.3	25	式中　d——主轴直径 (mm)
M14	22.2	25	30.7	25	T——转矩 (N·m)
M16	26.7	25	37	30	D——螺纹大径 (mm)
M18	44.1	30	61	30	P——螺矩 (mm)
M20	51.1	30	70.7	35	
M22	58.4	30	80.6	35	
M24	86.7	35	120	40	
M27	102	35	142	40	
M30	149	40	207	45	

表 3-6　通用主轴的系列参数

主　轴　外　伸	主轴 类型	主　轴　直　径　(mm)								种数
短主轴（用于与刀具浮动连接的镗、扩、铰等工序） 多轴箱端面　75　（立式60）　D/d_1	滚锥短主轴			25	30	35	40	50	60*	6
长主轴（用于与刀具刚性连接的钻、扩、铰、倒角、锪平面等工序或攻螺纹工序） 多轴箱端面　D/d_1　L　（立式 $L-15$）	滚锥长主轴		20	25	30	35	40	50*	60*	7
	滚珠主轴	15		25	30	35	40			12
	滚针主轴	15	20	25	30	35	40			20
主轴外伸尺寸 (mm)	D/d_1	25/16	32/20	40/28	50/36	50/36	67/48	80/60	90/60	
	L	85	115	115	115	115	135	100(85)	135	
接杆莫氏圆锥号		1	1, 2	1,2,3	2, 3	2, 3	3, 4	4, 5	4, 5	

注：《ZD27-2 多轴箱》无滚针主轴，无 * 规格。

（4）选择接杆、浮动卡头　除刚性主轴外，组合机床主轴与刀具间常用接杆连接（称刚性连接）和浮动卡头连接（称浮动连接）。

在钻、扩、铰、锪孔及倒角等加工小孔时，通常都采用接杆。因多轴箱各主轴的外伸长度和刀具长度都为定值，为保证多轴箱上各刀具能同时到达加工终了位置，须采用轴向可调整的接杆来协调各轴的轴向长度，以满足同时加工完各孔的要求。为使工件端面至多轴箱端面为最小距离，首先应按加工部位在外壁、加工孔深最浅、孔径又最大的主轴选定接杆（通常先按最小长度选取），由此选用其它接杆。接杆已标准化，通用标准接杆号可根据刀具尾部结构（莫氏号）和主轴头部内孔直径 d_1 按表 8-1、表 8-2 选取。夹持圆柱刀柄刀具用的弹簧卡头见第八章。

为提高加工精度、减少主轴位置误差和主轴振摆对加工精度的影响，在采用长导向或双导向和多导向进行镗、扩、铰孔时，一般孔的位置精度靠夹具保证。为避免主轴与夹具导套不同轴而引起的刀杆"别劲"现象影响加工精度，均可采用浮动卡头连接（参见图 8-2）。

加工螺纹时，常采用攻螺纹靠模装置（见第四章）和攻螺纹卡头及相配套的攻螺纹接杆（参阅图 8-6），丝锥用相应的弹簧夹头（见图 8-1）装在攻螺纹接杆上。

（5）标注联系尺寸　首先从同一多轴箱上所有刀具中找出影响联系尺寸的关键刀具，使其接杆最短，以获得加工终了时多轴箱前端面到工件端面之间所需的最小距离，并据此确定全部刀具、接杆（或卡头）、导向托架及工件之间的联系尺寸。主轴端部须标注外径和孔径（D/d）、外伸长度 L；刀具结构尺寸须标注直径和长度；导向结构尺寸应标注直径、长度、配合；工件至夹具之间的尺寸须标注工件离导套端面的距离；还须标注托架与夹具之间的尺寸、工件本身以及加工部位的尺寸和精度等。

多轴箱端面到工件端面之间的距离是加工示意图上最重要的联系尺寸。为使所设计的机床结构紧凑，应尽量缩小这一距离。这一距离取决于两方面：一是多轴箱上刀具、接杆（卡头）、主轴等结构和互相联系所需的最小轴向尺寸；二是机床总布局所要求的联系尺寸。这两个方面是互相制约的。如实例中 2 号孔，多轴箱端面到工件端面之间的距离，既要考虑刀具在加工终了时工件端面与镗模前端面间的距离、镗模导向长度、浮动卡头及主轴外伸长度等所需最小尺寸，又要照顾到 1 号孔的需要以及滑台处于前端位置时向前行程备量、多轴箱与夹具间排屑和排冷却液、观察和维修空间的需要。

（6）标注切削用量　各主轴的切削用量应标注在相应主轴后端。其内容包括：主轴转速 n_i、相应刀具的切削速度 v_i、每转进给量 f_i 和每分钟进给量 f_M。同一多轴箱上各主轴的每分钟进给量是相等的，等于动力滑台的工进速度 v_f，即 $f_M = v_f$。

（7）动力部件工作循环及行程的确定　动力部件的工作循环是指加工时，动力部件从原始位置开始运动到加工终了位置，又返回到原位的动作过程。一般包括快速引进、工作进给和快速退回等动作。有时还有中间停止、多次往复进给、跳跃进给、死挡铁停留等特殊要求。

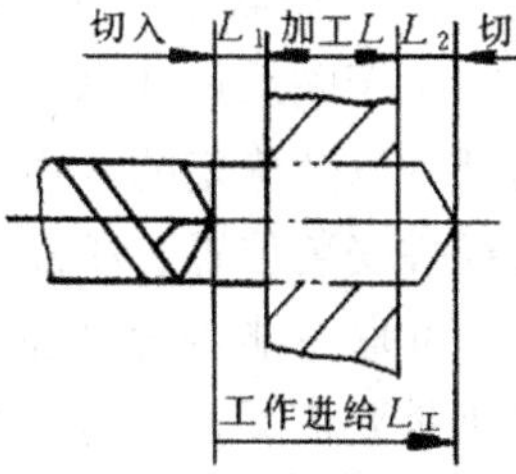

1）工作进给长度 $L_工$ 的确定　组合机床上有第一工作进给和第二工作进给之分。前者用于钻、扩、铰和镗孔等工序；后者常用于钻或扩孔之后需要进行锪平面、倒大角等工序。工作进给长度 $L_工$（见图 3-3 所示），应等于加工部位长度 L（多轴加工时按最长孔计算）与刀具切入长度 L_1 和切出长度 L_2 之和。即

图 3-3　工作进给长度

$$L_工 = L_1 + L + L_2$$

切入长度一般为 5～10mm，根据工件端面的误差情况确定。切出长度参见表 3-7。

表 3-7　切出长度 L_2 的确定

工序名称	钻　孔	扩　孔	铰　孔	镗　孔	攻螺纹
切出长度 L_2	$\frac{1}{3}d +$ (3～8)	10～15	10～15	5～10	$5 + L_切$

注：1. 表中 d 为钻头直径；$L_切$ 为丝锥切削部分长度。

　　2. 表中数值，当刀具切出平面为已加工表面时取小值，反之取大值。

第二工作进给通常比第一工作进给速度要小得多，在有条件时，应力求做到转入第二工作进给时，除锪平面或倒大角的刀具外，其余刀具都离开加工表面。否则将降低刀具使用寿命，破坏已加工表面。

2）快速引进长度的确定　快速引进是指动力部件把刀具送到工作进给位置，其长度按具体情况确定。在加工双层或多层壁孔径相同的同轴孔系时，可采用跳跃进给循环进行加工，即在加工完一层壁后，动力部件再次快速引进到位，再加工第二层壁孔，以缩短循环时间。

3）快速退回长度的确定　快速退回的长度等于快速引进和工作进给长度之和。一般在固定式夹具钻孔或扩孔的机床上，动力部件快速退回的行程，只要把所有刀具都退至导套内，不影响工件的装卸就行了。但对于夹具需要回转或移动的机床，动力部件快速退回行程必须把刀具、托架、活动钻模板及定位销都退离到夹具运动可能碰到的范围之外。

4）动力部件总行程的确定　动力部件的总行程除了满足工作循环向前和向后所需的行程外，还要考虑因刀具磨损或补偿制造、安装误差，动力部件能够向前调节的距离（即前备量）和刀具装卸以及刀具从接杆中或接杆连同刀具一起从主轴孔中取出时，动力部件需后退的距离（刀具退离夹具导套外端面的距离应大于接杆插入主轴孔内或刀具插入接杆孔内的长度，即后备量）。因此，动力部件的总行程为快退行程与前后备量之和。

(8) 其它应注意的问题

1）加工示意图应与机床实际加工状态一致。表示出工件安装状态及主轴加工方法。

2）图中尺寸应标注完整，尤其是从多轴箱端面至刀尖的轴向尺寸链应齐全，以便于检查行程和调整机床。图中应表示出机床动力部件的工作循环图及各行程长度。确定钻一攻螺纹复合工序动力部件工作循环时，要注意攻螺纹循环（包括攻进和退出）提前完成丝锥退出工件后，动力部件才能开始退回。

3）加工示意图应有必要的说明。如被加工零件的名称、图号、材料、硬度、加工余量、毛坯要求、是否加冷却液及其他特殊的工艺要求等。

三、机床联系尺寸总图

1. 机床联系尺寸总图的作用与内容

机床联系尺寸总图是以被加工零件工序图和加工示意图为依据，并按初步选定的主要通用部件以及确定的专用部件的总体结构而绘制的。是用来表示机床的配置型式、主要构成及各部件安装位置、相互联系、运动关系和操作方位的总体布局图。用以检验各部件相对位置及尺寸联系能否满足加工要求和通用部件选择是否合适；它为多轴箱、夹具等专用部件设计提供重要依据；它可以看成是机床总体外观简图。由其轮廓尺寸、占地面积、操作方式等可以检验是否适应用户现场使用环境。

机床联系尺寸总图表示的内容：

1）表明机床的配置型式和总布局。以适当数量的视图（一般至少两个视图，主视图应选择机床实际加工状态），用同一比例画出各主要部件的外廓形状和相关位置。表明机床基本型式（卧式、立式或复合式、单面或多面加工、单工位或多工位）及操作者位置等。

2）完整齐全地反映各部件间的主要装配关系和联系尺寸、专用部件的主要轮廓尺寸、运动部件的运动极限位置及各滑台工作循环总的工作行程和前后行程备量尺寸。

3）标注主要通用部件的规格代号和电动机的型号、功率及转速，并标出机床分组编号及组件名称，全部组件应包括机床全部通用及专用零部件，不得遗漏。

4）标明机床验收标准及安装规程。

2．绘制机床联系尺寸总图之前应确定的主要内容

下面以末端传动箱精镗孔组合机床为例（图 3-4）进行论述。

（1）选择动力部件　动力部件的选择主要是确定动力箱（或各种工艺切削头）和动力滑台。实例是根据已定的工艺方案和机床配置型式并结合使用及修理等因素，确定机床为卧式双面单工位液压传动组合机床，液压滑台实现工作进给运动，选用配套的动力箱驱动多轴箱镗孔主轴。

动力箱规格要与滑台匹配，其驱动功率主要依据多轴箱所需传递的切削功率来选用。在不需要精确计算多轴箱功率或多轴箱尚未设计出来之前，可按下列简化公式进行估算：

$$P_{多轴箱} = \frac{P_{切削}}{\eta}$$

式中　$P_{切削}$——消耗于各主轴的切削功率的总和，单位为 kW；计算公式详见表 6-16；

　　　　η——多轴箱的传动效率，加工黑色金属时取 0.8～0.9，加工有色金属时取 0.7～0.8；主轴数多、传动复杂时取小值，反之取大值。

实例中左右多轴箱均选用 1TD40-IV 型动力箱驱动（$n_{驱} = 480\text{r/min}$；电动机选 Y132M1-6B$_5$型，功率为 4kW）。

根据选定的切削用量，计算总的进给力，并据所需的最小进给速度、工作行程、结合多轴箱轮廓尺寸，考虑工作稳定性，选用 1HY49ⅡA 型液压滑台，以及相配套的侧底座（1CC401 型）。

必须注意：当某一规格的动力部件的功率或进给力不能满足要求，但又相差不大时，不要轻易选用大一规格的动力部件，而应以不影响加工精度和效率为前提，适当降低关键性刀具的切削用量或将刀具错开顺序加工，以降低功率和进给力。为保证机床加工过程中进给的稳定性，选择动力部件还应考虑各刀具的合力作用点应在多轴箱与动力箱的结合面内，并尽可能缩小合力作用线与滑台（或丝杠）垂直中心面之间的距离，以减少颠覆力矩。

（2）确定机床装料高度 H　装料高度一般是指工件安装基面至地面的垂直距离。在确定机床装料高度时，首先要考虑工人操作的方便性；对于流水线要考虑车间运送工件的滚道高度；对于自动线要考虑中间底座的足够高度，以便允许内腔通过随行夹具返回系统或冷却排屑系统。其次是机床内部结构尺寸限制和刚度要求。如工件最低孔位置 h_2、多轴箱允许的最低主轴高度 h_1 和通用部件、中间底座及夹具底座基本尺寸的限制等。考虑上述刚度、结构功能和使用要求等因素，新颁国家标准装料高度为 1060mm，与国际标准 ISO 一致。实际设计时常在 850～1060mm 之间选取。实例为单机使用的机床，工件最低孔径 $h_2 =$

48

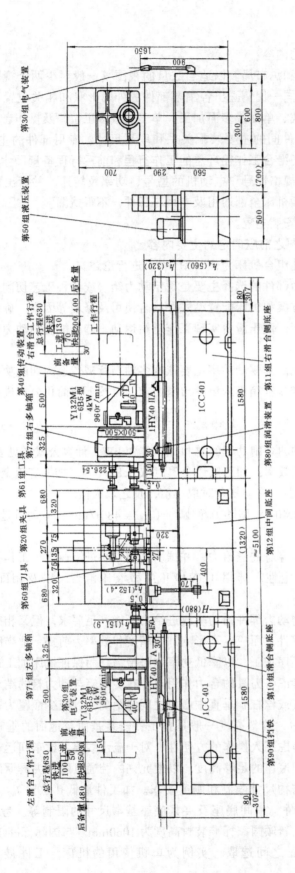

图 3-4 机床联系尺寸总图

152.4mm，滑台高度为 320mm，侧底座高度为 560mm，取装料高度为 $H = 880$mm。对于自动线，装料高度较高，一般取 1m 左右；对回转鼓轮式组合机床，装料高度一般为 1.2～1.4m，但常增加操作者脚踏板，便于装卸操作。

（3）确定夹具轮廓尺寸　主要确定夹具底座的长、宽、高尺寸。工件的轮廓尺寸和形状是确定夹具底座轮廓尺寸的基本依据。具体要考虑布置工件的定位、限位、夹紧机构、刀具导向装置以及夹具底座排屑和安装等方面的空间和面积需要。

加工示意图中已确定了一个或几个加工方向的工件与导向间距离以及导向套的尺寸。这里主要是合理确定设置导向的镗模架体尺寸，它在加工方向的尺寸一般不小于导向长度，通常取 150～300mm，实例取 300mm；至于宽度尺寸可据导向分布尺寸及工件限位元件安装需要确定。上述尺寸确定之后，夹具底座的上方支架面积就可初步确定。

夹具底座的高度尺寸，一方面要保证其有足够的刚度，同时要考虑机床的装料高度、中间底座的刚度、排屑的方便性和便于设置定位、夹紧机构。一般不小于 240mm（实例为 290mm）。

对于较复杂的夹具，绘制联系尺寸总图之前应绘制夹具结构草图，以便于确定夹具的主要技术参数、基本结构方案及其外形控制尺寸。因此，总体设计也称为"四图一卡"设计。

（4）确定中间底座尺寸　中间底座的轮廓尺寸，在长宽方向应满足夹具的安装需要。它在加工方向的尺寸，实际已由加工示意图所确定，图中已规定了机床在加工终了时工件端面至多轴箱前端面的距离（实例中左右均取 680mm）。由此，根据选定的动力箱、滑台、侧底座等标准的位置关系，并考虑滑台的前备量，通过尺寸链就可以计算确定中间底座加工方向的尺寸（实例中前备量取 30mm，计算长度为 1320mm）。算出的长度通常应圆整，并按 R20 优选数系选用。应注意，考虑到毛坯误差和装配偏移，中间底座支承夹具底座的空余边缘尺寸。当机床不用冷却液时不要小于 10～15mm；使用冷却液时不小于 70～100mm。还须注意：当加工终了时，多轴箱与夹具体轮廓间应有足够的距离，以便于调整和维修，并应留有一定的前备量（一般不小于 15～20mm）。

确定中间底座的高度方向尺寸时，应注意机床的刚性要求、冷却排屑系统要求以及侧底座连接尺寸要求。装料高度和夹具底座高度（含支承块）确定后，中间底座高度就已确定（实例中高度为 560mm）。

（5）确定多轴箱轮廓尺寸　标准通用钻、镗类多轴箱的厚度是一定的、卧式为 325mm，立式为 340mm。因此，确定多轴箱尺寸，主要是确定多轴箱的宽度 B 和高度 H 及最低主轴高度 h_1。如图 3-5 所示，被加工零件轮廓以点划线表示，多轴箱轮廓尺寸用粗实线表示。多轴箱宽度 B、高度 H 的大小主要与被加工零件孔的分布位置有关，可按下式确定：

$$B = b + 2b_1$$

$$H = h + h_1 + b_1$$

式中　b——工件在宽度方向相距最远的两孔距
　　　　　离，单位为 mm；

　　　b_1——最边缘主轴中心至箱体外壁距离，单
　　　　　位为 mm；

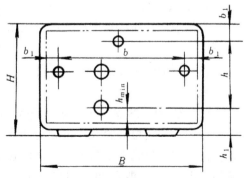

图 3-5　多轴箱轮廓尺寸确定

h——工件在高度方向相距最远的两孔距离，单位为 mm；

h_1——最低主轴高度，单位为 mm。

b 和 h 为已知尺寸。为保证多轴箱内有足够安排齿轮的空间，推荐 $b_1 > 70 \sim 100$mm。多轴箱最低主轴高度 h_1 必须考虑与工件最低孔位置 h_2、机床装料高度 H、滑台总高 h_3、侧底座高度 h_4 等尺寸之间的关系而确定。实例中 $h_2 = 152.4$mm，$H = 880$mm，$h_3 = 320$mm，$h_4 = 560$mm。对于卧式组合机床，h_1 要保证润滑油不致从主轴衬套处泄漏到箱外，推荐 $h_1 > 85 \sim 140$mm。实例 h_1、H、B 的计算如下。

$$h_1 = h_2 + H - (0.5 + h_3 + h_4)$$
$$= [152.4 + 880 - (0.5 + 320 + 560]mm = 151.9mm$$

若取 $b_1 = 100$mm，则可求出多轴箱的轮廓尺寸；

$$H = h_1 + h + b_1 = (151.9 + 226.54 + 100)mm = 478.44mm$$

实例工件宽度方向为单排孔，故可直接选取。由此按通用箱体系列尺寸标准，选定多轴箱轮廓尺寸，实例 $B \times H = 500$mm $\times 500$mm。

3. 绘制机床联系尺寸总图的注意事项

机床联系尺寸总图应按机床加工终了状态绘制。图中应画出机床各部件在长、宽、高方向的相对位置联系尺寸及动力部件退至起始位置尺寸（动力部件起始位置画虚线）；画出动力部件的总行程和工作循环图；应注明通用部件的型号、规格和电动机型号、功率及转速；对机床各组成部分标注分组编号。

当工件上加工部位对工件中心线不对称时，应注明动力部件中心线同夹具中心线的偏移量（图 3-4 中偏移量为 27mm）。对机床单独安装的液压站和电气控制柜及控制台等设备也应确定安装位置。绘制机床联系尺寸总图时，各部件应严格按同一比例绘制，并仔细检查长、宽、高三个坐标方向的尺寸链均要封闭。例如图 3-4 中高度方向尺寸链应封闭，即工件安装后其最低孔轴心线与地面的距离（等于装料高度 H 和工件最低孔与夹具安装基面间距之和），必须与多轴箱相应的最低主轴轴线与地面间的距离相等，即应满足下列等式：

$$H + h_2 = h_4 + h_3 + 0.5 + h_1$$

$$(880 + 152.4)mm = (560 + 320 + 0.5 + 151.9)mm = 1032.4mm$$

同样，机床加工方向从工件中心到夹具、多轴箱、滑台、再由滑台返回到滑座前端、侧底座、中间底座、工件中心的尺寸链也应封闭。

4. 机床分组

为便于设计和组织生产，组合机床各部件和装置按不同的功能划分编组。组号划分规定如下：

(1) 第 10～19 组——支承部件。一般由通用的侧底座、立柱及其底座和专用中间底座等组成。

(2) 第 20～29 组——夹具及输送设备。夹具是组合机床主要的专用部件，常编为 20 组，包含工件定位夹紧及固定导向部分。对一些独立性较强的活动钻模板、攻螺纹模板、自动夹压机构、自动上下料装置等常单独编组。移动工作台、回转台等输送设备，如果属通用部件，则可纳入夹具组，明细表中列出通用部件型号即可，如果专用则单独成组编号。

（3）第30～39组——电气设备。电气设计常编为30组，包括原理图、接线图和安装图等设计，专用操纵台、控制柜等则另编组号。

（4）第40～49组——传动装置。包括机床中所有动力部件如动力滑台、动力箱等通用部件，编号40组，其余须修改部分内容或专用的传动设备则单独编组。

（5）第50～59组——液压和气动装置。

（6）第60～69组——刀具、工具、量具和辅助工具等。

（7）第70～79组——多轴箱及其附属部件。

（8）第80～89组——冷却、排屑及润滑装置。

（9）第90～99组——电气、液压、气动等各种控制挡铁。

四、机床生产率计算卡

根据加工示意图所确定的工作循环及切削用量等，就可以计算机床生产率并编制生产率计算卡。生产率计算卡是反映机床生产节拍或实际生产率和切削用量、动作时间、生产纲领及负荷率等关系的技术文件。它是用户验收机床生产效率的重要依据。

1. 理想生产率 Q

理想生产率 Q（单位为件/h）是指完成年生产纲领 A（包括备品及废品率）所要求的机床生产率。它与全年工时总数 t_k 有关，一般情况下，单班制 t_k 取 2350h，两班制 t_k 取 4600h，则

$$Q = \frac{A}{t_k}$$

2. 实际生产率 Q_1

实际生产率 Q_1（单位为件/h）是指所设计机床每小时实际可生产的零件数量。即

$$Q_1 = \frac{60}{T_单}$$

式中　$T_单$——生产一个零件所需时间（min），可按下式计算：

$$T_单 = t_切 + t_辅 = \left(\frac{L_1}{v_{f1}} + \frac{L_2}{v_{f2}} + t_停 \right) + \left(\frac{L_快进 + L_快退}{v_{fk}} + t_移 + t_{装、卸} \right)$$

式中　L_1、L_2——分别为刀具第 I 、第 II 工作进给长度，单位为 mm；

v_{f1}、v_{f2}——分别为刀具第 I 、第 II 工作进给量，单位为 mm/min；

$t_停$——当加工沉孔、止口、锪窝、倒角、光整表面时，滑台在死挡铁上的停留时间，通常指刀具在加工终了时无进给状态下旋转 5～10 转所需的时间，单位为 min；

$L_快进$、$L_快退$——分别为动力部件快进、快退行程长度，单位为 mm；

v_{fk}——动力部件快速行程速度。用机械动力部件时取 5～6m/min；用液压动力部件时取 3～10m/min；

$t_移$——直线移动或回转工作台进行一次工位转换时间，一般取 0.1min；

$t_{装、卸}$——工件装、卸（包括定位或撤消定位、夹紧或松开、清理基面或切屑及吊运工件等）时间。它取决于装卸自动化程度、工件重量大小、装卸是否方便及工人的熟练程度。通常取 0.5～1.5min。

如果计算出的机床实际生产率不能满足理想生产率要求，即 $Q_1 < Q$，则必须重新选择切削用量或修改机床设计方案。

3. 机床负荷率 $\eta_负$

当 $Q_1 > Q$ 时,机床负荷率为二者之比。即

$$\eta_负 = \frac{Q}{Q_1}$$

组合机床负荷率一般为 $0.75 \sim 0.90$,自动线负荷率为 $0.6 \sim 0.7$。典型的钻、镗、攻螺纹类组合机床,按其复杂程度参照表 3-8 确定;对于精密度较高、自动化程度高或加工多品种组合机床,宜适当降低负荷率。

组合机床生产率计算卡如表 3-9 所示。

表 3-8 组合机床允许最大负荷率

机床复杂程度	单面或双面加工			三面或四面加工		
主轴数	15	16～40	41～80	15	16～40	41～80
负荷率 $\eta_负$	≈0.90	0.90～0.86	0.86～0.80	≈0.86	0.86～0.80	0.80～0.75

表 3-9 生产率计算卡

被加工零件	图　号		Z-11362A				毛坯种类		铸　件		
	名　称		末端传动箱壳体				毛坯重量				
	材　料		HT200				硬　度		180～220HBS		

工 序 名 称				左右面镗孔及刮止口			工 序 号				

序号	工步名称	被加工零件数量	加工直径 (mm)	加工长度 (mm)	工作行程 (mm)	切削速度 (m·min^{-1})	每分钟转速 (r·min^{-1})	进给量 (mm·r^{-1})	进给速度 (mm·min^{-1})	工时（min）		
										机加工时间	辅助时间	共计
1	装卸工件	1									1.5	1.5
2	右动力部件											
	滑台快进 130										0.016	0.016
	右多轴箱工进(镗孔 1#)		152.4		70	92.6	194	0.08	24	2.92		2.92
	(镗孔 2#)		90	15.5	70	84.8	300	0.124	24			
	(刮止口)									0.052		0.052
	滑台快退 200								8000		0.025	0.025
							总　　计			4.5min		
							单件工时			4.5min		
备注	装卸工件时间取决于操作者熟练程度,本机床计算时取 1.5min						机床生产率			13.3 件/h		
							机床负荷率			80%		

第四章　组合机床多轴箱设计

第一节　多轴箱的基本结构及表达方法

多轴箱是组合机床的重要专用部件。它是根据加工示意图所确定的工件加工孔的数量和位置、切削用量和主轴类型设计的传递各主轴运动的动力部件。其动力来自通用的动力箱，与动力箱一起安装于进给滑台，可完成钻、扩、铰、镗孔等加工工序。

多轴箱一般具有多根主轴同时对一列孔系进行加工。但也有单轴的，用于镗孔居多。

多轴箱按结构特点分为通用（即标准）多轴箱和专用多轴箱两大类。前者结构典型，能利用通用的箱体和传动件；后者结构特殊，往往需要加强主轴系统刚性，而使主轴及某些传动件必须专门设计，故专用多轴箱通常指"刚性主轴箱"，即采用不需刀具导向装置的刚性主轴和用精密滑台导轨来保证加工孔的位置精度。通用多轴箱则采用标准主轴，借助导向套引导刀具来保证被加工孔的位置精度。通用多轴箱又分为大型多轴箱和小型多轴箱，这两种多轴箱的设计方法基本相同。下面仅介绍大型通用多轴箱的设计。

一、大型通用多轴箱的组成及表达方法

1．多轴箱的组成

大型通用多轴箱由通用零件如箱体、主轴、传动轴、齿轮和附加机构等组成，其基本结构如图 4-1 所示。图中箱体 17、前盖 20、后盖 15、上盖 18、侧盖 14 等为箱体类零件；主轴 4、传动轴 6、手柄轴 7、传动齿轮 11、动力箱或电动机齿轮 13 等为传动类零件；叶片泵 12、分油器 16、注油标 22、排油塞 21、油盘 19（立式多轴箱不用）和防油套 10 等为润滑及防油元件。

在多轴箱箱体内腔，可安排两排 32mm 宽的齿轮或三排 24mm 宽的齿轮；箱体后壁与后盖之间可安排一排（后盖用 90mm 厚时）或两排（后盖用 125mm 厚时）24mm 宽的齿轮。

2．多轴箱总图绘制方法特点

（1）主视图　用点划线表示齿轮节圆，标注齿轮齿数和模数，两啮合齿轮相切处标注罗马字母，表示齿轮所在排数。标注各轴轴号及主轴和驱动轴、液压泵轴的转速和转向。

（2）展开图　每根轴、轴承、齿轮等组件只画轴线上边或下边（左边或右边）一半，对于结构尺寸完全相同的轴组件只画一根，但必须在轴端注明相应的轴号；齿轮可不按比例绘制，在图形一侧用数码箭头标明齿轮所在排数。

二、多轴箱通用零件

多轴箱通用零件的编号方法如下

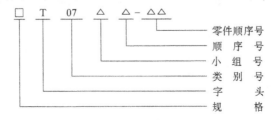

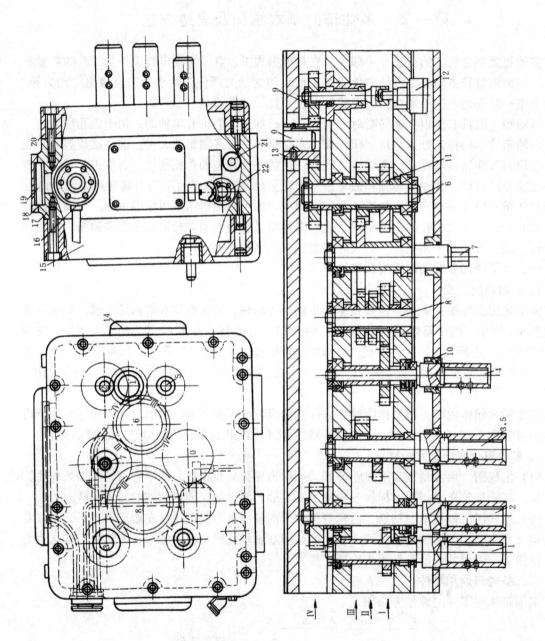

图 4-1 大型通用多轴箱的基本结构

T07 或 1T07 系指与 TD 或 1TD 系列动力箱配套的多轴箱通用零件，其标记方法详见表 4-1、表 4-2、表 4-4、表 4-5 和第七章相应的配套零件表。

小组号：1——多轴箱体类零件；

2——主轴类零件；

3——传动轴类零件；

4——齿轮类零件。

顺序号和零件顺序号表示的内容随类别号和小组号的不同而不同。例如：500×400T0711-11，表示宽 500mm、高 400mm 的多轴箱体；30T0721-41 表示用圆锥滚子轴承、直径为 φ30mm 的扩、镗主轴；40T0731-42，表示有 Ⅳ 排齿轮、用圆锥滚子轴承、直径为 φ40mm 的传动轴；3×25×20T0741-91，表示模数为 3mm、齿数为 25、孔径为 φ20mm 和宽度为 32mm 的齿轮。与 1TD 系列动力箱配套的多轴箱通用零件标记时，原 T07 改标为 1T07，通用零件规格与 1T07 间用 "-" 分开；如 630×400-1T0711-11，表示宽为 630mm、高 400mm 的多轴箱体；25-1T0722-41，表示用滚珠轴承、直径为 φ25mm 的钻削类主轴

1．通用箱体类零件

多轴箱的通用箱体类零件配套表详见表 7-4；箱体材料为 HT200，前、后、侧盖等材料为 HT150。多轴箱体基本尺寸系列标准（GB3668.1—83）规定，9 种名义尺寸用相应滑台的滑鞍宽度表示，多轴箱体宽度和高度是根据配套滑台的规格按规定的系列尺寸（表 7-1）选择；多轴箱后盖与动力箱法兰尺寸如表 7-2 所示，其结合面上联接螺孔、定位销孔及其位置与动力箱联系尺寸相适应（参阅表 5-40）；通用多轴箱体结构尺寸及螺孔位置详见图 7-1 及表 7-3。

多轴箱的标准厚度为 180mm；用于卧式多轴箱的前盖厚度为 55mm，用于立式的因兼作油池用，故加厚到 70mm；基型后盖的厚度为 90mm，变形后盖厚度为 50mm、100mm 和 125mm 三种，应根据多轴箱传动系统安排和动力部件与多轴箱的连接情况合理选用。如只有电机轴安排 Ⅳ 排或 Ⅴ 排齿轮，可选用厚度为 50mm 或 100mm 的后盖，此时，后盖窗口应按齿轮外廓加以扩大，如图 4-2 所示。

2．通用主轴

（1）通用钻削类主轴

按支承型式可分为三种（图 4-3）：

1）滚锥轴承主轴：前后支承均为圆锥滚子轴承。这种支承可承受较大的径向和轴向力，且结构简单、装配调整方便，广泛用于扩、镗、铰孔和攻螺纹等加工；当主轴进退两个方向都有轴向切削力时常用此种结构。

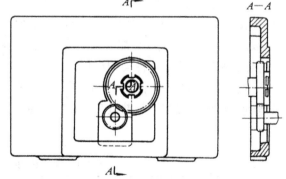

图 4-2　后盖窗口补充加工图

2）滚珠轴承主轴：前支承为推力球轴承和向心球轴承、后支承为向心球轴承或圆锥滚子轴承。因推力球轴承设置在前端，能承受单方向的轴向力，适用于钻孔主轴。

3）滚针轴承主轴：前后支承均为无内环滚针轴承和推力球轴承。当主轴间距较小时采用。《ZD27-2 多轴箱》无此类主轴。

按与刀具的连接是浮动还是刚性连接，又分为短主轴和长主轴（参见表 3-6）；多轴箱

前盖外伸长度为 75（立式为 60）mm 的滚锥轴承主轴称为短主轴，采用浮动卡头与刀具浮动连接，配以加长导向或双导向，用于镗、扩、铰孔等工序；外伸长度大于 75（立式为 60）mm 的主轴称为长主轴，因主轴内孔较长，与刀具尾部连接的接触面加长，增强了刀具与主轴的连接刚度、减少刀具前端下垂，采用标准导套导向或单导向，用于钻孔、扩孔、倒角、锪平面等工序。通用钻削类主轴型号标记如表 4-1 所示。滚锥轴承主轴、滚珠轴承主轴组件装配结构、配套零件及联系尺寸分别参见第七章第二节。

（2）攻螺纹类主轴（见图 4-4）按支承型式分两种：1）前后支承均为圆锥滚子轴承主轴。2）前后支承均为推力球轴承和无内环滚针轴承的主轴。通用攻螺纹主轴系列参数及其型号标记见表 4-2 所示。滚锥轴承攻螺纹主轴装配结构、配套零件及联系。尺寸详见第七章第二节。

主轴材料一般采用 40Cr 钢，热处理 C42；滚针轴承主轴用 20Cr 钢，热处理 S0.5～C59。

表 4-3 所示为通用主轴的最小轴间距。多轴箱主轴端部尺寸详见表 7-11。

3．通用传动轴

通用传动轴按用途和支承型式分为图 4-5 所示六种；表 4-4 所示为通用传动轴的系列参数。六种传动轴结构，配套零件及联系尺寸，详见第七章第二节传动轴组件。

通用传动轴一般用 45 钢，调质 T235；滚针轴承传动轴用 20Cr 钢，热处理 S0.5～C59。

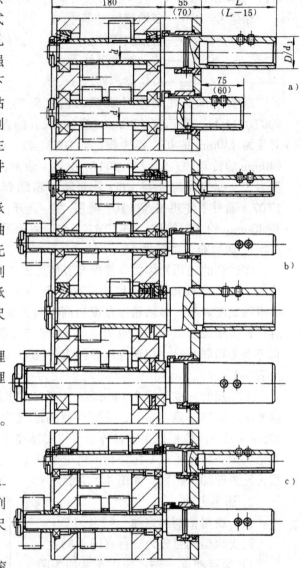

图 4-3　通用钻削类主轴
a) 滚锥轴承主轴　b) 滚珠轴承主轴　c) 滚针轴承主轴

表 4-1　通用钻削类主轴型号标记及种数

主 轴 类 型	型 号 标 记 及 种 数		
	《DZ27 多轴箱》	《ZD27-1 多轴箱》	《ZD27-2 多轴箱》
短主轴（滚锥）	d=25，30，35，40，50，60 dT0721-42　7 种	d=20，25，30，35，40，50，60 B-dT0721-41　7 种 dT0721-42（无 d=60）6 种	d=25，30，35，40，50 d-1T0721-42　5 种

(续)

主 轴 类 型		型 号 标 记 及 种 数		
		《DZ27 多轴箱》	《ZD27-1 多轴箱》	《ZD27-2 多轴箱》
长 主 轴	滚 锥	$d=20$, 25, 30, 35, 40, 50, 60 dT0721-41　7 种		$d=20$, 25, 30, 35, 40 d-1T072141　5 种
	滚 珠	$d=15,20,25,30,35,40$　dT0722-41　dT0722-42　共 12 种		$d=15$, 20, 25, 30, 35, 40 d-1T0722-41 d-1T0722-42　共 12 种
	滚 针	$d=15$, 20, 25, 30, 35, 40 dT0723-41　共 12 种 dT0723-42 $d=15$, 20, 25 dT0724-41　共 6 种 dT0724-42 $d=15$　15T07025-41 15T07025-42　2 种	$d=15$, 20, 25, 30, 35, 40 dT0723-41A dT0723-42　共 12 种 $d=15$, 20, 25 dT0724-41A dT0724-42　共 6 种 $d=15$　15T0725-41A 15T0725-42　2 种	—

注：d——主轴轴颈，单位为 mm。

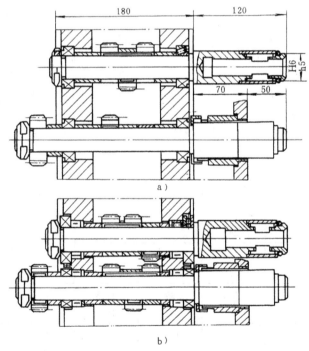

图 4-4　通用攻螺纹主轴

a) 滚锥轴承攻螺纹主轴　b) 滚针轴承攻螺纹主轴

4. 通用齿轮和套

多轴箱用通用齿轮有：传动齿轮、动力箱齿轮和电动机齿轮三种（见表 4-5），其结构型式、尺寸参数及制造装配要求详见表 7-21～表 7-23。

多轴箱用套和防油套综合表参阅表 7-24、表 7-25。

表 4-2　通用攻螺纹主轴系列参数及其型号标记

主 轴 外 伸	主轴类型	主轴直径 d（mm）				种数	型 号 标 记	
							《ZD27-1 多轴箱》	《ZD27-2 多轴箱》
	滚锥轴承攻螺纹主轴	—	20	25	30	6	dT0729-41 dT0729-42	d－1T0729-41 d－1T0729-42
	滚针轴承攻螺纹主轴	15	20	—	—	4	15T0729-51 15T0729-52 20T0729-51A 20T0729-52	—
	$H_7 n_5$（mm）	24/12	30/14	38/20	50/26		《ZD27 多轴箱》中：$d=20$，无第Ⅳ排齿轮的滚针轴承攻螺纹主轴标记为 20T0729-51，其余 3 种和 6 种滚锥轴承攻螺纹主轴的标记与《ZD27-1 多轴箱》一致	
		32/16	40/20	50/28				
	攻螺纹靠模规格代号	1	2	3	4			

注：D/d_1 中：24/12、30/14、38/20、50/26 为《ZD27-1》规定值；32/16、40/20、50/28 为《ZD27-2》规定值。

表 4-3　通用主轴的最小间距　　　　　　　　　　　　　　（mm）

1. 滚锥轴承主轴

主轴直径	20	25	30	35	40	50	60
20	48						
25	50.5	53					
30	55.5	58	63				
35	60.5	63	68	73			
40	64.5	67	72	77	81		
50	69.5	72	77	82	86	91	
60	79.5	82	87	92	96	101	111

2. 滚珠轴承主轴[①]

主轴直径	15	20	25	30	40	45
15	36					
20	39.5	43				
25	44.5	48	53			
30	49.5	53	58	63		
40	54.5	58	63	68	73	
45	58.5	62	67	72	77	81

3. 滚针轴承主轴[②]

主轴直径	主轴箱型式	主　轴　直　径					
		15	20	25	30	35	40
15	卧	24					
	立	24					
20	卧	32	35.5				
	立	32.5	38.5				
25	卧	35.5	39	42.5			
	立	36	42	45.5			
30	卧	40.5	46.5	50	52.5		
	立	41.5	48.5	52	58.5		
35	卧	45.5	51.5	55	57.5	62.5	
	立	45.5	51.5	55	58.5	62.5	
40	卧	48.5	54.5	58	60.5	65.5	68.5
	立	50	57	60.5	67	67	75.5

① 《ZD27-2 多轴箱》无滚针轴承主轴规格。

② 《ZD27-2 多轴箱》无 $d=45$mm 规格。

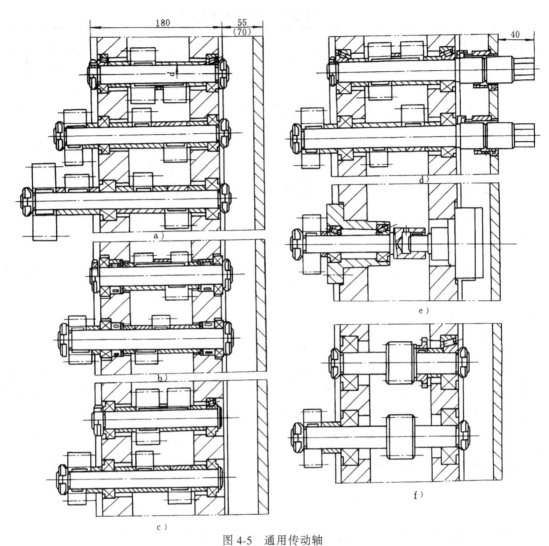

图 4-5　通用传动轴

a）圆锥轴承传动轴　b）滚针轴承传动轴　c）埋头传动轴　d）手柄轴　e）油泵传动轴　f）攻螺纹用蜗杆轴

表 4-4　通用传动轴系列参数及其型号标记

传动轴类型	传动轴直径 d　（mm）							种数	型　号　标　记		
									《ZD27 多轴箱》	《ZD27-1 多轴箱》	《ZD27-2 多轴箱》
滚锥轴承传动轴	20	25	30	35	40	50	60	14	dT0731-41		d-1T0731-41
									dT0731-42		d-1T0731-42
滚针轴承传动轴	20	25	30	—	40	—	—	8	dT0733-41	dT0733-41A	d-1T0733-41
									dT0733-42	dT0733-42A	d-1T0733-42
埋头传动轴	—	25	30	35	40	—	—	8	dT0734-41		d-1T0734-41
									dT0734-42		d-1T0734-42
手　柄　轴	—	—	30	—	40	50	—	6	dT0736-41		d-1T0736-41
									dT0736-42		d-1T0736-42
油泵传动轴	20	—	—	—	—	—	—	1	T0738-41		1T0738-41
攻螺纹用蜗杆轴	—	25	—	—	—	—	—	2	T0739-41	T0739-41A	1T0739-41
									T0739-42	T0739-42A	1T0739-42

表 4-5　通用齿轮系列参数及其型号标记

齿轮种类	宽度(mm)	模数 m (mm)	齿轮齿数 z	孔径 d (mm)	《ZD27 主轴箱》	《ZD27-1 多轴箱》	《ZD27-2 多轴箱》
传动齿轮	32	2 / 2.5 / 3 / 4	16~50 连续 50~70 仅有偶数齿数	20, 30 35, 40 50, 60	$m×z×dT0741\text{-}41$ 共597件	$Bm×z×dT0741\text{-}91$ 共123种 / $m×z×dT0741\text{-}91$ 共469种	$m×z×d\text{-}1T0741\text{-}41$ 共589种
	24	2 / 2.5 / 3	16~50 连续	15, 20 25, 30 35, 40	$m×z×dT0741\text{-}42$ 共393种	$m×z×dT0741\text{-}91$ 128种 / $B\text{-}m×z×dT0741\text{-}91$ 270种	$m×z×d\text{-}1T0741\text{-}42$ 共384种
动力箱(头)齿轮	84 (A型)	3 / 4	21~26	20, 25 30, 35 40, 45 60	$m×z×dT0744\text{-}41$ $d=25,30,40$ 共12种 $d=40,50$ 共8种	$m×z×dT0744\text{-}44$ 配 TD 动力箱: 共22种 / $m×z×dT0742\text{-}91$ 动力头用: 共20种	$m×z×d\text{-}1T0744\text{-}41$ 共22种
	44 (B型)			25, 30 40, 50	$B\text{-}m×z×dT0744\text{-}41$ 共20种	$B\text{-}m×z×dT0741\text{-}91$ 动力头齿轮 B 型: 共20种	—
电机齿轮用轮	79 78 76	3 / 4	21~26	22, 28 32, 38	$m×z×dT0744\text{-}42$ $z=21\text{~}24$, 宽79、76 共20种	$z×dT0743\text{-}91$ 仅有宽79、$m=3$ 共20种	$m×z×d\text{-}1T0744\text{-}42$ $z=21\text{~}24$, 宽79、78 共16种
传蜗杆齿轴轮	16	2.5	30, 33, 36 39, 42, 45 48	25	$zT0744\text{-}43$ 共7种	$zT0744\text{-}91$ 共7种	$z\text{-}1T0744\text{-}43$ 共7种

第二节　通用多轴箱设计

目前多轴设计有一般设计法和电子计算机辅助设计法两种。计算机设计多轴箱，由人工输入原始数据，按事先编制的程序，通过人机交互方式，可迅速、准确地设计传动系统，绘制多轴箱总图、零件图和箱体补充加工图，打印出轴孔坐标及组件明细表（详见本章第四节）。一般设计法的顺序是：绘制多轴箱设计原始依据图；确定主轴结构、轴颈及齿轮模数；拟定传动系统；计算主轴、传动轴坐标（也可用计算机计算和验算箱体轴孔的坐标尺寸），绘制坐标检查图；绘制多轴箱总图，零件图及编制组件明细表。具体内容和方法简述如下。

一、绘制多轴箱设计原始依据图

多轴箱设计原始依据图是根据"三图一卡"绘制的。其主要内容及注意事项如下：

1）根据机床联系尺寸图，绘制多轴箱外形图，并标注轮廓尺寸及与动力箱驱动轴的相对位置尺寸。

2）根据联系尺寸图和加工示意图，标注所有主轴位置尺寸及工件与主轴、主轴与驱动轴的相关位置尺寸。在绘制主轴位置时，要特别注意：主轴和被加工零件在机床上是面对面安放的，因此，多轴箱主视图上的水平方向尺寸与零件工序图上的水平方向尺寸正好相反；其次，多轴箱上的坐标尺寸基准和零件工序图上的基准经常不重合，应根据多轴箱与加工零件的相对位置找出统一基准，并标出其相对位置关系尺寸，然后根据零件工序图各孔位置尺寸，算出多轴箱上各主轴坐标值。

3）根据加工示意图标注各主轴转速及转向主轴逆时针转向（面对主轴看）可不标，只注顺时针转向。

4）列表标明各主轴的工序内容、切削用量及主轴外伸尺寸等。

5）标明动力部件型号及其性能参数等。

图 4-6 所示为双面卧式钻孔组合机床右多轴箱设计原始依据图。较简单的多轴箱可不画原始依据图。

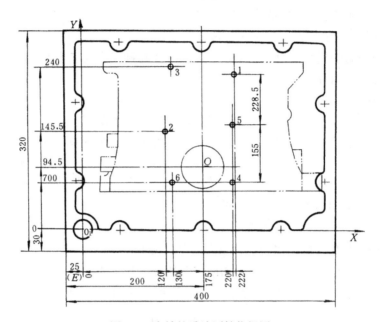

图 4-6　多轴箱设计原始依据图

注：1. 被加工零件编号及名称：271Q-1002015 气缸体。材料及硬度：铜铬钼合金铸铁，212～285HBS。

2. 主轴外伸尺寸及切削用量：

轴　号	主轴外伸尺寸（mm）			切　削　用　量				备　注
	D/d	L	工序内容	n（r·min^{-1}）	v（m·min^{-1}）	f（mm·r^{-1}）		
1	30/20	115	钻 $\phi 7.8$	577	14.1	0.10		
2	30/20	115	钻 $\phi 8$	577	14.50	0.10		
3, 4	22/14	85	扩 $\phi 12.6$	274	11	0.21		
5, 6	22/14	85	$\phi 8.7$ 孔倒角 $1\times45°$	461	15	0.125		

3. 动力部件 1TD32I，1HY32IA，$N_\text{主} = 2.2\text{kW}$，$n = 1430\text{T·min}^{-1}$。

二、主轴、齿轮的确定及动力计算

1. 主轴型式和直径、齿轮模数的确定

主轴的型式和直径，主要取决于工艺方法、刀具主轴联接结构、刀具的进给抗力和切削转矩。如钻孔时常采用滚珠轴承主轴；扩、镗、铰孔等工序常采用滚锥轴承主轴；主轴间距较小时常选用滚针轴承主轴。滚针轴承精度较低、结构刚度及装配工艺性都较差，除非轴距限制，一般不选用。攻螺纹主轴因靠模杆在主轴孔内作轴向移动，为获得良好的导向性，一般采用双键结构，不用轴向定位（见图 4-4）。

主轴直径按加工示意图所示主轴类型及外伸尺寸可初步确定。传动轴的直径也可参考主轴直径大小初步选定。待齿轮传动系统设计完后再验算某些关键轴颈。

齿轮模数 m（单位为 mm）一般用类比法确定，也可按公式估算，即：

$$m \geqslant (30 \sim 32) \sqrt[3]{\frac{P}{zn}}$$

式中　　P——齿轮所传递的功率，单位为 kW；

　　　　z——一对啮合齿轮中的小齿轮齿数；

　　　　n——小齿轮的转速，单位为 r/min。

多轴箱中的齿轮模数常用 2、2.5、3、3.5、4 几种。为便于生产，同一多轴箱中的模数规格最好不要多于两种。

2. 多轴箱所需动力的计算

多轴箱的动力计算包括多轴箱所需要的功率和进给力两项。

传动系统确定之后，多轴箱所需功率 $P_{多轴箱}$ 按下列公式计算：

$$P_{多轴箱} = P_{切削} + P_{空转} + P_{损失} = \sum_{i=1}^{n} P_{切削i} + \sum_{i=1}^{n} P_{空转i} + \sum_{i=1}^{n} P_{损失i}$$

式中　　$P_{切削}$——切削功率，单位为 kW；

　　　　$P_{空转}$——空转功率，单位为 kW；

　　　　$P_{损失}$——与负荷成正比的功率损失，单位为 kW。

每根主轴的切削功率，由选定的切削用量按公式计算或查图表获得；每根轴的空转功率按表 4-6 确定；每根轴上的功率损失，一般可取所传递功率的 1%。

表 4-6　轴的空转功率 $P_{空}$　　　　　　　　　　　　　　　　　（kW）

转速 (r·min⁻¹) \ 轴径 (mm)	15	20	25	30	40	50	60	75
25	0.001	0.002	0.003	0.004	0.007	0.012	0.017	0.026
40	0.002	0.003	0.005	0.007	0.012	0.018	0.027	0.042
63	0.003	0.005	0.007	0.010	0.019	0.029	0.041	0.066
100	0.004	0.007	0.012	0.017	0.030	0.046	0.067	0.104
160	0.007	0.012	0.018	0.027	0.047	0.074	0.107	0.166
250	0.010	0.018	0.028	0.042	0.074	0.116	0.166	0.260
400	0.017	0.030	0.046	0.067	0.118	0.185	0.266	0.416
630	0.026	0.046	0.073	0.105	0.186	0.291	0.420	0.656
1000	0.042	0.074	0.116	0.166	0.296	0.462	0.666	1.040
1600	0.066	0.118	0.185	0.266	0.473	0.749	1.066	1.665

多轴箱所需的进给力 $F_{多轴箱}$（单位为 N）可按下式计算：

$$F_{多轴箱} = \sum_{i=1}^{n} F_i$$

式中　　F_i——各主轴所需的轴向切削力（详见表 6-20），单位为 N。

实际上，为克服滑台移动引起的摩擦阻力，动力滑台的进给力应大于 $F_{多轴箱}$。

三、多轴箱传动设计

多轴箱传动设计，是根据动力箱驱动轴位置和转速、各主轴位置及其转速要求，设计传动链，把驱动轴与各主轴连接起来，使各主轴获得预定的转速和转向。

1．对多轴箱传动系统的一般要求

1）在保证主轴的强度、刚度、转速和转向的条件下，力求使传动轴和齿轮的规格、数量为最少。为此，应尽量用一根中间传动轴带动多根主轴，并将齿轮布置在同一排上。当中心距不符合标准时，可采用变位齿轮或略微改变传动比的方法解决。

2）尽量不用主轴带动主轴的方案，以免增加主轴负荷，影响加工质量。遇到主轴分布较密，布置齿轮的空间受到限制或主轴负荷较小、加工精度要求不高时，也可用一根强度较高的主轴带动 1～2 根主轴的传动方案。

3）为使结构紧凑，多轴箱内齿轮副的传动比一般要大于 $\frac{1}{2}$（最佳传动比为 $1～\frac{1}{1.5}$），后盖内齿轮传动比允许取至 $\frac{1}{3}～\frac{1}{3.5}$；尽量避免用升速传动。当驱动轴转速较低时，允许先升速后再降一些，使传动链前面的轴、齿轮转矩较小，结构紧凑，但空转功率损失随之增加，故要求升速传动比小于等于 2；为使主轴上的齿轮不过大，最后一级经常采用升速传动。

4）用于粗加工主轴上的齿轮，应尽可能设置在第Ⅰ排，以减少主轴的扭转变形；精加工主轴上的齿轮，应设置在第Ⅲ排，以减少主轴端的弯曲变形。

5）多轴箱内具有粗精加工主轴时，最好从动力箱驱动轴齿轮传动开始，就分两条传动路线，以免影响加工精度。

6）刚性镗孔主轴上的齿轮，其分度圆直径要尽可能大于被加工孔的孔径，以减少振动，提高运动平稳性。

7）驱动轴直接带动的转动轴数不能超过两根，以免给装配带来困难。

多轴箱传动设计过程中，当齿轮排数Ⅰ～Ⅳ排不够用时，可以增加排数，如在原来Ⅰ排齿轮的位置上排两排薄齿轮（其强度应满足要求）或在箱体与前盖之间增设 0 排齿轮。

2．拟定多轴箱传动系统的基本方法

拟定多轴箱传动系统的基本方法是：先把全部主轴中心尽可能分布在几个同心圆上，在各个同心圆的圆心上分别设置中心传动轴；非同心圆分布的一些主轴，也宜设置中间传动轴（如一根传动轴带二根或三根主轴）；然后根据已选定的各中心传动轴再取同心圆，用最少的传动轴带动这些中心传动轴；最后通过合拢传动轴与动力箱驱动轴连接起来。

（1）将主轴划分为各种分布类型　被加工零件上加工孔的位置分布是多种多样的，但大致可归纳为：同心圆分布、直线分布和任意分布三种类型。因此，多轴箱上主轴分布相应分为这三种类型。

1）同心圆分布　图 4-7 中主轴群 1～4 的各轴心在同心圆上均布，主轴群 5～11 在同心圆上不均匀分布。对这类主轴，可在同心圆处分别设置中心传动轴，由其上的一个或几个（不同排数）齿轮来带动各主轴。

2）直线分布　图 4-8 所示主轴按直线分布。对此类主轴，可在两主轴中心连线的垂直平分线上设传动轴，由其上一个或几个齿轮来带动各主轴（如图 4-9a、b 两种传动方案）。

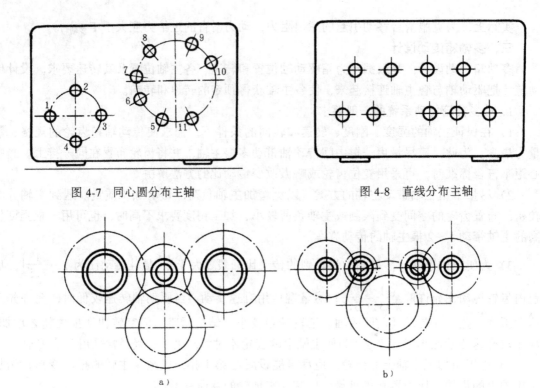

图 4-7　同心圆分布主轴　　　　　　　　　　图 4-8　直线分布主轴

图 4-9　直线分布主轴传动方案

3）任意分布　图 4-10 所示为任意分布主轴及传动方案。对此类主轴可根据"三点共圆"原理，将主轴 1、2、3 和主轴 4、5、6 的轴心分别分布在两个同心圆上；主轴 7、8 可按直线分布方法处置。可见，任意分布可以看作是同心圆和直线的混合分布形式。

（2）确定驱动轴转速转向及其在多轴箱上的位置　驱动轴的转速按动力箱型号选定；当采用动力滑台时，驱动轴旋转方向可任意选择；动力箱与多轴箱连接时，应注意驱动轴中心一般设置于多轴箱箱体宽度的中心线上，其中心高度则决定于所选动力箱的型号规格。驱动轴中心位置在机床联系尺寸图中已经确定。

（3）用最少的传动轴及齿轮副把驱动轴和各主轴连接起来　在多轴箱设计原始依据图中确定了各主轴的位置、转速和转向的基础上，首先分析主轴位置，拟订传动方案，选定齿轮齿轮模数（估算或类比），再通过"计算、作图和多次试凑"相结合的方法，确定齿轮齿数和中间传动轴的位置及转速。

1）齿轮齿数　传动轴转速的计算公式：

$$u = \frac{z_{主}}{z_{从}} = \frac{n_{从}}{n_{主}} \tag{4-1}$$

$$A = \frac{m}{2}\left(z_{主} + z_{从}\right) = \frac{m}{2}S_z \tag{4-2}$$

$$n_{主} = \frac{n_{从}}{u} = n_{从}\frac{z_{从}}{z_{主}} \tag{4-3}$$

$$n_{从} = n_{主}u = n_{主}\frac{z_{主}}{z_{从}} \tag{4-4}$$

$$z_{主} = \frac{2A}{m} - z_{从} = \frac{2A}{m\left(1 + \dfrac{n_{主}}{n_{从}}\right)} = \frac{2Au}{m\,(1+u)} \tag{4-5}$$

$$z_{从} = \frac{2A}{m} - z_{主} = \frac{2A}{m\left(1 + \dfrac{n_{从}}{n_{主}}\right)} = \frac{2Am}{(1+u)} \tag{4-6}$$

式中　　u——啮合齿轮副传动比；

　　　　S_z——啮合齿轮副齿数和；

$z_{主}$、$z_{从}$——分别为主动和从动齿轮齿数；

$n_{主}$、$n_{从}$——分别为主动和从动齿轮转速，单位为 r/min；

　　　　A——齿轮啮合中心距，单位为 mm；

　　　　m——齿轮模数，单位为 mm。

2）传动路线设计方法

①当主轴数少且分散时　如图 4-11 所示，主轴 1、2，转速均为 320r/min，驱动轴 O，转速为 470r/min（顺逆转向均可）。由图中已知尺寸可算出驱动轴 O_1 到主轴 1 或 2 的中心距 A_{1-O}、A_{2-O} 和总传动比 $u_{总}$。即

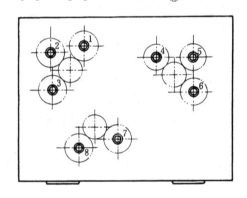

图 4-10　任意分布主轴及传动方案

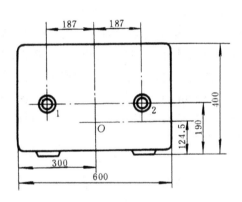

图 4-11　两主轴多轴箱主轴布置图

$$A_{1-O} = A_{2-O} = \sqrt{187^2 + 65.5^2}\,\text{mm} = 198.14\text{mm}$$

$$u_{总} = \frac{n_{主}}{n_{驱}} = \frac{320}{470} = \frac{1}{1.47}$$

根据式（4-1）～式（4-6）及齿轮参数系列（表 4-8），便可进行齿轮的排列及传动比分配。单纯从 $U_{总}$ 的值看，理论上用一对齿轮就能满足要求，但因中心距较大，且驱动轴上齿轮参数规定为：$z_{驱} = 21 \sim 26$，$m = 3$ 或 4。若取 $m = 4$，$z_{驱} = 26$，按 $A = 198.14$ 代入式（4-6）计算可得主轴上齿轮齿数 $z_{主轴} = 73$，则相应的传动比 $U'_{总}$ 为：

$$u'_{总} = \frac{26}{73} \approx \frac{1}{2.81}$$

显然 $u'_{总} \ne u_{总}$，即用一对齿轮传动满足了轴间距 A 要求，却不能满足 $u_{总}$ 的要求。此时，可用增设中间轴的方法解决，如图 4-12 所示，若取 $m = 4$，$z_{驱} = 21$，根据 $u_{总} = \dfrac{1}{1.47}$，则

$$z_{主轴} = \frac{z_{驱}}{u_{总}} = \frac{21}{\frac{1}{1.47}} \approx 31$$

考虑结构紧凑，惰轮齿数取 $z_{惰} = 25$，中间轴及齿轮位置由作图或计算确定，图 4-12 中所设中间轴及 $z_{惰}$ 在主轴与驱动轴心连线之下，也可设在连线之上，但可能要用不同排数的齿轮传动两主轴。

② 当主轴数量较多且分散时　可将比较接近的主轴分成几组，然后从各组主轴开始选取不同的中间传动轴，分别带动各组主轴，再通过合拢轴将各中间轴和驱动轴联系起来。

在排列齿轮时，要注意先满足转速最低及主轴间距最小的那组主轴的要求。还应注意中间轴转速尽量高些，这样扭矩小，且使驱动轴和其它传动轴连接的传动比不至太大。

（4）润滑泵轴和手柄轴的安置　多轴箱常采用叶片油泵润滑，油泵供油至分油器经油管分送各润滑点（如第Ⅳ排齿轮、轴承、油盘等）。箱体较大、主轴超过 30 根时用两

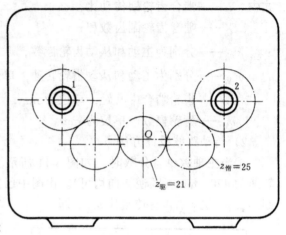

图 4-12　两主轴多轴箱传动方案

个润滑泵。油泵安装在箱体前壁上（参阅图 7-11），泵轴尽量靠近油池。（吸油高度不超过 $400 \sim 500$mm）；通常油泵齿轮放在第Ⅰ排；以便于维修，如结构限制，可放在第Ⅳ排；当泵体或管接头与传动轴端相碰时，可改用埋头传动轴。润滑叶片油泵结构及输油量可参阅图 7-12、图 7-13。

多轴箱一般设手柄轴（详见图 7-10、表 7-19、表 7-20），用于对刀、调整或装配检修时检查主轴精度。手柄轴转速尽量高些，其周围应有较大空间。

3. 传动零件的校核

传动系统拟定后，应对总体设计和传动设计中选定的传动轴颈和齿轮模数进行验算，校核是否满足工作要求。

（1）验算传动轴的直径　按下式计算传动轴所承受的总转矩 $T_{总}$：

$$T_{总} = T_1 U_1 + T_2 U_2 + \cdots + T_n U_n$$

式中　T_n——作用在第 n 个主轴上的转矩，单位为 N·m；

U_n——传动轴至第 n 个主轴之间的传动比。

注意上式中不包括对于只有一排传动齿轮的转矩计算，这是因为传动轴上只有一排齿轮时，其承受的转矩理论上等于零。对于这种传动轴，一般按其所承受的弯矩来验算。总转矩 $T_{总}$ 算出后，按表 3-4、表 3-5 公式验算所选用的传动轴直径是否满足要求。

（2）齿轮模数的验算　一般只对多轴箱中承受载荷最大、最薄弱的齿轮进行接触强度和弯曲强度的验算，验算公式参见《机床课程设计指导》。

4. 多轴箱传动系统拟定实例

现以图 4-6 为例，对多轴箱传动设计的步骤和方法作简要分析。

(1) 拟定传动路线　把主轴 4、5、6 视为一组同心圆主轴，在其圆心（即三主轴轴心组成的三角形外接圆圆心）处设中心传动轴 9；把主轴 1、3 视为一组直线分布主轴，在两轴中心连线的垂直平分线上设中心传动轴 7；主轴 2 和泵轴 11 用中心传动轴 10 传动。将轴 9、7、10 作为一组同心圆，圆心处设合拢轴 8，将轴 8 与驱动轴 O 连接起来，形成多轴箱传动树形图（图 4-13）。图中主轴 1~6 为"树梢"，驱动轴 O 为"树根"，各分叉点为传动轴 7、8、9、10，其中轴 7、9、10 为中心传动轴，轴 8 为合拢传动轴；各轴间的传动副为"树枝"，箭头表示运动传递方向（路线）。显然，运用传动树形图对多轴箱进行传动方案设计较为清晰、简便。

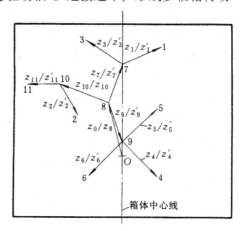

图 4-13　六孔钻削多轴箱传动树形图

(2) 根据原始依据图 4-6、算出驱动轴、主轴坐标尺寸，如表 4-7 所示。

(3) 确定传动轴位置及齿轮齿数

1) 确定传动轴 9 的位置及各齿轮的齿数传动轴 9 的位置为主轴 4、5、6 同心圆圆心（尚需略加调整，详见图 4-15 及说明），可通过作图（图 4-14）初定。先确定转速较低的主轴 4 与轴 9 之间的齿轮

齿数（即 z_4 和 z'_4）。为保证齿轮齿根强度，应使齿根到孔壁或键槽的壁厚 $a \geqslant 2m$（m 为齿轮模数）。若取 $m = 2$，$z_4 = 22$，则从图 4-14 中量得中心距 $A_{9-4} = 62mm$，并按公式（4-3）、式（4-5）、式（4-6）依次求得齿数 z'_4 和转速 n_9、齿轮副齿数 z_5 和 z'_5、z_6 和 z'_6。即：

表 4-7　驱动轴、主轴坐标值　　　　　　　　　　　　　　　　　　（mm）

坐标	销 O_1	驱动轴 O	主轴 1	主轴 2	主轴 3	主轴 4	主轴 5	主轴 6
X	0.000	175.000	222.000	120.000	130.000	220.000	220.000	130.000
Y	0.000	94.500	228.500	145.500	240.000	70.000	155.000	70.000

$$z'_4 = \frac{2A}{m} - z_4 = \frac{2 \times 62}{2} - 22 = 40 \qquad （设在第 Ⅲ 排）$$

$$n_9 = n_4 \frac{z'_4}{z_4} = \left(274 \times \frac{40}{22} \right) r/min = 498 r/min$$

$$z'_5 = z'_6 = \frac{2A}{m(1 + u_{9-6})} = \frac{2 \times 62}{2 \left(1 + \frac{461}{498} \right)} \approx 32$$

$$z_5 = z_6 = 62 - 32 = 30 \qquad （设在第 Ⅱ 排）$$

据 z_5、z_6 和 n_5、n_6 求得 $n_9 = 493 r/min$（与 498r/min 很接近）。

2) 确定传动轴 7 的位置及其与主轴 1、3 间的齿轮副齿数　传动轴 7 中心取在箱体中心线上，垂直方向位置待齿数确定后便可确定。

轴 7 与主轴 3 之间传动比取 $u_{7-3} = \frac{1}{1.5}$，则轴 7 转速 $n_7 = \frac{n_3}{u_{7-3}} = \frac{274}{\frac{1}{1.5}} r/min = 411 r/min$。

轴 7 与主轴 1 之间传动比 u_{7-1} 为：

$$u_{7-1} = \frac{n_1}{n_7} = \frac{577}{411} = 1.4$$

取最小齿轮（主轴 1 上）齿数 $z'_1 = 21$，则

$$z_1 = 21 \times 1.4 \approx 29 \qquad\qquad (\text{设在第 II 排})$$

所以，轴 7 与主轴 1 间中心距 $A_{7-1} = 50$mm。

据此作图即可确定轴 7 在垂直方向的位置（图 4-14），并量得轴 7 与轴 3 间中心距 $A_{7-3} = 54$mm。则 $z'_3 = 32$，$z_3 = 22$（第 I 排）。

同样方法可确定传动轴 10 的位置及其与主轴 2、油泵轴 11 间齿轮副齿轮（见图 4-15 所示）。

3）确定合拢传动轴 8 的位置　驱动轴 O 与中心传动轴 7、9、10 之间总传动比分别为：

$$u_{0-7} = \frac{n_7}{n_0} = \frac{411}{715} = \frac{1}{1.74}$$

$$u_{0-9} = \frac{n_9}{n_0} = \frac{493}{715} = \frac{1}{1.46}$$

$$u_{0-10} = \frac{n_{10}}{n_0} = \frac{790}{715} = 1.105$$

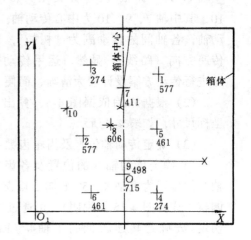

图 4-14　用作图法确定各轴位置

根据总传动比，考虑轴 O 与轴 7、9、10 间的距离及排列齿轮等因素，宜设置合拢轴 8 将驱动轴与轴 7、9、10 连接起来。经计算和作图，取 $u_{0-8} = \frac{1}{1.19}$。则

$$u_{8-7} = \frac{u_{0-7}}{u_{0-8}} = \frac{1}{1.46}$$

$$u_{8-9} = \frac{u_{0-9}}{u_{0-8}} = \frac{1}{1.23}$$

$$u_{8-10} = \frac{u_{0-10}}{u_{0-8}} = 1.23$$

驱动轴上齿轮齿数取 $z_0 = 21$，$m = 3$，则轴 8 上的齿轮齿数 z_8、轴 8 转速 n_8 及中心距 A_{0-8} 分别计算得到：

$$z_8 = \frac{z_0}{u_{0-8}} = \frac{21}{\frac{1}{1.19}} \approx 25 \qquad\qquad (\text{第 IV 排})$$

$$n_8 = n_{驱}\frac{z_0}{z_8} = \left(715 \times \frac{21}{25}\right) \text{r/min} = 600 \text{r/min}$$

$$A_{0-8} = \frac{m}{2}(z_0 + z_8) = \frac{3}{2}(21 + 25) \text{mm} = 69 \text{mm}$$

轴 8 的位置应兼顾轴 7、9、10 的距离，可取轴 8 与 7 间中心距 $A_{8-7} = 52$mm，则从图中量得轴 8 与轴 9、10 间距离为：$A_{8-9} = 51$mm、$A_{8-10} = 66$mm。此时，主轴 4、5、6 同心圆的圆心需略加变动。考虑利用轴 8 上第 IV 排齿轮 z_8（作公用齿轮）带动轴 10，便可算出轴 8 与轴 7、9、10 之间中心距及各齿轮副齿数、模数等（详见图 4-15）。

将传动设计的全部齿轮齿数、模数及所在排数，按规定格式标在传动系统图 4-15 中。最后计算各主轴的实际转速如表 4-8 所示（与原始依据图的要求基本一致，转速相对损失在 5% 以内符合设计要求）；润滑泵转速 $n_{11} = 625 r/min$ 也符合要求。根据各主轴实际转速，对加工示意图中的切削用量进行修正。

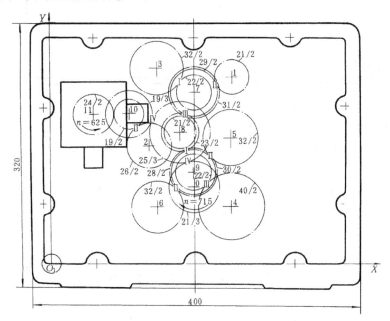

图 4-15　六孔钻削多轴箱传动系统图

表 4-8　各主轴实际转速

主轴实际转速	主轴 1	主轴 2	主轴 3	主轴 4	主轴 5	主轴 6
n（$r \cdot min^{-1}$）	561	577	279	271	462	462

四、多轴箱坐标计算、绘制坐标检查图

坐标计算就是根据已知的驱动轴和主轴的位置及传动关系，精确计算各中间传动轴的坐标。其目的是为多轴箱箱体零件补充加工图提供孔的坐标尺寸，并用于绘制坐标检查图来检查齿轮排列、结构布置是否正确合理。多轴箱坐标计算步骤、要求如下：

1．选择加工基准坐标系 XOY，计算主轴、驱动轴坐标

（1）加工基准坐标系的选择　为便于加工多轴箱体，设计时必须选择基准坐标系。通常采用直角坐标系 XOY。根据多轴箱的安置及加工条件，常有下述两种方法：

1）坐标原点选在定位销孔上（图 4-16a）：这种方法适用于多轴箱安装在动力箱上。通常用立式坐标镗床加工箱体孔系较为方便。

2）坐标系的横轴（X 轴）选在箱体底面，纵轴（Y 轴）通过定位销孔（图 4-16b）这种方法适用于多轴箱以底面为基准直接安装在滑台上。常用卧式坐标镗床加工多轴箱体孔系，这样使工艺基准与设计基准一致，易于保证加工精度。注意：图中 E 值，多轴箱宽度 $B \leqslant 500mm$ 时，$E = 25mm$，$B > 500mm$ 时，$E = 50mm$。

（2）计算主轴及驱动轴的坐标　根据多轴箱设计原始依据图，按选定的基准坐标系

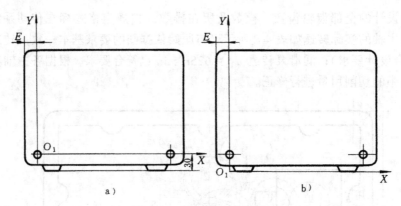

图 4-16 基准坐标系选择

XOY，计算或标出各主轴及驱动轴的坐标（计算精度要求精确到小数点后三位数）。如果零件上孔距尺寸带有单向或双向不等公差，则在标注坐标时，应把公差考虑进去，使孔距的名义坐标尺寸恰好位于公差带的中央。如孔距为 $100^{+0.1}_{0}$ 时，应标注为 100.05；又如孔距为 100^{+0}_{-0} 时，应标注为 99.95。六轴钻孔多轴箱各主轴、驱动轴坐标值见表 4-7。

2. 计算传动轴的坐标

计算传动轴坐标时，先算出与主轴有直接传动关系的传动轴坐标，然后计算其它传动轴坐标。传动轴的传动形式很多，一般可分为三类：与一轴定距；与二轴定距；与三轴等距。其计算方法分述于下：

(1) 与一轴定距的传动轴坐标计算 图 4-17 为与一轴定距的传动轴坐标计算图。为计算方便，通常以已知轴中心作为原点 $0'$，建立小坐标系 $x0'y$，设所求传动轴的坐标为 B (x, y)，啮合中心距为 R。由 B 点向 x 轴作一辅助垂线交 x 轴于 A 点，组成直角三角形 $0'AB$。如果从传动图上量得 x（即 $\overline{0'A}$），则

$$y = \sqrt{R^2 - x^2}$$

或量出 y（即 $\overline{AB}$），则

$$x = \sqrt{R^2 - y^2}$$

然后将求得的 x、y 换算到大坐标中去。

如果 4-15 所示，已知轴 10 坐标（96.207，183.695）及其与油泵轴 11 间的传动齿轮参数 $(z_{11} = 19, z'_{11} = 24, m = 2)$。则轴 11 的坐标可按图 4-18 所示方法选小标（应使 x、y 值为正），根据 $R_{10-11} = \frac{m}{2}(z_{11} + z'_{11}) = 43\text{mm}$（与实测尺寸相符），$y = 0$，计算可得 $X_{11} = X_{10} - x = 53.207\text{mm}$，$Y_{11} = Y_{10} - y = 183.695\text{mm}$。

(2) 与二轴定距的传动轴坐标计算 传动轴与二轴定距，即在一传动轴上用两对齿轮分别带动两根已知轴，其坐标可根据已知两轴坐标和两对齿轮中心距计算求得。计算方法如图 4-19 所示，图中 a (X_A, Y_A) 和 b (X_B, Y_B) 为两已知轴坐标，R_1、R_2 为两已知轴与传动轴间的齿轮中心距，即 $\overline{ac}$ 为 R_1，$\overline{bc}$ 为 R_2，c (X, Y) 为所需计算的传动轴坐标。

为便于计算，选取小坐标系 iaj（图 4-20），a 点为其原点，使 c 点在小坐标中的坐标 (I, J) 为正值，a、b、c 按逆时针顺序定出，作辅助线并标号如图所示，由此可导出 c 点坐标计算公式。即：

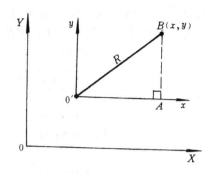

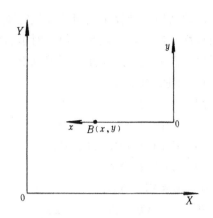

图 4-17　与一轴定距的传动轴坐标计算图　　　　　图 4-18　轴 11 坐标计算图

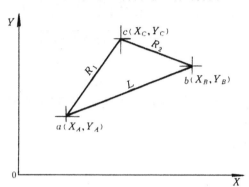

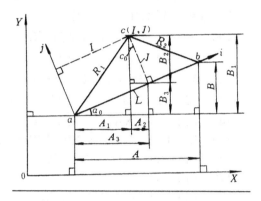

图 4-19　与二轴定距图　　　　　图 4-20　与二轴定距传动轴坐标计算图

设
$$A = X_B - X_A$$
$$B = V_B - Y_A$$

则
$$L = \sqrt{A^2 + B^2}$$

$$I = \frac{1}{2L}\ (R_1^2 + L^2 - R_2^2)$$

$$J = \sqrt{R_1^2 - I^2}$$

因为
$$\sin c_0 = \sin a_0 = \frac{B}{L}$$

$$\cos c_0 = \cos a_0 = \frac{A}{L}$$

所以
$$A_1 = A_3 - A_2 = I\cos a_0 - J\sin c_0 = \frac{AI - BJ}{L}$$

$$B_1 = B_3 + B_2 = I\sin a_0 + J\cos c_0 = \frac{BI + AJ}{L}$$

还原到 XOY 坐标系中去，则 c 点坐标：

$$X = X_A + A_1 = X_A + \frac{AI - BJ}{L}$$

$$Y = Y_A + B_1 = Y_A + \frac{BI + AJ}{L}$$

72

传动轴坐标计算可利用计算机完成，即先按上述计算公式画出流程图（图 4-21）。由此编制程序，然后存入软盘。使用时由软盘转入内存即可进行计算，无须每次计算前从键盘输入程序。由上述公式及流程图编制 BASIC 程序如下。

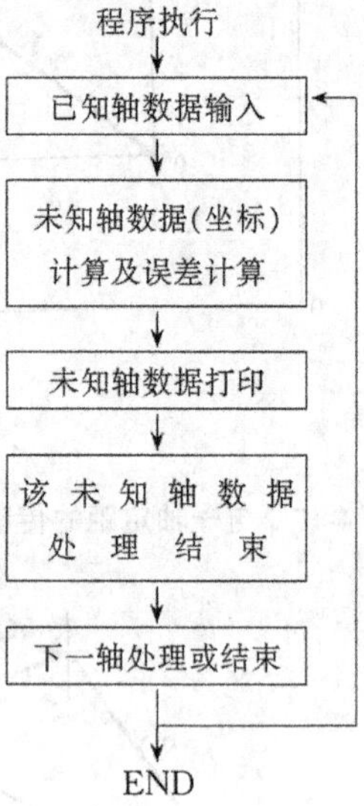

```
10   DEFDBL A - Y
20   INPUT "N$ ="; N$
30   INPUT XA, YA, R1
40   INPUT XB, YB, R2
50   A = XB - XA
60   B = YB - YA
70   L = SQR (A^2 + B^2)
80   I = (R1^2 + L^2 - R2^2) / (2 * L)
90   J = SQR (R1^2 - I^2)
100  X = XA + (A * I - B * J) /L
110  Y = YA + (B * I + A * J) /L
120  W1 = R1 - SQR ((X - XA)^2 + (Y - YA)^2)
130  W2 = R2 - SQR ((X - XB)^2 + (Y - YB)^2)
140  LPRINT "XA ="; XA, "YA ="; YA
150  LPRINT "XB ="; XB, "YB ="; YB
160  LPRINT "R1 =" R1, "R2 =", R2
170  LPRINT
180  LPRINT N$, "X ="; X, "Y ="; Y
190  LPRINT "W1 ="; W1, "W2 ="; W2
200  END
```

程序执行

已知轴数据输入

未知轴数据（坐标）计算及误差计算

未知轴数据打印

该未知轴数据处理结束

下一轴处理或结束

END

图 4-21　流程图（一轴与二已知轴定距）

用此程序在 PC 微机上进行计算，由键盘依次输入图 4-15 中轴 7（与轴 1、3 定距）、轴 8（与轴 O、7 定距）、轴 9（与轴 8、6 定距）和轴 10（与轴 8、2 定距）各组数据，可分别获得轴 7、8、9、10 的坐标值及其中心距误差（W_1、W_2）该程序中采用 INPUT 语句，适宜于若干组数据输入运行，使用灵活简便。程序也可用 READ/DATA 语句或 FORTRAN 语言编制，读者试拟比较之。

（3）与三轴等距的传动轴坐标计算　在一根传动轴上用三对相同中心距的齿轮副分别带动三根已知轴，该传动轴就是图 4-22 所示的轴 D（即 $\triangle ABC$ 外接圆圆心）。其坐标可根据三已知轴 A、B、C 的坐标及中心距 R 求出。为简化计算，取小坐标系 xAy（图 4-23），小坐标原点选取应使所计算的轴 D 坐标为正值，轴 D 坐标算式为：

$$a_1^2 + b_1^2 = L_1^2 \qquad a_2^2 + b_2^2 = L_2^2$$

$$x = \frac{b_1 L_2^2 - b_2 L_1^2}{2 (a_2 b_1 - a_1 b_2)} \qquad y = \frac{a_2 L_1^2 - a_1 L_2^2}{2 (a_2 b_1 - a_1 b_2)}$$

还原到 XOY 坐标中去，则

$$a_1 = X_B - X_A \qquad a_2 = X_C - X_A$$

$$b_1 = Y_B - Y_A \qquad b_2 = Y_C - Y_A$$

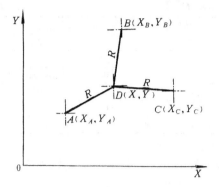

图 4-22　与三轴等距图

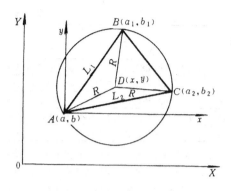

图 4-23　与三轴等距传动轴坐标计算图

$$X = X_A + \cfrac{(Y_B - Y_A)\, L_2^2 + (Y_C - Y_A)\, L_1^2}{2\,[\,(X_C - X_A)\,(Y_B - Y_A) - (Y_C - Y_A)\,(X_B - X_A)\,]}$$

$$Y = Y_A + \cfrac{(X_C - X_A)\, L_1^2 + (X_B - X_A)\, L_2^2}{2\,[\,(X_C - X_A)\,(Y_B - Y_A) - (Y_C - Y_A)\,(X_B - X_A)\,]}$$

根据上述公式画流程图（与图 4-21 类同），并编制程序（BASIC）如下：

```
10   DEFDBL A - Y
20   INPUT "N $"; N $
30   INPUT "XA", YA = "; XA, YA
40   INPUT "XB, YB"; XB, YB
50   INPUT "XC, YC = "; XC, YC
60   INPUT "R1, R2, R3 = "; R1, R2, R3
70   G = (XB - XA)^2 + (YB - YA)^2
80   H = (XC - XA)^2 + (YC - YA)^2
90   X = XA + ((YB - YA) * H - (YC - YA) * G) / (2 * ((XC - XA) * (YB -
     YA) - (XB - XA) * (YC - YA)))
100  Y = YA + ((XC - XA) * G - (XB - XA) * H) / (2 * ((XC - XA) * (YB -
     YA) - (XB - XA) * (YC - YA)))
110  W1 = R1 - SQR ((X - XA)^2 + (Y - YA)^2)
120  W2 = R2 - SQR ((X - XB)^2 + (Y - YB)^2)
130  W3 = R3 - SQR ((X - XC)^2 + (Y - YC)^2)
140  LPRINT "XA = "; XA; "YA = "; YA
150  LPRINT "XB = "; XB; "YB = "; YB
160  LPRINT "XC = "; XC; "YC = "; YC
170  LPRINT "R1 = "; R1, "R2 = "; R2, "R3 = "; R3
180  LPRINT
190  LPRINT N $; "X = "; X, "Y = "; Y
200  LPRINT "W1 = "; W1, "W2 = "; W2, "W3 = "; W3
210  END
```

图 4-15 所示六轴钻削多轴箱各传动轴、定位销孔 O_1、O_2 坐标计算结果见表 4-9。

表 4-9　传动轴坐标计算结果　　　　　　　　　　　　　　（mm）

传动轴	坐 标 值		传动轴与两轴定距间的中心距误差	
	X	Y	W_1	W_2
7	175.306908395898	210.6183017031318	$W_{7-1}=0$	$M_{7-3}=0$
8	158.3491042252717	161.4607962563157	$W_{8-0}=0$	$W_{8-7}=-7.62939453125D-06$
9	174.5623551173603	113.1068135817189	$W_{9-8}=-3.814697265625D-06$	$W_{9-6}=-7.62939453125D-06$
10	96.20699402218423	183.6954567194692	$W_{10-2}=0$	$W_{10-8}=0$
11	53.20699402218423	183.6954567194692	油泵轴 11 与轴 10 定距，中心距误差 $w=0$	

注：1. 坐标原点 O_1（参见图 4-6 和表 4-7）；定位销 O_2 坐标为：$X_{O2}=350$，$Y_{O2}=0$。

　　2. 坐标（X，Y）值运算精度应精确到小数点后七位（第七位四舍五入）；最后取值为小数点后第三位（第四位四舍五入）。如轴 7 坐标最后取值为：$X_7=175.307$，$Y_7=210.618$。

3. 验算中心距误差

多轴箱体上的孔系是按计算的坐标加工的，而装配要求两轴间齿轮能正常啮合。因此，必须验算根据坐标计算确定的实际中心距 A，是否符合两轴间齿轮啮合要求的标准中心距 R，R 与 A 的差值 δ（注意上述两电算程序中用 W 表示）为：$\delta=R-A$

验算标准：中心距允差 $[\delta] \leqslant (0.001\sim 0.009)$ mm。三种传动轴的验算公式如下：

（1）传动轴与一轴定距（图 4-17）验算公式：

$$\delta=R-A=R-\sqrt{x^2+y^2}$$

（2）传动轴与二轴定距（图 4-19）验算公式：

$$\delta_1=R_1-A_1=R_1-\sqrt{(X-X_A)^2+(Y-Y_A)^2}$$

$$\delta_2=R_2-A_2=R_2-\sqrt{(X-X_B)^2+(Y-Y_B)^2}$$

（3）传动轴与三轴等距（图 4-22）验算公式：

$$\delta=R-A=R-\sqrt{X^2+Y^2}$$

验算公式中各坐标值是带正负号代入算式运算的。当验算不合格，即 $\delta>0.009$ 时，在检查运算确无错误后，方可按坐标计算的 A 值，采用变位齿轮凑中心距来满足齿轮正常啮合要求。例如验算轴 9 与轴 4、5、6 间的中心距误差 δ_{9-4}、δ_{9-5}、δ_{9-6}。即：

轴 9 与轴 4、5、6 之间的标准中心距分别为 R_{9-4}、R_{9-5}、R_{9-6}。即

$$R_{9-4}=\frac{m}{2}(z_4+z'_4)=\frac{2}{2}(22+40)\text{mm}=62\text{mm}$$

$$R_{9-5}=\frac{m}{2}(z_5+z'_5)=\frac{2}{2}(30+32)\text{mm}=62\text{mm}$$

$$R_{9-6}=\frac{m}{2}(z_6+z'_6)=\frac{2}{2}(30+32)\text{mm}=62\text{mm}$$

轴 9 与轴 4、5、6 间实际中心距分别为 A_{9-4}、A_{9-5}、A_{9-6}。即

$$A_{9-4}=\sqrt{(X_9-X_4)^2+(Y_9-Y_4)^2}=62.63246198\text{mm}$$

$$A_{9-5}=\sqrt{(X_9-X_5)^2+(Y_9-Y_5)^2}=61.80319808\text{mm}$$

$$A_{9-6}=\sqrt{(X_9-X_6)^2+(Y_9-Y_6)^2}=61.99988173\text{mm}$$

则中心距误差分别为：

$$\delta_{9-4}=R_{9-4}-A_{9-4}=(62-62.63246198)\text{mm}\approx-0.632\text{mm}$$

$$\delta_{9-5} = R_{9-5} - A_{9-5} = (62 - 61.80319808)\text{mm} \approx + 0.197\text{mm}$$

$$\delta_{9-6} = R_{9-6} - A_{9-6} = (62 - 61.99988173)\text{mm} \approx + 0.00012\text{mm}$$

显然，$\delta_{9-6} < 0.009$，能满足该齿轮副啮合要求；而 δ_{9-4}、δ_{9-5} 值都超过 $[\delta]$ 值，因此，轴9与轴4、轴9与轴5间的齿轮均需采用变位齿轮，变位量 $\Delta A_{9-4} = + 0.632$、$\Delta A_{9-5} = -0.197$（其数值用 ▭ 标记在图 4-24 中）。

4. 绘制坐标检查图（图 4-24）

在坐标计算完成后，要绘制坐标及传动关系检查图，用以全面检查传动系统的正确性。

（1）坐标检查图的主要内容

1）通过齿轮啮合，检查坐标位置是否正确；检查主轴转速及转向。

2）进一步检查各零件间有无干涉现象。

3）检查液压泵、分油器等附加机构的位置是否合适。

（2）坐标检查图绘制的顺序及要求

坐标检查图最好按 1:1 比例绘制，其绘制顺序及要求是：

1）绘出多轴箱轮廓尺寸和坐标系 XOY。

2）按计算出的坐标值绘制各主轴、传动轴轴心位置及主轴外伸部分直径，并注明轴号及主轴、驱动轴、液压泵轴的转速和转向等。

3）用点划线绘制出各齿轮的分度圆，注明各齿轮齿数、模数、所处排数及变位齿轮的变位量。

4）为了醒目和易于检查，可用不同颜色细线条画出轴承、隔套、主轴防油套的外径、附加机构的外廓及其相邻轴的螺母外径。

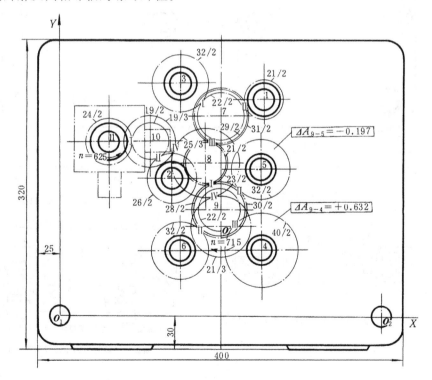

图 4-24　六孔钻削多轴箱坐标检查图

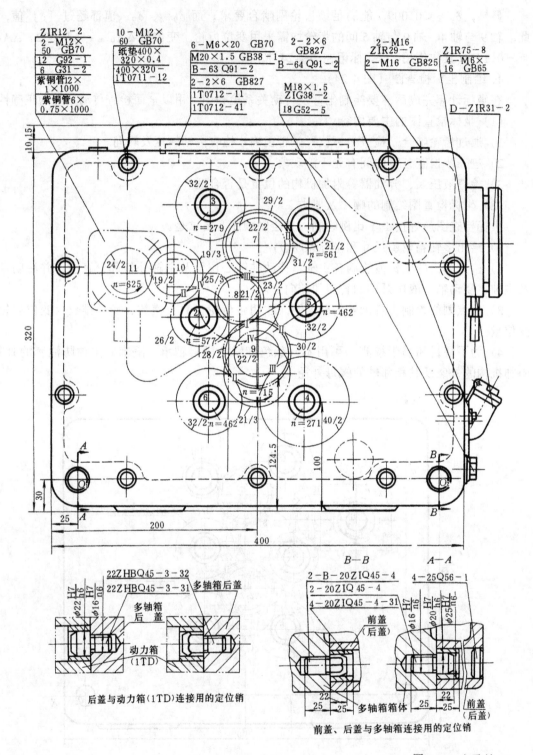

图 4-25 六孔钻

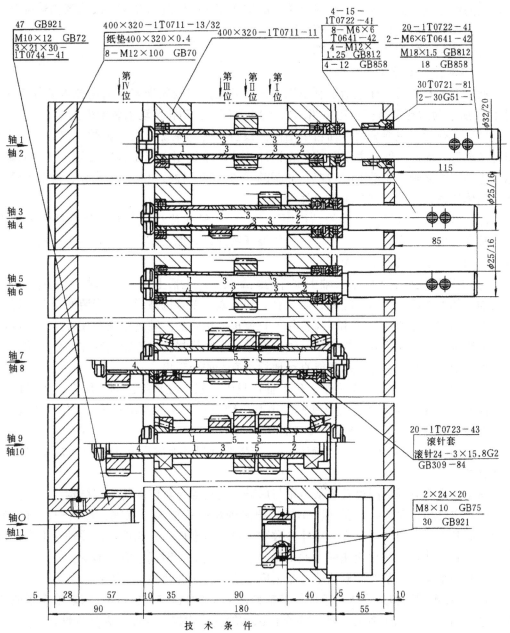

技 术 条 件

1. 多轴箱按ZBJ58011—89《组合机床多轴箱制造技术条件》进行制造，
   按ZBJ58012—89《组合机床多轴箱验收技术条件》进行验收。

2. 主轴精度按JB3043—82《组合机床多轴箱精度》标准进行检验。

3. 往多轴箱内注入3L—AN46全损耗系统用油。

削多轴箱总图

检查图绘好后，根据各零件在空间的相对位置逐排（轴）检查有无碰撞干涉现象，并再次复查主轴与被加工孔的位置是否一致。若相邻非啮合轴齿轮间、齿轮与轴套间间隙很小似碰非碰时，须画出齿顶圆作细致检查，甚至作必要的计算，以验证是否发生干涉现象。当某一轴上的齿轮或位置修改后，须对有关连的轴作相应的修改，并再一次检查主轴位置、工件尺寸与钻（镗）模板孔的位置是否一致。

五、绘制多轴箱总图及零件图

1. 多轴箱总图设计

通用多轴箱总图设计包括绘制主视图、展开图，编制装配表，制定技术条件等四部分。图 4-25 所示为六孔钻削多轴箱总图，表 4-10 为该图主轴和传动轴装配表。

（1）主视图　主要表明多轴箱主轴位置及齿轮传动系统，齿轮齿数、模数及所在排数，润滑系统等。因此，绘制主视图就是在设计的传动系统图上标出各轴编号，画出润滑系统，标注主轴、油泵轴、驱动轴的转速、油泵轴转向、驱动轴转向及坐标尺寸、最低主轴高度尺寸及箱体轮廓尺寸等。并标注部分件号。

（2）展开图　其特点是轴的结构图形多。各主轴和传动轴及轴上的零件大多是通用化的，且是有规则排列的。一般采用简化的展开图并以装配表相配合，表明多轴箱各轴组件的装配结构。绘制的具体要求如下：

1）展开图主要表示各轴及轴上零件的装配关系。包括主轴、传动轴、驱动轴、手柄轴、油泵轴及其上相应的齿轮、隔套、防油套、轴承或油泵等机件形状和安装的相对位置。图中各零件的轴向尺寸和径向尺寸（齿轮除外）要按比例画出，轴向距离和展开顺序可以不按传动关系绘制，但必须注明齿轮排数、轴的编号及直径规格。对近距离轴往往要求按实际间距绘制相关轴的成套组合件，以便能直观地检查有否碰撞现象。

2）对结构相同的同类型主轴、传动轴可只画一根，在轴端注明相同轴的轴号即可。对于轴向装配结构基本相同，只是齿轮大小及排列位置不同的两根或两组轴，可以合画在一起，即轴心线两边各表示一根或一组轴。

3）展开图上应完整标注多轴箱的三大箱体厚度尺寸及箱壁和内腔有关联系尺寸、主轴外伸长度等。

总图上还应有局部剖视表明动力箱与后盖及前后盖与箱体间的定位结构。

（3）主轴和传动轴装配表（表 4-10）把多轴箱中每根轴（主轴、传动轴、油泵轴）上齿轮套等基本零件的型号规格、尺寸参数和数量及标准件、外购件等，按轴号配套，用装配表（表 4-10）表示。这样使图表对照清晰易看，节省设计时间，方便装配。

（4）多轴箱技术条件　多轴箱总图上应注明多轴箱部装要求。即：

1）多轴箱制造和验收技术条件：多轴箱按 ZBJ58011—89《组合机床多轴箱制造技术条件》进行制造，按 ZBJ58012—89《组合机床多轴箱验收技术条件》进行验收。

2）主轴精度：按 JB3043—82《组合机床多轴箱精度》标准（详见表 7-12）进行验收。

2. 多轴箱零件设计

多轴箱总图设计中，大多数零件是选用通用件、标准件和外购件；对于变位齿轮、专用轴等零件，则应设计零件图；对于多轴箱体类通用件，必须绘制补充加工图。

（1）专用零件工作图　如变位齿轮、专用轴和套等零件，可按一般零件工作图规定。参照同类通用零件图，结合专用要求设计绘图。

表 4-10　主轴和传动轴装配表

轴号	轴径	轴的型号	齿轮 (M×z×d - 1T0704-42)				套 (标记①~⑩见注1)					标准件			外购件
			I	II	III	IV	1	2	3	4	5	GB1096-79 键	GB812-83 螺母	GB858-88 垫圈	滚动轴承
1	20	20-1T0722-41		2×21×20			20×30.5 ①	20×21.5 ③	20×26 ④			B6×22	M18×1.5	18	E8204 E204 (2)
2	20	20-1T0722-41		2×26×20			20×30.5 ①	20×21.5 ③	20×26 ④			B6×22	M18×1.5	18	E8204 E204 (2)
3	15	15-1T0722-41	3×32×15				15×33.5 ①	15×26.5 ③	15×26 ④			B5×22	M12×1.25	12	E8204 E202 (2)
4	15	15-1T0722-41			2×40×15 ξ=+0.316		15×33.5 ①	15×26.5 ③	15×26 ④			B5×22	M12×1.25	12	E8204 E202 (2)
5	15	15-1T0722-41		2×32×15 ξ=-0.098			15×33.5 ①	15×26.5 ③	15×26 ④			B5×22	M12×1.25	12	E8204 E202 (2)
6	15	15-1T0722-41		2×32×15			15×33.5 ①	15×26.5 ③	15×26 ④			B5×22	M12×1.25	12	E8204 E202 (2)
7	20	20-1T0731-41	2×22×20	2×29×20	2×31×20		20×30.5 ①				20×2 ⑦	B6×22 (3)	2-M18×1.5	2-18	7204 20×47×15 (2)
8	20	20-1T0731-42	2×23×20		2×21×20	3×25×20	20×17 ②		20×28 ⑤	20×22 ⑥		B6×22 (3)	2-M18×1.5	2-18	8024 (2) 滚针24-3×15.8G2 GB309-84
9	20	20-1T0731-41	2×28×20	2×30×20	2×22×20		20×30.5 ①				20×2 ⑦	B6×22 (3)	2-M18×1.5	2-18	7204 20×47×15 (2)
10	25	25-1T0731-42		2×19×25	3×19×25		25×29.5 ⑧	25×23 ⑨	25×26 ④(2)	25×24 ⑩	25×2 ⑦	B6×22 (3)	2-M18×1.5	2-18	7205 20×47×15 (2)
11		叶片泵 (ZIR12-2) 及齿轮 (2×24×20)													

注:1. 套的标记①~⑩分别为:①—d-1T0722-62;②—d-1T0722-61;③—d-1T0723-61;④—d-1T0722-65;⑤—d-1T0721-65;⑥—d-1T0721-67;⑥—d-1T0723-68;⑦—d-1T0721-62;⑧—d-1T0721-67;⑧—d-1T0721-68;⑨—d-1T0734-61;⑩—d-1T0721-68。

2. 键、轴承栏中（　）内表示数量。

（2）补充加工图　多轴箱体、前盖、后盖等通用零件，应根据多轴箱总图要求，绘制出需补充加工的部位（如多轴箱体主轴承孔、传动轴承孔、油泵及其轴孔，定位销孔、后盖窗口扩大部位结构等），通常习惯用粗实线画出补充加工部位的结构，其尺寸、形位公差、表面粗糙度等均按机械制图国际规定格式标记；通用铸件的原有部分的轮廓等一律用细实线表示。

第三节　攻螺纹多轴箱的设计特点

在组合机床上攻螺纹，根据工件加工部位分布情况和工艺要求，常有攻螺纹动力头攻螺纹，攻螺纹靠模装置攻螺纹和活动攻螺纹模板攻螺纹三种方法。

攻螺纹动力头用于同一方向纯攻螺纹工序。利用丝杠进给，攻螺纹行程较大，但结构复杂，传动误差大，加工螺纹精度较低（一般低于7H级）。目前极少应用。

攻螺纹靠模装置用于同一方向纯攻螺纹工序。由攻螺纹多轴箱和攻螺纹靠模头组成。靠模螺母和靠模螺杆是经过磨制并精细研配的，因而螺孔加工精度较高。靠模装置结构简单，制造成本低，并能在一个攻螺纹装置上方便地攻制不同规格的螺纹，且可各自选用合理的切削用量。目前应用很广泛。

若在一个多轴箱工完成攻螺纹的同时还要完成钻孔等工序时，就要采用攻螺纹模板攻螺纹，即只需在多轴箱的前面附加一个专用的活动攻螺纹模板，便可完成攻螺纹工作。

一、攻螺纹靠模机构及攻螺纹卡头

普通车床上车削螺纹时，主运动与进给运动之间应保持严格的相对运动关系。组合机床上攻螺纹，是由主轴系统带动丝锥实现主运动和进给运动，即螺纹锥每转一转的同时，丝锥向前进给一个螺距 $P_{丝}$，当丝锥攻入螺孔 1～2 扣之后，丝锥便自行引进，主运动和进给运动之间严格的相对运动关系由丝锥自身保证（即 $P_{丝} = P_I$）。丝锥每转进给量（螺距）与靠模螺母或与整个多轴箱进给量的差异由攻螺纹靠模机构补偿。攻螺纹主轴系统的主运动由多轴箱主轴传动。进给运动是通过攻螺纹机构来实现，用来组成攻螺纹靠模装置的攻螺纹机构称为第Ⅱ类攻螺纹靠模；用来组成活动攻螺纹模板的攻螺纹机构称为第Ⅱ类攻螺纹靠模。

1. 第Ⅰ类攻螺纹靠模

图 4-26 所示为第Ⅰ类攻螺纹靠模机构。它由靠模杆 1、靠模螺母 7 及支承套筒 2 等元件组成。丝锥通过心杆和攻螺纹卡头 8 装在靠模杆 1 的前端。靠模杆的中部支承在衬套 4 上，并与靠模螺母 7 相啮合。靠模杆的尾部与攻螺纹主轴相连接。攻螺纹主轴借助双键将主运动传给靠模杆，靠模杆随着转动可在主轴孔内移动一段距离，即攻螺纹靠模的工作行程。套筒装在靠模头前壁上，并用两个压板 3 固定，两个压板之间的布置角度决定于多轴箱的主轴数和主轴的分布情况。靠模螺母借助结合子 6 与套筒相连接，当靠模杆回转时，因靠模螺母固定不动而迫使靠模杆向前进给，并推动丝锥切入工件。带丝锥遇故障使靠模杆不能前进时，转矩增大导致压板打滑，靠模螺母跟随靠模杆同步回转而停止进给，避免机构或丝锥损坏。所以装配时压板的压力要适当。

为了保证丝锥稳定可靠地攻入工件，又不干扰丝锥的自行引进，应使靠模杆每转进给量与丝锥的自行引进量一致，即保证靠模杆螺距 $P_{杆}$ 与丝锥螺距 $P_{丝}$ 名义尺寸相同。而靠模螺距和丝锥螺距的制造误差，可以通过套筒 2 内压簧 5 和配用攻螺纹卡头的方法进行补偿。

这类攻螺纹靠模的丝锥与靠模头端面间距离（轴向尺寸）较长，在一个多轴箱上同其它刀具配合使用往往不相适行。一般用于纯攻螺纹工序。多轴箱或靠模头无进给运动，或由一简单滑台在攻螺纹前或攻螺纹后使主轴接近工件或退离工件，以便装卸或维护。这类靠模用于组成固定式攻螺纹装置时，有较好的敞开性，装卸和调整较为方便，松开压板后，整套靠模就可很方便地从靠模头前端抽出，利用攻螺纹卡头上的调整螺母，能方便地调整丝锥的轴向位置。

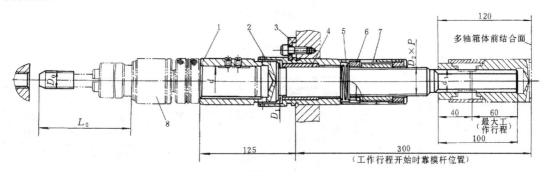

图 4-26　第Ⅰ类攻螺纹靠模机构

1—靠模杆　2—套筒　3—压板　4—衬套　5—弹簧　6—结合子　7—靠模螺母　8—攻螺纹卡头

　　第Ⅰ类攻螺纹靠模必须与攻螺纹卡头配套使用，组成"压簧式攻螺纹靠模"。攻螺纹卡头的结构如图 4-27 所示。转矩由攻螺纹靠模经键传给卡头体 1，经销 3 和心杆 4 传给涨套（弹簧卡头）和丝锥。由于卡头中有弹簧 2，心杆 4 可以在卡头体 1 中相对滑动，因而在丝锥开始工作时，丝锥通过心杆 4 将弹簧 2 稍微压缩后进入孔内。在攻螺纹过程中，若靠模螺距与丝锥螺距有误差，不论二者谁大，攻螺纹卡头均可自动补偿。丝锥在心杆上的夹持方式有用弹簧涨套（详见图 8-1）夹紧或丝锥直接插入心杆孔中后用紧定螺钉轴向定位两种。弹簧套夹持可获得较高的同轴度，但结构复杂、装卸不便，后者结构简单、装卸方便，但同轴度较低。当丝锥与工件螺纹底孔轴线同轴度误差较大时，攻螺纹时可能有"别劲"现象，则可选长一些的心杆，使攻螺纹夹头的活动点到丝锥前端的距离大一些，以减小同轴度误差，改善加工条件。

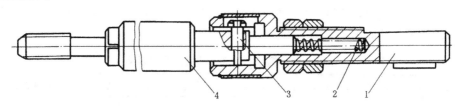

图 4-27　攻螺纹卡头

1—卡头体　2—弹簧　3—销　4—心杆

　　组合机床常用攻螺纹卡头及接杆可按图 8-6 选用；快换攻螺纹接杆参阅图 8-8。

　　2. 第Ⅱ类攻螺纹靠模

　　图 4-28 所示为用于活动攻螺纹模板的第Ⅱ类攻螺纹靠模。它由靠模杆 7、靠模螺母 5、弹簧 6 等组成。主运动由主轴通过弹簧 9 顶起弹簧键 8、靠模杆 7、销 3 传给心杆 2 和丝锥 1。靠模螺母 5（不能反方向安装）以定位销 10 防转和压板 4（其厚度常取 2.5～3.5mm）固定。攻螺纹时靠模杆边转动边向前进给，靠模杆的尾部（其结构可与一般钻孔主轴相配合）在主轴孔内相对滑动。丝锥与靠模杆螺距制造误差由弹簧 6 补偿。这类靠模不需用攻螺

纹卡头，丝锥直接装入心杆（用涨套或紧定螺钉夹持），轴向尺寸较小。使用时尽量选择较小的 L 和较大的 L_0 值，以减小丝锥与工件螺纹底孔间的同轴度误差。同时还应计算靠模杆尾部伸入主轴孔内的最大重合长度 L_1（其值不能使靠模杆和主轴孔底相碰）和最小重合长度（核算此值应能保证弹簧键的工作部分不脱开主轴）。L_1 值的计算法详见参考文献 2。

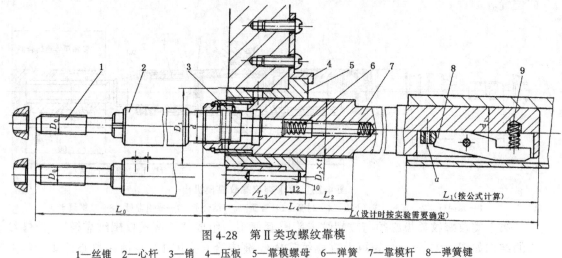

图 4-28　第Ⅱ类攻螺纹靠模

1—丝锥　2—心杆　3—销　4—压板　5—靠模螺母　6—弹簧　7—靠模杆　8—弹簧键

9—弹簧　　　　　　　　a—螺孔

当靠模杆退回原位，而滑台工作进给到终点时，靠模杆的尾柄与主轴孔的重合长度为最大。当用单独的活动攻螺纹模板进行攻螺纹时，因在攻螺纹模板与夹具定位的同时起动攻螺纹电机，则 $L_3=0$；当钻孔和攻螺纹同用一个钻模板时，钻孔的工作行程不大，为使在钻孔加工完成之前结束攻螺纹工序，通常在滑台转工进，模板在夹具上定位的同时起动攻螺纹电机，则 $L_3=0$，L_2 为滑台工作进给行程；有时，靠模杆尾柄与主轴孔的最小重合长度并不出现在靠模杆攻螺纹至前端，而是出现在滑台退到原位时，则需验算在原位时靠模杆在主轴孔内的重合长度能否保证机构的正常工作。

表 4-11 所示为第Ⅰ、第Ⅱ类攻螺纹靠模常用规格。表 4-12 所示为采用第Ⅰ、第Ⅱ类攻螺纹靠模时的最小轴间距。

表 4-11　第Ⅰ、第Ⅱ类攻螺纹靠模规格

攻螺纹靠模的规格（号）	第Ⅰ类攻螺纹靠模规格参数（见图 4-26）(mm)					第Ⅱ类攻螺纹靠模规格参数（见图 4-28）(mm)							
	D_0	d	d_1	D_1	$D_2\times p$	D_0	d	d_1	D_1	$D_2\times p$	L_2	L_3	L_4
1	M6~M10 1/4″~3/8″ K1/8″	16	12	28	M14×p	M6~M10 1/4″~3/8″[1] K1/8″[2] M6~M14	16	16	32	M24×p	30	40	83
2	M6~M14 3/8″~9/16″ K1/8~K1/4	20	14	33	M18×p	3/8″~9/16″ K1/8~K1/4 M16~M20		20					
3	M14~M20 9/16″~3/4″ K1/4~K3/8	28	20	44	M24×p	9/16″~3/4″ K1/4~K3/8 M20~M30	20	28	45	M33×p	32	48	93
4	M20~M27 3/4″~11/4″ K3/8~K11/4	36	26	56	M33×p	3/4″~11/4″ K3/8~K11/4	28	36	60	M48×p	40	55	103

①　吋制螺纹。

②　吋制圆锥螺纹。

表 4-12　采用通用的第Ⅰ、第Ⅱ类攻螺纹靠模时最小轴间距

攻螺纹靠模规格	攻螺纹主轴直径	机床型式	攻 螺 纹 靠 模 规 格（号）				
			1	2	3	4	
			攻 螺 纹 主 轴 直 径（mm）				
（号）	（mm）		15	20	25	30	35
			最 小 轴 间 距（mm）				
1	15	卧 立	28.5/33	–	–	–	–
2	20	卧 立	32/33	35.5/35.5 36.5/38.5	–	–	–
3	25	卧 立	41/39.5	44/39.5 44/42	53/46	–	–
4	30	卧 立	46/47	49/47 49/48.5	58/53.5	63/61	–
	35	卧 立	47	/51.5	/55	/61	/62.5

注：分子为第Ⅰ类攻螺纹靠模数据，分母为第Ⅱ类攻螺纹靠模数据。

　　第Ⅰ、Ⅱ类攻螺纹靠模中的弹簧（压簧）起补偿靠模和丝锥螺距误差的作用。攻螺纹开始时，丝锥与工件底孔口处易发生"打滑"，弹簧被压缩一段距离后丝锥才能进入，攻螺纹深度尺寸不准确。为此，攻螺纹前底孔口应先倒角，以利于减少"打滑"，保证螺纹精度和攻螺纹深度。当攻螺纹深度要求较准确时（如要求攻螺纹深度误差在一个螺距以内），两类靠模都可以采用拉簧式攻螺纹靠模，使攻螺纹开始时丝锥强制性攻入并且不"打滑"。加工较高精度的螺孔时，除选用高精度的丝锥和保证底孔质量外，还须注意螺纹底孔轴线与攻螺纹系统轴线的不同轴度对攻螺纹过程的影响。如图 4-29 所示，由于底孔与攻螺纹接杆偏心，丝锥—涨套—攻螺纹接杆以偏斜的轴线 AB 工作，当向前攻螺纹时，B 点移至 B_1，而丝锥仍按原方向进给致使丝锥弯曲，易造成螺孔中径扩大，螺纹精度下降，若偏心过大，甚至使丝锥折断。

二、攻螺纹装置

　　攻螺纹装置的结构如图 4-30 所示。它由攻螺纹多轴箱 7 和攻螺纹靠模头 5 组成。攻螺纹靠模头 5 实际上是一个加厚的多轴箱前盖，其上装有第Ⅰ类攻螺纹靠模。工作时，由电机经齿轮带动

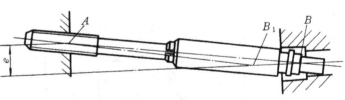

图 4-29　底孔与攻螺纹卡头偏心对攻螺纹的影响

主轴 6 及靠模杆 4（其前端装有攻螺纹卡头 3、心杆 2 和丝锥 1）旋转并按自身的螺距 $P_{杆}$ 引进。电机反转，靠模杆即退回。其最大行程为 60mm。

　　攻螺纹装置在组合机床上有固定式、装在手动滑板上和装在动滑台上三种安装方式。如果攻螺纹靠模的行程能满足加工要求，工件的装卸和丝锥的更换又很方便时，则可将攻螺纹装置安装在固定的侧底座上组成"固定式"的攻螺纹机床。如果靠模行程能满足工件装卸的要求，但更换丝锥的行程尚不够，则可将攻螺纹装置安装在手动滑板上，更换丝锥时将滑板退后一段距离。如果靠模行程不能满足装卸工件的需要时，则应将攻螺纹装置安装在动力滑台上，机床工作时，滑台带着攻螺纹装置快速送进顶到死挡铁后，攻螺纹装置由电动机带动进行攻螺纹，待攻螺纹循环结束（丝锥退出工件后），滑台快速退至原位。

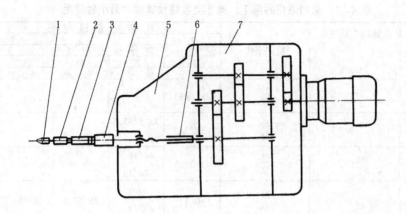

图 4-30　攻螺纹装置结构示意图

1—丝锥　2—心杆　3—攻螺纹卡头　4—靠模杆　5—靠模头　6—攻螺纹主轴　7—攻螺纹多轴箱

　　对于"固定式"的立式攻螺纹机床，可不必采用立柱，只要采用四根支杆将攻螺纹装置支承在机床夹具的上方，以便简化机床的结构。

　　图 4-31 所示为卧式攻螺纹靠模头的典型结构。整个靠模头（其厚度为 $L = 300\text{mm}$）安装在多轴箱前面，定位由两个柱销与销套保证，用螺钉紧定。各靠模螺纹由多轴箱内润滑泵供油经铜管 2 和油盘 1 供油润滑。

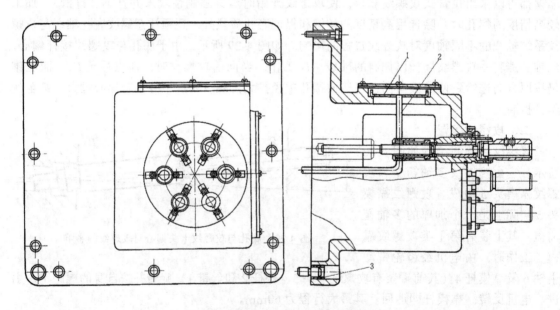

图 4-31　卧式攻螺纹靠模头的典型结构

1—油盘　2—铜管　3—定位套

　　图 4-32 所示为立式攻螺纹靠模头，攻螺纹靠模头用四根柱子支承在机床夹具的上方。

　　由攻螺纹装置组成的攻螺纹组合机床，适用于整台机床或机床某一面上全部是攻螺纹工序。如果机床上要同时完成攻螺纹工作和钻孔等工作时，需采用由第 Ⅱ 类攻螺纹靠模组成的活动攻螺纹模板进行攻螺纹。活动攻螺纹模板和活动钻模板的结构形式基本相同，所不同的是钻模板上装有导向装置，而攻螺纹模板上装攻螺纹靠模。

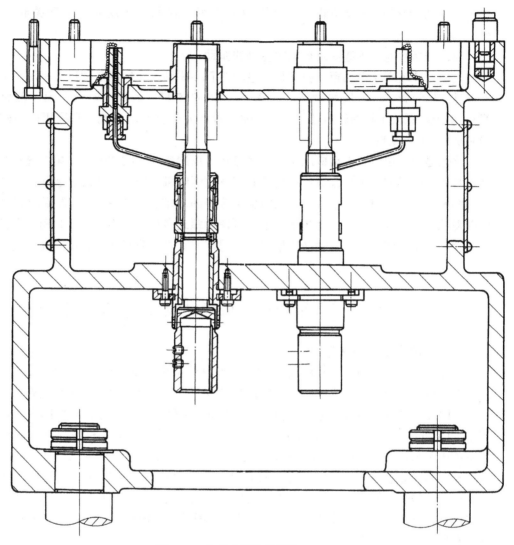

图 4-32　立式攻螺纹靠模头

三、攻螺纹行程的控制

攻螺纹行程控制机构是组合机床的一个通用组件，用于控制攻螺纹工作循环。常用的有回转式或直线式两种形式。

回转式攻螺纹行程控制机构（详见图 7-15），一般用于多轴攻螺纹。它可以设置在多轴箱的左侧或右侧。其工作原理是：攻螺纹主轴作正向切削回转时，通过齿轮 z_1 和 z_2 传动（主轴与蜗杆之间可能不止一对齿轮），使蜗杆传动蜗轮引带动挡铁盘 43 回转。当丝锥攻到全深时，盘 43 相应地转过一定的角度，盘 43 上的仅向挡铁压下反向行程开关，攻螺纹电机反转，即丝锥反转退回至原位，盘 43 上的原位挡铁重新压下原位开关，使电动机及主轴停转，至此一个攻螺纹循环结束。若原位或反向开关失灵，互锁挡铁随即压下互锁开关（越位保护开关），使攻螺纹电动机断电，实现超极限保护。

直线式攻螺纹行程控制机构（参阅图 7-16）适用于单轴或多轴攻螺纹。攻螺纹主轴向前或向后运动时,通过带叉口的杠杆带动在多轴箱体侧面的装有挡铁的轴一起移动,挡铁压下组合开关,使电动机反转或停止。在此机构上也可设置原位和反向互锁开关起安全保护作用。

四、攻螺纹电动机选择及攻螺纹主轴的制动

大型标准攻螺纹多轴箱一般都是由电动机直接驱动。在确定电动机功率时,要考虑丝锥工作时钝化的影响,一般取为计算功率的 $1.5 \sim 2.5$ 倍(轴数少时取大值,轴数多时取小值)。由于攻螺纹主轴的转速较低,为了便于设计并简化传动系统,常采用同步转速为 $n = 1000 r/min$ 的电动机。

丝锥退回原位时,电动机应能迅速地停止,以避免攻螺纹主轴—靠模系统在电动机反转停止时惯性的影响,不致造成丝锥超程而破坏攻螺纹机构的原位状态。因此,一般攻螺纹主轴都要制动(转动惯量小、攻螺纹主轴少于 8 根的多轴箱可不采用)。常用的制动方式有制动电动机和电磁抱闸两种。直接制动电机可使攻螺纹多轴箱结构简单,制动效果较好;电磁抱闸制动器结构较复杂,其制动效果与制动轮转速有关,即制动轮转速越高,其制动效果越好。

第四节　多轴箱计算机辅助设计(CAD)简介

一、多轴箱 CAD 发展概况

计算机辅助设计简称 CAD,即利用电子计算机及其外部设备进行工程设计计算。

组合机床广泛应用于机械制造业中,它具有三化基础好,设计方法较成熟,设计频繁的特点。因此,国外对组合机床 CAD 较为重视。60 年代起,美、苏、日等国开始研究组合机床 CAD(如钻孔多轴箱 CAD);80 年代初,不仅组合机床的一些机械部件、液压和电气控制系统普遍采用 CAD 技术,而且组合机床及其自动线方案的制订也已由计算机进行,组合机床一些部件如多轴箱已形成较完善的 CAD/CAM 系统,即可完成多轴箱传动系统方案设计、传动件强度和刚度计算及几何干涉校核、绘制装配图和专用件及编制明细表,并对多轴箱体进行计算机辅助工艺设计(CAM);目前,国外 CAD 技术正向计算机辅助工程(CAE)方向发展。

70 年代末,上海、北京、大连等高校、研究所,对组合机床 CAD 方面开始较全面地研究;80 年代初,组合机床三大部分(多轴箱、液压系统、电气控制系统)CAD 系统研制已取得成果;组合机床行业一些单位在微机上开发了大批有关轴、齿轮及组合机床切削计算等方面的应用程序;高校和企业联合开发多轴箱 CAD 系统等。虽然国内组合机床 CAD 方面已经起步,但尚须有计划进一步在行业中开展 CAD 的研究应用,以尽快全面赶超世界先进水平。

下面简要介绍应用 PC 微机(IBM、XT、AT、386 及其兼容机)对组合机床多轴箱辅助设计(即 BOXCAD)系统。

二、BOXCAD 系统简介

1. 系统的功用

BOXCAD 系统适用于钻孔、扩孔、铰孔、镗孔、攻螺纹及钻攻复合的多轴箱设计。根据组合机床总体设计(三图一卡)所提供的原始数据,可完成以下各项工作:

（1）多轴箱传动系统设计　包括完成：1）交互式选择传动模型及齿轮排列。2）坐标计算。3）各种几何干涉校核。4）各种传动零件的强度校核等工作。

（2）绘图及打印明细表　包括完成：1）绘制多轴箱装配图及列出装配表。2）绘制各类通用件（箱体、前盖、后盖等）补充加工图。3）绘制专用件（如变位齿轮）零件图。4）整理打印零件明细表。

此外，为使系统适应性强，特设一专用模块，以便对人工设计的多轴箱进行各种校核。如对已由人工设计而将投产制作的多轴箱或用户来图加工的组合机床多轴箱的校核等。

2．系统的组成

为便于调试和应用，系统采用模块化结构，它由一个主模块和五个子模块组成（图 4-33），各子模块均为各自独立的可执行文件，通过菜单提示、人机对话的形式实现各模块的调用，主模块将各子模块连成一个整体系统。各模块之间的数据调用转换是通过公共的数据库文件实现的。

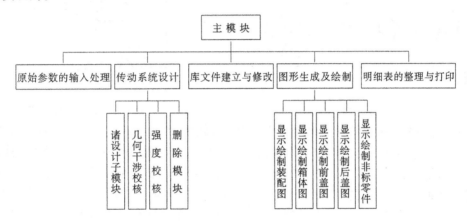

图 4-33　模块结构框图

3．传动系统设计

（1）齿轮（轴）传动基本模型　根据传动系统中齿轮之间的不同啮合形式，可归纳为如图 4-34 所示的六种基本传动模型。其中有一带一、一带二、一带三形式，也有同心圆分布形式，有一级传动结构（如模型 1、3、5、6），也有两级传动结构（如模型 2、4）。在每个传动模型中，被动轴可以是主轴或中间传动轴。分别将这六种基本模型编写成程序功能块，供设计者选取，能方便迅速地设计传动系统。

（2）传动系统设计框图　将六种基本传动模型编写成子程序，加上液压泵设计、蜗杆设计、校核计算等，传动系统设计共含 11 个子模块。通过对话形式选取所需模块。6 个基本传动设计模块都能根据已知轴上所提供的转速、转矩，自动确定新生成齿轮的模数和中间传动轴的轴径，并初步确定齿轮的齿数和层次（所在排数），而不需要设计者来考虑齿轮参数的选取（为使结构紧凑，尽可能选择最小参数）。然后经过坐标计算，几何干涉校核等计算处理，屏幕上便示出设计的中间结果图形（即齿轮节圆、齿轮层次——以颜色表示并区分、各轴轴号）。若设计者从整体考虑，对当前所设计的结构、参数等不满意时，则可以对齿数、模数、齿宽、轴径等作随意修改，如改变齿轮层次或选择本模型中的另一传动方式，再经校核计算重新显示图形，直至满意为止。这种程序处理方式可一般或较复杂的多轴箱传动系统设计。传动系统设计框图如图 4-35 所示。当设计者对设计结果表示满意时，系统便将设结果存入数据库；若对设计结果局部不满意，则可通过删除功能块，按指令自动地从数据库中删除所指定的齿轮和轴记录（显示屏上同时抹去）。设计完毕后，数据库里便记载了整个多轴箱传动系统的信息资料，供后续模块处理调用。

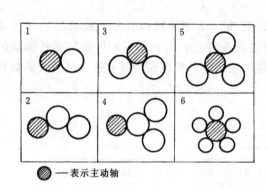

图 4-34　轴传动结构基本模型

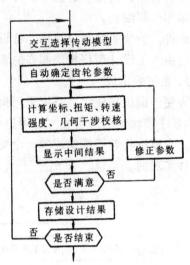

图 4-35　传动设计框图

（3）传动系统树状结构　采用树状结构来描述由驱动轴到各主轴之间的运动连接、传递的关系。根据传动系统图 4-15，可画出相应的树状图，如图 4-36 所示，图中的圆圈（也可画成矩形框）表示各轴，其中，底面一排圆圈中号码代表主轴（即为"树梢"）号，中间两层是中间轴（即为"树枝"）号，最上层是驱动轴（即为"树根"）号；轴与轴之间连线表示传动关系，连线旁的数字（或用颜色）表示啮合平面（即齿轮所在排数）。总之，传动树状结构图高度概括了整个传动系统的组成及传动关系。

必须指出，对于一个已经设计完整或正在使用的多轴箱传动系统，只能画出唯一的传动树形图，用以判断系统传动的合理性；而对于正待设计的多轴箱传动系统，则可拟出若干个（2~3 种或更多的）传动树形图的方案，通过分析选择其中传动较为简便、合理、可行的一种，据此再进行传动系统设计，以使设计过程简化、迅速、高效。

（4）传动系统的校核计算

1）传动件强度校核　包括轴、齿轮的强度和轴承的寿命校核计算。若发现某一项指标不满足规定要求时，系统将根据可能，修改有关参数。如验算某一轴上承受转矩超过允许值，则系统视空间的可能性，自动地将该轴直径加大，然后再次校核；若空间不允许加大轴径，则会打印出错误信息，指出该轴不满足强度要求，应重新设计方案，直至符合要求为止。

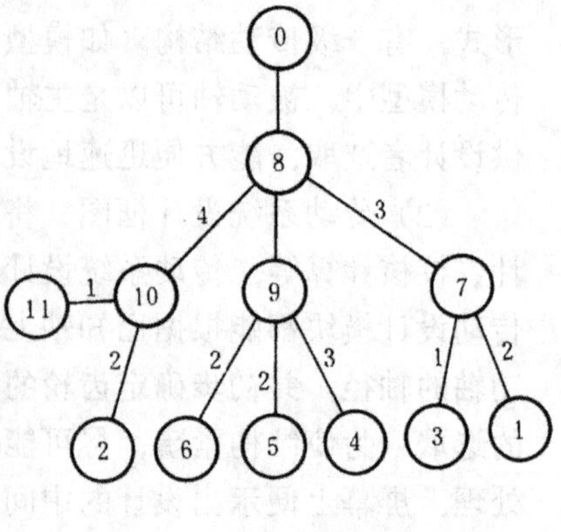

2）几何干涉校核　目前是检查传动系统中各传动件、支承件等之间是否有碰撞现象，确保系统正常传动。检查的项目有：①　齿轮与非啮合齿轮

图 4-36　传动系统树状结构

的碰撞（同一排或不同排的齿轮之间）。② 齿轮与轴、套的碰撞。③ 齿轮与箱体四周壁（或盖）的碰撞。④ 第Ⅳ排齿轮与螺纹凸台的碰撞。⑤ 轴承与轴承的干涉。⑥ 液压泵体及其接头等与传动轴端的碰撞等。

几何干涉校核是穿插在每一个传动系统设计模块之中，即每调用一个设计子模块，均需进行一次几何干涉校核。若发现有几何干涉现象，即会显示错误信息，提示设计者予以修正；若是轴承与轴承碰撞，可更换轴承类型解决。

4. 绘制图形

传动系统设计的结果是以数据形式存储在计算机内，它不能直接供人们使用，应通过绘图模块、打印模块，将其整理成图形和表格，即绘出所设计的多轴箱装配总图、装配表，箱体、箱盖等补充加工图，变位齿轮等零件图，有打印出零件明细表。如图 4-26、表 4-13 及补充加工图、专用件工作图等，全部由微机设计绘制，仅需 4～6h 便可完成，而通常一个专业人员约需半个多月的时间完成。由扬州工学院和常州机床厂共同研制开发的 BOXCAD 软件，其设计工效约可提高三十倍以上，而且无需审核、描图等工作，确保了设计质量。

第二篇 组合机床设计常用资料

第五章 通用部件主要技术性能、配套关系及联系尺寸

第一节 动 力 滑 台

一、液压滑台

1. 1HY 系列液压滑台的主要技术性能（表 5-1）

表 5-1 1HY 系列液压滑台的主要技术性能

滑台型号　　主要性能	1HY25 1HY25M 1HY25G	1HY32 1HY32M 1HY32G	1HY40 1HY40M 1HY40G	1HY50 1HY50M 1HY50G	1HY63 1HY63M 1HY63G	1HY80 1HY80M 1HY80G
台面宽度（mm）	250	320	400	500	630	800
台面长度（mm）	500	630	800	1000	1250	1600
行　程（mm）	Ⅰ型 250 Ⅱ型 400	Ⅰ型 400 Ⅱ型 630	Ⅰ型 400 Ⅱ型 630 Ⅲ型 1000	Ⅰ型 400 Ⅱ型 630 Ⅲ型 1000	Ⅰ型 630 Ⅱ型 1000	Ⅰ型 630 Ⅱ型 1000
最大进给力（N）	8000	12500	20000	32000	50000	80000
工进速度（mm·min^{-1}）	32～800	20～650	12.5～500	10～350	6.5～250	4～250
快速移动速度（m·min^{-1}）	12	10	8	6.3	5	4

注：1. 最大进给力为在滑台中心线上距台面高 $=\dfrac{台面宽}{2}$ 处所能保证的进给力。

2. 最小工进速度，对 200～400 台宽滑台是按调速阀最小通过量为 63mL/min 时计算的，对 500～800 台宽滑台是按调速阀最小通过量为 80mL/min 时计算的。

2. 1HY 系列液压滑台与附属部件、支承部件配套表（表 5-2）

3. 1HY 系列液压滑台卧式配置时的联系尺寸（表 5-3）

4. 1HY 系列液压滑台立式配置时的联系尺寸（表 5-4）

表 5-2　1HY 系列液压滑台与附属部件、支承部件配套表

配套部件　　　　　　行程（mm）　滑台型号、型式			二级进给及压力继电器装置	导轨防护装置	分级进给装置	滑台侧底座	立柱	立柱侧底座
1HY25	ⅠA ⅠB	250	1HY25-F51	1HY25-F81	1HY32-F91	1CC251 1CC252	1CD25	1CD251 1CD252
1HY25M						1CC251M 1CC252M	1CL25M	1CD251M 1CD252M
1HY25G	ⅡA ⅡB	400						
1HY32	ⅠA ⅠB	400	1HY32-F51	1HY32-F81	1HY40-F91	1CC321 1CC322	1CL32	1CD321M 1CD322M
1HY32M						1CC321M 1CC322M	1CL32M	1CD321M 1CD322M
1HY3G	ⅡA ⅡB	630						
1HY40	ⅠA ⅠB	400	1HY40-F51	1HY40-F81	—	1CC401 1CC402	1CL40	1CD401 1CD402
1HY40M	ⅡA ⅡB	630				1CC401M 1CC402M	1CL40M	1CD401M 1CD402M
1HY40G	ⅢA ⅢB	1000						
1HY50	ⅠA ⅠB	400	1HY50-F51	1HY50-F81	—	1CC501 1CC502	1CL50	1CD501 1CD502
1HY50M	ⅡA ⅡB	630				1CC501M 1CC502M	1CL50M	1CD501M 1CD502M
1HY50G	ⅢA ⅢB	1000						
1HY63	ⅠA ⅠB	630	1HY63-F51	1HY63-F81	—	1CC631 1CC632	1CL63	1CD631 1CD632
1HY63M						1CC631M 1CC632M	1CL63M	1CD631M 1CD632M
1HY63G	ⅡA ⅡB	1000						
1HY80	ⅠA ⅠB	630	1HY80-F51	1HY80-F81	—	1CC801 1CC802		
1HY80M						1CC801M 1CC802M		
1HY80G	ⅡA ⅡB	1000						

注：1. 滑台、导轨防护装置、分级进给装置和滑台侧底座均根据滑台行程分为Ⅰ、Ⅱ或Ⅲ型。其中滑台型式Ⅰ、Ⅱ或Ⅲ后带"A"为铸铁导轨，带"B"的为镶钢导轨。

　　2. 二级进给及压力继电器装置分为三种型式：

Ⅰ型：采用二次进给的行程调速阀。

Ⅱ型：采用一次进给的行程调速阀，并带压力继电器。

Ⅲ型：采用二次进给的行程调速阀，并带压力继电器。

表 5-3　1HY 系列液压滑台卧式配置时联系尺寸　　　　　　　　（mm）

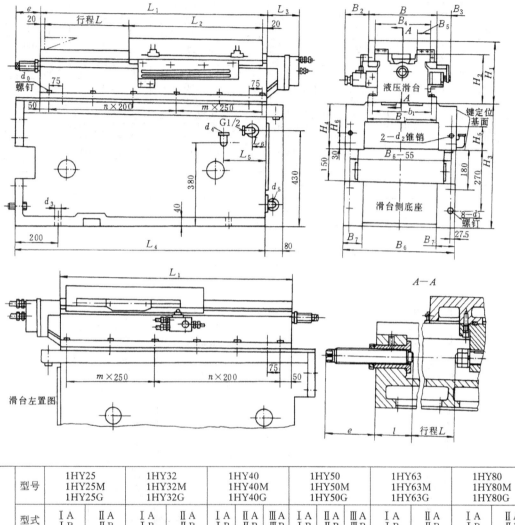

型号		1HY25 1HY25M 1HY25G		1HY32 1HY32M 1HY32G		1HY40 1HY40M 1HY40G			1HY50 1HY50M 1HY50G			1HY63 1HY63M 1HY63G		1HY80 1HY80M 1HY80G	
	型式	I A I B	II A II B	I A I B	II A II B	I A I B	II A II B	III A III B	I A I B	II A II B	III A III B	I A I B	II A II B	I A I B	II A II B
液	B	250		320		400			500			630		800	
	B_1	250		320		400			500			630		800	
	B_2	103		103		96			96			96		96	
压	B_3	75.5		65.5		60.5			55.5			50.5		40.5	
	B_4	200		260		330			420			530		680	
	B_5	55		65		85			105			135		170	
	b_1	220		280		355			450			580		740	
滑	L	250	400	400	630	400	630	1000	400	630	1000	630	1000	630	1000
	L_1	790	940	1070	1300	1240	1470	1840	1440	1670	2040	1920	2290	2270	2640
	L_2	500		630		800			1000			1250		1600	
	L_3	104	254	155	385	77	307	677	95	190	560	105	370	110	110
台	l	80~155		85~160		100~180			110~190			125~205		140~220	
	e	115~40		115~40		120~90			120~40			125~45		125~40	
	H_1	250		280		320			360			400		450	
	H_2	200		220		245			265			290		320	
	n	1	3	5	6	2	7	5	3	8	6	8	11	11	9
	m	2	1	0	0	3	0	3	3	0	3	1	0	0	3
	d_0	M12				M16								M20	

（续）

	型号	1CC251 1CC252 1CC251M 1CC252M		1CC321 1CC322 1CC321M 1CC322M		1CC401 1CC402 1CC401M 1CC402M			1CC501 1CC502 1CC501M 1CC502M			1CC631 1CC632 1CC631M 1CC632M		1CC801 1CC802 1CC801M 1CC802M	
滑台侧底座	型式	Ⅰ	Ⅱ	Ⅰ	Ⅱ	Ⅰ	Ⅱ	Ⅲ	Ⅰ	Ⅱ	Ⅲ	Ⅰ	Ⅱ	Ⅰ	Ⅱ
	B_6	450		520		600			700			830		1000	
	B_7	85		85		85			85			95		95	
	L_4	900	1050	1180	1410	1350	1580	1950	1550	1780	2150	2030	2400	2380	2750
	L_5	200		200		250			250			300		380	
	L_6	60		60		60			60			80		80	
	H_3	560（1CC×·×1 或 1CC×·×1M）							630（1CC×·×2 或 1CC×·×2M）						
	H_4	210（1CC×·×1 或 1CC×·×1M）							280（1CC×·×2 或 1CC×·×2M）						
	H_5	110（1CC×·×1 或 1CC×·×1M）							160（1CC×·×2 或 1CC×·×2M）						
	H_6	40（1CC×·×1 或 1CC×·×1M）							65（1CC×·×2 或 1CC×·×2M）						
	d_1	M20×70										M24×80			
	d_2	ϕ20										ϕ25			
	d_3	ϕ24										ϕ28			
	d_4	G$\frac{3}{4}$		G1								G1$\frac{1}{4}$			
	d_5	G1″		G1$\frac{1}{4}$								G1$\frac{1}{2}$			

表 5-4　1HY 系列液压滑台立式配置时联系尺寸　　　　　　　　　　　　　　（mm）

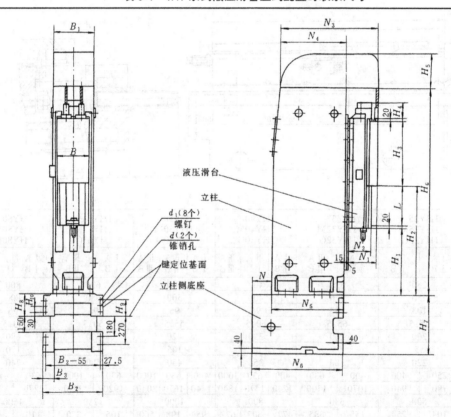

液压滑台	型　号	1HY25 1HY25M 1HY25G	1HY32 1HY32M 1HY32G	1HY40 1HY40M 1HY40G	1HY50 1HY50M 1HY50G	1HY63 1HY63M 1HY63G	
	型　式	ⅠA ⅠB	ⅡA ⅡB	ⅠA ⅠB	ⅡA ⅡB	ⅠA ⅠB	ⅡA ⅡB	ⅠA	ⅠB
	B	250		320		400		500		630

（续）

	型　号	1HY25 1HY25M 1HY25G		1HY32 1HY32M 1HY32G		1HY40 1HY40M 1HY40G		1HY50 1HY50M 1HY50G		1HY63 1HY63M 1HY63G	
液压滑台	型　式	ⅡA ⅡB	ⅠA ⅠB	ⅡA	ⅡB	ⅠA ⅠB	ⅠA ⅠB	ⅠA ⅠB	ⅡA ⅡB	ⅠA	ⅠB
	L	250	400	400		400	630	400	630	630	
	H_1 最大	800	650	650		860	630	860	630	580	
	H_1 最小	450	450	450		450	450	450	450	450	
	H_2 最大	1070	1070	1070		1280	1280	1280	1280	1230	
	H_2 最小	720	870	870		870	1100	870	1100	1100	
	H_3	500		630		800		1000		1250	
	H_4	104	254	155		77	307	95	190	105	
	N_1	250		280		320		360		400	
	N_2	200		220		245		265		290	

	型　号	1CL25 1CL25M	1CL32 1CL32M	1CL40 1CL40M	1CL50 1CL50M	1CL63 1CL63M
立柱	B_1	320	400	500	630	800
	H_5	275	325	410	435	460
	H_6	1900	2000	2420	2520	2620
	N_3	860	970	1090	1220	1330
	N_4	580	660	740	830	900

	型　号	1CD251 1CD252 1CD251M 1CD252M	1CD321 1CD322 1CD321M 1CD322M	1CD401 1CD402 1CD401M 1CD402M	1CD501 1CD502 1CD501M 1CD502M	1CD631 1CD632 1CD631M 1CD632M
立柱侧底座	B_2	520	600	700	830	1060
	B_3	110	110	115	115	120
	H_7	560（1CD××1 或 1CD××1M）		630（1CD××2 或 1CD××2M）		
	H_8	210（1CD××1 或 1CD××1M）		280（1CD××2 或 1CD××2M）		
	H_9	110（1CD××1 或 1CD××1M）		160（1CD××2 或 1CD××2M）		
	H_1	40（1CD××1 或 1CD××1M）		65（1CD××2 或 1CD××2M）		
	N_5	630	710	800	900	1000
	N_6	800	900	1000	1120	1250
	d	$\phi20$	$\phi20$	$\phi20$	$\phi20$	$\phi25$
	d_1	M20×70	M20×70	M20×70	M20×70	M24×80
	N	0～170	0～190	0～200	0～220	0～250

二、机械滑台

1．1HJ、1HJb、1HJc 系列机械滑台主要技术性能（表 5-5）

表 5-5　1HJ、1HJb、1HJc 系列机械滑台主要技术性能

滑台台面宽 (mm)	滑台型号	滑台台面长度 (mm)	最大行程 (mm)	最大进给力 (N)	工作进给电动机型号及型式	功率 (kW)	转速 (r·min⁻¹)	工作进给速度范围 (r·min⁻¹)	快速进给电动机型号与型式	功率 (kW)	转速 (r·min⁻¹)	快速进给速度 (r·min⁻¹)	制动器额定制动转矩 (N·m)
250	1HJ25 1HJ25M	500	Ⅰ型 250	8000	AO₂-7124	0.37	1400	20.6~380	Y90S-4B₅	1.1	1400	8.01	20
	1HJb25 1HJb25M			8000				20.8~383				8.07	
	1HJc25		Ⅱ型 400	2500				20~376				8	
320	1HJ32 1HJ32M	630	Ⅰ型 400	2500	Y801-4B₅ 或 Y802-4B₅	0.55 或 0.75	1390	19.4~530.8	Y90S-4B₅ 或 Y90L-4B₅	1.1 或 1.5	1400	7.8	50
	1HJb32 1HJb32M		Ⅱ型 630					19.22~533.4					
	1HJc32		Ⅰ型 400	3000				19~532					
400	1HJ40 1HJ40M	800	Ⅰ型 400 Ⅱ型 630 Ⅲ型 1000	20000				9.62~425.8				6.3	
	1HJb40 1HJb40M							15.4~681.4				6.3	
	1HJc40		Ⅰ型 400 Ⅱ型 630	4000				15~422				6.2	
500	1HJ50 1HJ50M	1000	Ⅰ型 400 Ⅱ型 630 Ⅲ型 1000	32000	Y100L-6B₅ 或 Y112M-6B₅	1.5 或 2.2	940	12.3~561	Y100L₁-4B₅ 或 Y100L₂-4B₅	2.2 或 3	1430	6.08	100
	1HJb50 1HJb50M							12.2~557				6.03	
	1HJc50		Ⅰ型 400 Ⅱ型 630	5000				12~560				6	
630	1HJ63 1HJ63M	1250	Ⅰ型 400 Ⅱ型 630 Ⅲ型 1000	50000				12.5~569				6.16	
	1HJb63 1HJb63M							12.3~561				6.18	
	1HJc63		Ⅰ型 400 Ⅱ型 630	6000				12~560				6.0	

注：1．1HJ××——滚珠丝杠，普通级；1HJ××M——滚珠丝杠，精密级；1HJb××——铜螺母丝杠，普通级；1HJb××M——铜螺母丝杠，精密级；1HJc××——滚珠丝杠，高精度级。

2．最大进给力为在滑台中心线上距台面高等于 $\dfrac{台面宽}{2}$ 处所能保证的进给力。

2. 1HJ、1HJ$_b$、1HJ$_c$ 系列机械滑台与附属部件配套表（表 5-6）

表 5-6 1HJ、1HJ$_b$、1HJ$_c$ 系列机械滑台与附属部件、支承部件配套表

机械滑台			过渡箱	传动装置	制动器	导轨防护装置	滑台侧底座		立 柱	立柱侧底座
型 号	行程	(mm)								
1HJ25 1HJ$_b$25 1HJ25M 1HJ$_b$25M	Ⅰ Ⅱ	250 400	1HJ25-F40	1HJ25—F41	T3542	1HJ25-F81	1CC251 1CC252 1CC251M 1CC252M	Ⅰ Ⅱ	1CL$_b$25 1CL$_b$25M	1CD251 1CD252M 1CD251M 1CL$_b$252M
1HJ$_c$25	Ⅰ Ⅱ	250 400	1HJ$_c$25-F40					1CC251M 1CC252M		1CL$_b$25M	1CD251M 1CD252M
1HJ32 1HJ$_b$32 1HJ32M 1HJ$_b$32M	Ⅰ Ⅱ	400 630	1HJ32-F40				1HJ32-F81	1CC321 1CC322 1CC321M 1CC322M	Ⅰ Ⅱ	1CL$_b$32 1CL$_b$32M	1CD321 1CD322 1CD321M 1CD322M
1HJ$_c$32	Ⅰ	400	1HJ$_c$32-F40	1HJ40—F41	T3543		1CC321M 1CC322M		1CL$_b$32M	1CD321M 1CD322M
1HJ$_b$40 1HJ40M 1HJ$_b$40M	Ⅰ Ⅱ Ⅲ	400 630 1000	1HJ40-F40				1HJ40-F81	1CC401 1CC402 1CC401M 1CC402M	Ⅰ Ⅱ Ⅲ	1CL$_b$40 1CL$_b$40M	1CD401 1CD402 1CD401M 1CD402M
1HJ$_c$40	Ⅰ Ⅱ	400 630	1HJ$_c$40-F40					1CC401M 1CC402M		1CL$_b$40M	1CD401M 1CD402M
1HJ50 1HJ$_b$50 1HJ50M 1HJ$_b$50M	Ⅰ Ⅱ Ⅲ	400 630 1000	1HJ50-F40				1HJ50-F81	1CC501 1CC502 1CC501M 1CC502M	Ⅰ Ⅱ Ⅲ	1CL$_b$50 1CL$_b$50M	1CD501 1CD502M 1CD501M 1CL$_b$502M
1HJ$_c$50	Ⅰ Ⅱ	400 630	1HJ$_c$50-F40	1HJ63—F41	T3544		1CC501M 1CC502M		1CL50M	1CD501M 1CD502M
1HJ63 1HJ$_b$63 1HJ63M 1HJ$_b$63M	Ⅰ Ⅱ Ⅲ	400 630 1000	1HJ63-F40				1HJ63-F81	1CC631 1CC632 1CC631M 1CC632M	Ⅰ Ⅱ Ⅲ	1CL$_b$63 1CL$_b$63M	1CD631 1CD632 1CD631M 1CD632M
1HJ$_c$63	Ⅰ Ⅱ	400 630	1HJ$_c$63-F40					1CC631M 1CC632M		1CL$_b$63M	1CD631M 1CD632M

注：1. 过渡箱有Ⅰ型（用于 1HJ 系列机械滑台）和Ⅱ型（用于 1HJ$_b$ 系列机械滑台）两种型式。

2. 滑台、滑台侧底座、立柱、立柱侧底座宜在同精度等级之间配套使用，1HJ$_c$ 系列高精度级机械滑台可选配精密级的滑台侧底座、立柱和立柱侧底座。

3. 侧底座与滑座的安装接合面的中间长接合面，用螺钉与滑座连接，以增加其连接刚度。滑座与滑台侧底座之间，可根据机床要求加垫块，以调整主轴中心高。

4. 根据机床要求立柱可以在立柱侧底座上平面前后的任意位置上安装，立柱和立柱侧底座之间可以加垫块。

3. 1HJ、1HJ$_b$、1HJ$_c$ 系列机械滑台卧式配置时的联系尺寸（表5-7）

表 5-7　　1HJ、1HJ$_b$、1HJ$_c$ 系列机械滑台卧式配置时联系尺寸　　　　　（mm）

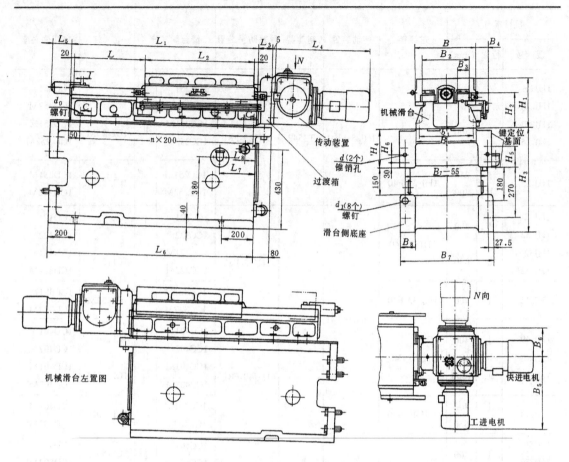

	型　号	1HJ25 1HJ$_b$25 1HJ25M 1HJ$_b$25M 1HJ$_c$25		1HJ32 1HJ$_b$32 1HJ32M 1HJ$_b$32M 1HJ$_c$32		1HJ40 1HJ$_b$40 1HJ40M 1HJ$_b$40M 1HJ$_c$40			1HJ50 1HJ$_b$50 1HJ50M 1HJ$_b$50M 1HJ$_c$50			1HJ63 1HJ$_b$63 1HJ63M 1HJ$_b$63M 1HJ$_c$63		
机	型　式	ⅠA ⅡB	ⅡA ⅠB	ⅠA ⅠB	ⅡA ⅡB	ⅠA ⅠB	ⅡA ⅡB	ⅢA ⅢB	ⅠA ⅠB	ⅡA ⅡB	ⅢA ⅢB	ⅠA ⅠB	ⅡA ⅡB	ⅢA ⅢB
械	B	250		320		400			500			630		
	B_1	250		320		400			500			630		
滑	B_2	210		270		330			410			520		
	B_3	55		70		85			105			135		
台	B_4	79.5		72.5		67.5			67.5			72.5		
	B_5	393		400		400			525		545	525		545
	B_6	138		155		155			195			195		

(续)

机械滑台

型号	1HJ25 1HJb25 1HJ25M 1HJb25M 1HJc25		1HJ32 1HJb32 1HJ32M 1HJb32M 1HJc32		1HJ40 1HJb40 1HJ40M 1HJb40M 1HJc40			1HJ50 1HJb50 1HJ50M 1HJb50M 1HJc50			1HJ63 1HJb63 1HJ63M 1HJb63M 1HJc63		
型式	ⅠA ⅠB	ⅡA ⅡB	ⅠA ⅠB	ⅡA ⅡB	ⅠA ⅠB	ⅡA ⅡB	ⅢA ⅢB	ⅠA ⅠB	ⅡA ⅡB	ⅢA ⅢB	ⅠA ⅠB	ⅡA ⅡB	ⅢA ⅢB
b_1	220		280		355			450			580		
L	250	400	400	630	400	630	1000	400	630	1000	400	630	1000
L_1	790	940	1070	1300	1240	1470	1840	1440	1670	2040	1690	1920	2290
L_2	500		630		800			1000			1250		
L_3注	82 (193)		95 (229)		90 (262)			105 (321)			106 (329)		
L_4	518		543 568*		543 568*			670.5			670.5		
L_5	113		111		122			122			136		
l	5~75		5~75		5~85			5~85			5~85		
H_1	250		280		320			360			400		
H_2	170		190		220			250			275		
n	3	4	5	6	5	7	8	6	8	11	8	9	11
d_0	M12		M12		M16			M16			M16		
c	55		50		75			75			75		

滑台侧底座

型号	1CC251 1CC252 1CC251M 1CC252M		1CC321 1CC322 1CC321M 1CC322M		1CC401 1CC402 1CC401M 1CC402M			1CC501 1CC502 1CC501M 1CC502M			1CC631 1CC632 1CC631M 1CC632M		
型式	Ⅰ	Ⅱ	Ⅰ	Ⅱ	Ⅰ	Ⅱ	Ⅲ	Ⅰ	Ⅱ	Ⅲ	Ⅰ	Ⅱ	Ⅲ
B_7	450		520		600			700			830		
B_8	85		85		85			85			95		
L_6	900	1060	1180	1410	1350	1580	1950	1550	1780	2150	1800	2030	2400
L_7	200		200		250			250			300		
L_8	60		60		60			60			80		
H_3	560 (1CC××1 或 1CC××1M)　　630 (1CC××2 或 1CC××2M)												
H_4	210 (1CC××1 或 1CC××1M)　　280 (1CC××2 或 1CC××2M)												
H_5	110 (1CC××1 或 1CC××1M)　　160 (1CC××2 或 1CC××2M)												
H_6	40 (1CC××1 或 1CC××1M)　　65 (1CC××2 或 1CC××2M)												
d	$\phi20$		$\phi20$		$\phi20$			$\phi20$			$\phi25$		
d_1	M20×70		M20×70		M20×70			M20×70			M24×80		

注：1. L_3中带括号的尺寸为1HJc××系列所用。带 * 的尺寸1HJc××系列无此值。

2. 1HJc××机械滑台为高精度级，其行程仅有Ⅰ、Ⅱ级（1HJc32只有Ⅰ型）。

4. 1HJ、1HJ$_b$ 系列机械滑台立式配置时的联系尺寸（表 5-8）

表 5-8　1HJ、1HJ$_b$ 系列机械滑台立式配置时联系尺寸　　　　（mm）

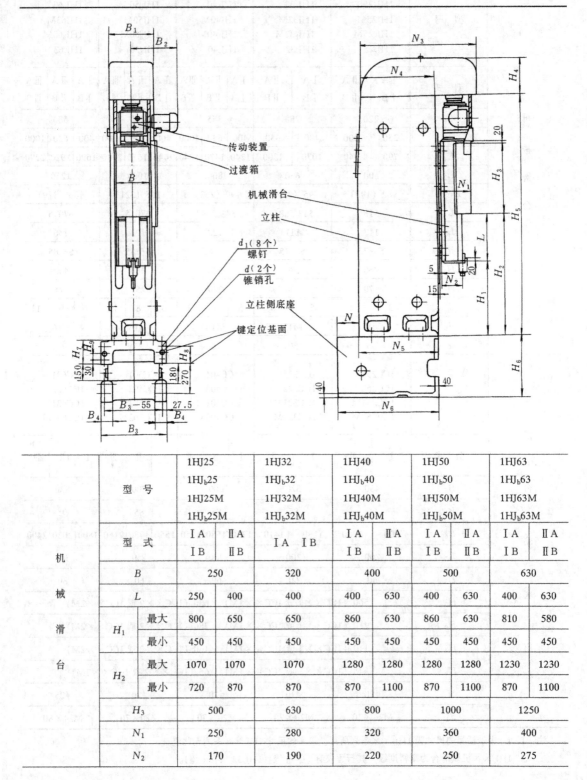

	型　号	1HJ25 1HJ$_b$25 1HJ25M 1HJ$_b$25M		1HJ32 1HJ$_b$32 1HJ32M 1HJ$_b$32M		1HJ40 1HJ$_b$40 1HJ40M 1HJ$_b$40M		1HJ50 1HJ$_b$50 1HJ50M 1HJ$_b$50M		1HJ63 1HJ$_b$63 1HJ63M 1HJ$_b$63M	
	型　式	ⅠA　ⅡA ⅠB　ⅡB		ⅠA　ⅠB		ⅠA　ⅡA ⅠB　ⅡB		ⅠA　ⅡA ⅠB　ⅡB		ⅠA　ⅡA ⅠB　ⅡB	
机械滑台	B	250		320		400		500		630	
	L	250	400	400		400	630	400	630	400	630
	H$_1$ 最大	800	650	650		860	630	860	630	810	580
	H$_1$ 最小	450	450	450		450	450	450	450	450	450
	H$_2$ 最大	1070	1070	1070		1280	1280	1280	1280	1230	1230
	H$_2$ 最小	720	870	870		870	1100	870	1100	870	1100
	H$_3$	500		630		800		1000		1250	
	N$_1$	250		280		320		360		400	
	N$_2$	170		190		220		250		275	

（续）

	型　号	1CL$_b$25 1CL$_b$25M	1CL$_b$32 1CL$_b$32M	1CL$_b$40 1CL$_b$40M	1CL$_b$50 1CL$_b$50M	1CL$_b$63 1CL$_b$63M
立 柱	B_1	320	400	500	630	800
	B_2	395	400	400	525　　545	525　　545
	H_4	260	330	365	472	620
	H_5	1990	2120	2420	2630	2685
	N_3	880	1015	1120	1270	1374
	N_4	580	660	740	830	900
立 柱 侧 底 座	型　号	1CD251 1CD252 1CD251M 1CD252M	1CD321 1CD322 1CD321M 1CD322M	1CD401 1CD402 1CD401M 1CD402M	1CD501 1CD502 1CD501M 1CD502M	1CD631 1CD632 1CD631M 1CD632M
	B_3	520	600	700	830	1000
	B_4	110	110	115	115	120
	H_6	560（1CD××1 或 1CD××1M）　　630（1CD××2 或 1CD××2M）				
	H_7	210（1CD××1 或 1CD××1M）　　280（1CD××2 或 1CD××2M）				
	H_8	110（1CD××1 或 1CD××1M）　　160（1CD××2 或 1CD××2M）				
	H_9	40（1CD××1 或 1CD××1M）　　65（1CD××2 或 1CD××2M）				
	N_5	630	710	800	900	1000
	N_6	800	900	1000	1120	1250
	d	$\phi20$	$\phi20$	$\phi20$	$\phi20$	$\phi25$
	d_1	M20×70	M20×70	M20×70	M20×70	M24×80
	N	0～170	0～190	0～200	0～220	0～250

三、NC-1HJ 系列数控机械滑台

1．数控机械滑台（NC-1HJ 系列）主要技术性能（表 5-9）及交流伺服系统技术参数（表 5-10）

表 5-9　数控机械滑台主要技术性能

滑台型号	台面宽 （mm）	台面长 （mm）	最大行程 （mm）	最大进给力 （N）	电　动　机		工作进给速度 （mm·min^{-1}）	快速移动速度 （m·min^{-1}）
					型　号	功率 （kW）		
NC-1HJ25 NC-1HJ25M NC-1HJ25G	250	500	Ⅰ型 250 Ⅱ型 400	8000	Y90L-4	1.5	≥5	≤10
NC-1HJ32 NC-1HJ32M NC-1HJ32G	320	630	Ⅰ型 400 Ⅱ型 630	12500	Y100L$_1$-4	2	≥5	≤10

(续)

滑台型号	台面宽 (mm)	台面长 (mm)	最大行程 (mm)	最大进给力 (N)	电动机 型号	电动机 功率 (kW)	工作进给速度 (mm·min^{-1})	快速移动速度 (m·min^{-1})
NC-1HJ40 NC-1HJ40M NC-1HJ40G	400	800	Ⅰ型 400 Ⅱ型 630	20000	Y100L$_2$-4	3	≥5	≤9
NC-1HJ50 NC-1HJ50M NC-1HJ50G	500	1000	Ⅰ型 400 Ⅱ型 630	32000	Y112M-4	4	≥5	≤8
NC-1HJ63 NC-1HJ63M NC-1HJ63G	630	1250	Ⅰ型 400 Ⅱ型 630	50000	Y132S-4	5.5	≥5	≤8

表 5-10 数控机械滑台交流伺服系统技术参数

项　目	技　术　参　数
输入电源	3 相　180V/380V　　变压器输出方式
电源要求	电压偏差 + 10% ~ 15%　　频率偏差 ±2Hz
主 电 路	大功率晶体管桥　　正弦波 PWM 控制
调速范围	0~750r/min 恒转矩　　750~2400r/min 恒功率
调速精度	0.5%
位控分辨率	2π/10000　　即每转 10000 脉冲　　光电编码器输出
位控精度	±2 脉冲
数控程序存贮	可存 16 段数控加工程序，每段程序 42 个程序步，由代码调用
手动速度选择	16 种　　0.1~1400r/min
可编程输入接口	14 路　　光电隔离 24V DC
可编程输出接口	8 路　　光电隔离 24V DC 继电器输出触点容量 110V，2A
串行通讯接口	可选件：RS232C 电流环
编程系统	Apple—Ⅱ式 IBM—PC 微机及编程软件
全闭环控制接口	可选件：采用同步感应尺，位控精度可达 ±2μm

2．数控机械滑台与附属部件、支承部件配套表（表 5-11）

表 5-11　数控机械滑台与附属部件、支承部件配套表

型　号	行程 (mm)	传动装置	交流伺服电机	导轨防护装置	滑台侧底座	立　柱	立柱侧底座
NC-1HJ25	250	NC-1HJ25-F41	DKS04-IIB	1HJ25-F81	1CC251 1CC252	1CL$_b$25	1CD251 1CD252
NC-1HJ25M NC-1HJ25G	400	NC-1HJ25-F41	DKS04-IIB	1HJ25-F81	1CC251M 1CC252M	1CL$_b$25M	1CD251M 1CD252M
NC-1HJ32	400	NC-1HJ32-F41	DKS05-IIA	1HJ32-F81	1CC321 1CC322	1CL$_b$32	1CD321 1CD322
NC-1HJ32M NC-1HJ32G	630	NC-1HJ32-F41	DKS05-IIA	1HJ32-F81	1CC321M 1CC322M	1CL$_b$32M	1CD321M 1CD322M

（续）

型　号	行　程 (mm)	传 动 装 置	交流伺服电机	导轨防护装置	滑台侧底座	立　柱	立柱侧底座
NC-1HJ40	400	NC-1HJ40-F41	DKS05-IIB	1HJ40-F81	1CC401 1CC402	1CL$_b$40	1CD401 1CD402
NC-1HJ40M	630				1CC401M	1CL$_b$40M	1CD401M
NC-1HJ40G					1CC402M		1CD402M
NC-1HJ50	400	NC-1HJ50-F41	DKS06-II	1HJ50-F81	1CC501 1CC502	1CL$_b$50	1CD501 1CD502
NC-1HJ50M	630				1CC501M	1CL$_b$50M	1CD501M
NC-1HJ50G					1CC502M		1CD502M
NC-1HJ63	400	NC-1HJ63-F41	DKS07-IIA	1HJ63-F81	1CC631 1CC632	1CL$_b$63	1CD631 1CD632
NC-1HJ63M	630				1CC631M	1CL$_b$63M	1CD631M
NC-1HJ63G					1CC632M		1CD632M

注：DKS 系列交流伺服电机，由大连组合机床研究所电子技术服务中心提供。

3．数控机械滑台联系尺寸（表 5-12）

表 5-12　数控机械滑台联系尺寸　　　　　　　　　　　　　　　　　（mm）

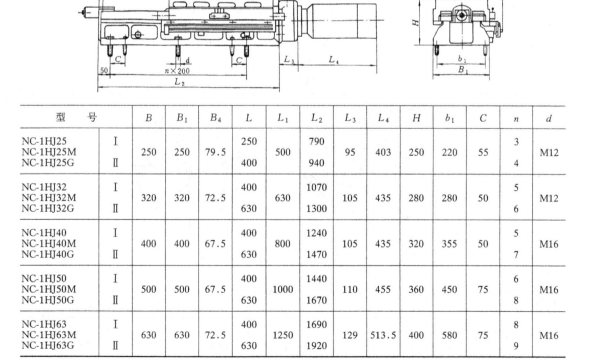

型　号		B	B_1	B_4	L	L_1	L_2	L_3	L_4	H	b_1	C	n	d
NC-1HJ25 NC-1HJ25M NC-1HJ25G	Ⅰ Ⅱ	250	250	79.5	250 400	500	790 940	95	403	250	220	55	3 4	M12
NC-1HJ32 NC-1HJ32M NC-1HJ32G	Ⅰ Ⅱ	320	320	72.5	400 630	630	1070 1300	105	435	280	280	50	5 6	M12
NC-1HJ40 NC-1HJ40M NC-1HJ40G	Ⅰ Ⅱ	400	400	67.5	400 630	800	1240 1470	105	435	320	355	50	5 7	M16
NC-1HJ50 NC-1HJ50M NC-1HJ50G	Ⅰ Ⅱ	500	500	67.5	400 630	1000	1440 1670	110	455	360	450	75	6 8	M16
NC-1HJ63 NC-1HJ63M NC-1HJ63G	Ⅰ Ⅱ	630	630	72.5	400 630	1250	1690 1920	129	513.5	400	580	75	8 9	M16

注：NC-1HJ××为普通级；NC-1HJ××M 为精密级；NC-1HJ××G 为高精度级。

第二节　主轴部件

一、1TX、1TX$_b$系列铣削头

1.1TX、1TX$_b$系列铣削头主要性能及参数（表5-13）

表5-13　1TX、1TX$_b$系列铣削头主要性能及参数　　　　　（mm）

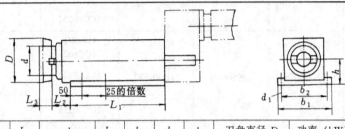

型　号		b_1	L_1	d	L_2	b_2	d_1	h	刀盘直径 D	功率（kW）	滑套调整量 L_3
有滑套	1TX20 1TX20G	200	320	$\phi88.882$	125	170	M12	100	$\phi80\sim\phi200$	1.1；1.5	63
	1TX25 1TX25G	250	400			220		125	$\phi100\sim\phi250$	2.2；3	
	1TX32 1TX32G	320	500	$\phi128.57$	160	280		160	$\phi125\sim\phi320$	3；4；5.5	80
	1TX40 1TX40G	400	630			355		200	$\phi160\sim\phi400$	7.5；11	
	1TX50 1TX50G	500	800	$\phi221.44$	200	450	M16	250	$\phi200\sim\phi500$	15；18.5；22	100
	1TX63 1TX63G	630	1000			580		315	$\phi250\sim\phi630$	22；30；37	
无滑套	1TX$_b$12 1TX$_b$12M	125	200	$\phi69.832$	100	100	M10	63	$\phi50\sim\phi125$	0.75	
	1TX$_b$16 1TX$_b$16M	160	250			135		80	$\phi63\sim\phi160$	1.1	
	1TX$_b$20 1TX$_b$20M	200	320	$\phi88.882$	125	170	M12	100	$\phi80\sim\phi200$	1.5	
	1TX$_b$25 1TX$_b$25M	250	400			220		125	$\phi100\sim\phi250$	2.2	

2.铣削头端部尺寸（表5-14）

表5-14　1TX、1TX$_b$系列铣削头端部尺寸（JB2324—78）　　　（mm）

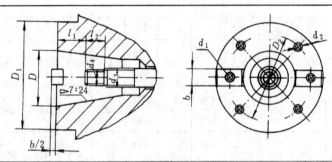

型　号	D	D_1 (h_5)	$D_2\pm0.3$	d_1	d_2	d_3	d_4	l_1	l_2	b (h_5)
1TX$_b$12 1TX$_b$12M	$\phi31.75$	$\phi69.832$	$\phi54$	M6	M10	M12	M6	32	12	15.9
1TX$_b$16 1TX$_b$16M								35		
1TX20，1TX$_b$20 　　　　1TX$_b$20M 1TX25，1TX$_b$25 　　　　1TX$_b$25M	$\phi44.45$	$\phi88.882$	$\phi66.7$	M12	M12	M16	M12	41	26	

（续）

型　　号	D	$D_1\ (h_5)$	$D_2\pm0.3$	d_1	d_2	d_3	d_4	l_1	l_2	$b\ (h_5)$
1TX32 1TX40	$\phi69.85$	$\phi128.57$	$\phi101.6$	M12	M16	M24	M16	58	32	25.4
1TX50 1TX63	$\phi107.95$	$\phi221.44$	$\phi177.8$		M20	M30	M24	119	45	

3.1TX、1TX_b 系列铣削头与各种传动装置配套的联系尺寸（表 5-15～表 5-18）

表 5-15　带传动铣削头联系尺寸　　　　　　　　　　　(mm)

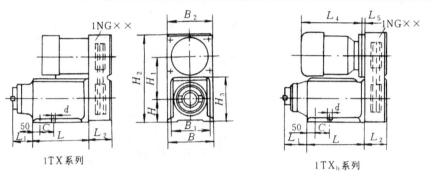

1TX 系列　　　　　　　　　　　　　　　1TX_b 系列

型　　号	B	B_1	B_2	L	L_1	L_2	L_4	L_5	H	H_1	H_2	H_3	C	d
1TX32	320	280	316	500	160	230	—	—	160	369	692	325	125	$\phi14$
1TX40	400	355	402	630	160	260	—	—	200	425	813	410	125	$\phi18$
1TX50	500	450	440	800	200	320	—	—	250	495	944	500	125	$\phi18$
1TX_b12，1TX_b12M	125	100	200	200	100	145	245	20	63	205	378	133	100	$\phi12$
1TX_b161，TX_b16M	160	135	200	250		177	245	20	80	226	421	168	50	$\phi12$
1TX_b20，1TX_b20M	200	170	200	320	125	195	260	20	100	247	462.5	213	100	$\phi14$
1TX_b25，1TX_b25M	250	220	250	400		210	285	22	125	299.5	571.5	263	100	$\phi14$

表 5-16　顶置式齿轮传动铣削头联系尺寸　　　　　　　(mm)

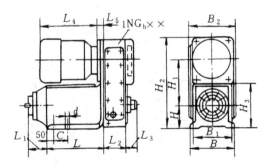

型　　号	B	B_1	B_2	L	L_1	L_2	L_3	L_4 （最大）	L_5	H	H_1	H_2	H_3	C	d
1TX20	200	170	226	320	125	180	30	285	30	100	225	460	213	100	$\phi14$
1TX25	250	220	220	400	125	195	30	320	102	125	245	505	260	100	$\phi14$
1TX32	320	280	316	500	160	224	19	435	137	160	310.3	590	325	125	$\phi14$
1TX40	400	355	353	630	160	250	125	535	130	200	376.4	791	410	125	$\phi18$

（续）

型号	B	B₁	B₂	L	L₁	L₂	L₃	L₄（最大）	L₅	H	H₁	H₂	H₃	C	d
1TX50	500	450	470	800	200	275	126	665	94	250	468	911	500	125	φ18
1TX63	630	580	600	1000	200	320	143	790	203	315	576.1	1141	630	200	φ18
1TXb12 1TXb12M	125	100	200	200	100	120	25	245	20	63	175	324	133	100	φ12
1TXb16 1TXb16M	160	135	200	250	100	140	37	245	44.5	80	211	392	168	50	φ12
1TXb20 1TXb20M	200	170	226	320	125	155	40	260	45	100	236.5	438	213	100	φ14
1TXb25 1TXb25M	250	220	280	400	125	170	40	285	67	125	275	531	263	100	φ14

表 5-17　尾置式齿轮传动铣削头联系尺寸　（mm）

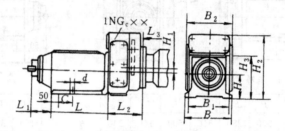

型号	B	B₁	B₂	L	L₁	L₂	L₃	H	H₁	H₂	H₃	C	d
1TX32	320	280	316	500	160	315	435	160	225.3	530	325	125	φ14
1TX40	400	355	400	630	160	380	535	200	275.1	650	410	125	φ18
1TX50	500	450	470	800	200	449	665	250	355	805	500	125	φ18
1TX63	630	580	600	1000	200	480	680	315	356.5	896	630	200	φ18
1TXb16,　1TXb16M	160	135	200	250	100	207	256.5	80	158	339	168	50	φ1
1TXb20,　1TXb16M	200	170	224	320	125	155	281.5	100	177.5	378	213	100	φ14
1TXb25,　1TXb25M	250	220	280	400	125	170	344	125	211.5	461	263	100	φ14

表 5-18　手柄变速铣削头联系尺寸　（mm）

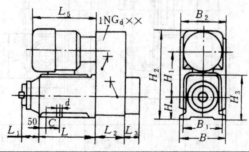

型号	B	B₁	B₂	L	L₁	L₂	L₃	H	H₁	H₂	H₃	L₅	C	d
1TX32	320	280	374	500	160	285	130	160	320	697	325	572	125	φ14
1TX40	400	355	452	630	160	425	160	200	388	782	410	703	125	φ18
1TX50	500	450	470	800	200	350	150	250	468	967	500	840	125	φ18

二、1TA 系列镗削头

1. 1TA 系列镗削头性能参数（表 5-19）

表 5-19　1TA 系列镗削头型号及性能参数

性能参数 ＼ 型号规格	1TA12 1TA12M	1TA16 1TA16M	1TA20 1TA20M	1TA25 1TA25M	1TA32 1TA32M	1TA40 1TA40M	1TA50 1TA50M
功率（kW）	0.75	1.1	1.5	2.2	3；4；5.5	7.5；11	
A 型主轴轴端号	3	3	4	5	6	8	11
主轴前轴承轴径（mm）	$\phi15$	$\phi55$	$\phi70$	$\phi80$	$\phi90$	$\phi110$	$\phi135$

2. 镗削头、钻削头与 1NG 系列传动装置配套关系及技术参数（表 5-20）

表 5-20　镗削头、钻削头与 1NG 系列传动装置配套关系及技术参数

传动装置功率、 配置型式规格及转速范围			1TZ12 1TA12 1TA12M 及车端面头	1TZ16 1TA16 1TA16M 及车端面头	1TZ20 1TA20 1TA20M 及车端面头	1TZ25 1TA25 1TA25M 及车端面头	1TZ32 1TA32 1TA32A 及车端面头	1TA40 1TA40A 及车端面头	1TA50 1TA50M 及车端面头
功率（kW）			0.75	1.1	1.5	2.2	3；4；5.5	7.5；11	15；18.5；22
皮带	型号、规格		1NG12	1NG16	1NG20	1NG25	1NG32	1NG40	1NG50
	转速范围（r·min⁻¹）		1250～5000	1000～4000	800～320	630～2500	500～1600	400～1250	320～1000
顶置	型号、规格		$1NG_b12$	$1NG_b16$	$1NG_b20$	$1NG_b25$	$1NG_b32$	$1NG_b40$	$1NG_b50$
	转速范围 （r·min⁻¹）	低速组	125～630	100～500	80～400	63～320	80～400	63～320	50～250
		高速组	320～1600	250～1250	200～1000	160～800	125～630	100～500	80～400
尾置	型号、规格		—	$1NG_c16$	$1NG_c20$	$1NG_c25$	$1NG_c32$	$1NG_c40$	$1NG_c50$
	转速范围 （r·min⁻¹）	低速组		250～1250	200～1000	160～800	125～400	100～320	80～250
		高速组					320～1000	250～800	200～630
手柄	型号、规格		—	—	—	—	$1NG_d32$	$1NG_d40$	$1NG_d50$
	转速范围（r·min⁻¹）		—	—	—	—	200～630	160～500	63～400

注：1NG50 仅有 15kW 一种规格。

3. 1TA 系列镗削头联系尺寸（表 5-21～表 5-24）

表 5-21　带传动镗削头联系尺寸　　　　　　　　　　（mm）

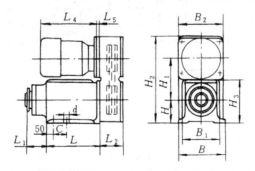

型　号	B	B_1	B_2	L	L_1	L_2	L_4	L_5	H	H_1	H_2	H_3	C	d
1TA12, 1TA12M	125	100	200	200	100	145	245	20	63	200	373	133	100	$\phi12$
1TA16, 1TA16M	160	135	200	250	100	177	245	20	80	217	412	168	50	$\phi12$

（续）

型　号	B	B_1	B_2	L	L_1	L_2	L_4	L_5	H	H_1	H_2	H_3	C	d
1TA20，1TA20M	200	170	200	320	125	195	260	20	100	238	453	213	100	$\phi14$
1TA25，1TA25M	250	220	250	400	125	210	285	22	125	283	555	263	100	$\phi14$
1TA32，1TA32M	320	280	316	500	160	230	435	137	160	369	674	325	125	$\phi14$
1TA40，1TA40M	400	355	402	630	160	260	535	100	200	425	813	405	125	$\phi18$
1TA50，1TA50M	500	450	400	800	200	336	600	130	250	495	943	500	125	$\phi18$

表 5-22　顶置式齿轮传动镗削头联系尺寸　　　　　（mm）

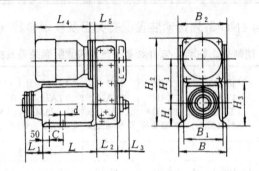

型　号	B	B_1	B_2	L	L_1	L_2	L_3	L_4	L_5	H	H_1	H_2	H_3	C	d
1TA12，1TA12M	125	100	200	200	100	120	25	245	20	63	175	324	133	100	$\phi12$
1TA16，1TA16M	160	135	200	250	100	140	37	260	44.5	80	211	392	168	50	$\phi12$
1TA20，1TA20M	200	170	226	320	125	155	40	285	45	100	236	438	213	100	$\phi14$
1TA25，1TA25M	250	220	280	400	125	170	40	340	67	125	274	531	263	100	$\phi14$
1TA32，1TA32M	320	280	283	500	160	230	19	435	137	160	310	580	325	125	$\phi14$
1TA40，1TA40M	400	355	353	630	160	250	125	535	100	200	376	791	405	125	$\phi18$
1TA50，1TA50M	500	450	472	800	200	275	126	665	94	250	468	906	500	125	$\phi18$

表 5-23　尾置式齿轮传动镗削头联系尺寸　　　　　（mm）

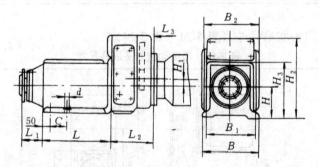

名义尺寸	B	B_1	B_2	L	L_1	L_2	L_3	H	H_1	H_2	H_3	C	d
1TA12，1TA12M	125	100		200	100			63			133	100	$\phi12$
1TA16，1TA16M	160	135	200	250	100	207	260	80	158	339	168	50	$\phi12$
1TA20，1TA20M	200	170	224	320	125	217	285	100	177	378	213	100	$\phi14$
1TA25，1TA25M	250	220	280	400	125	320	340	125	211	462	263	100	$\phi14$
1TA32，1TA32M	320	280	314	500	160	315	435	160	225	530	325	125	$\phi14$
1TA40，1TA40M	400	355	400	630	160	380	535	200	275	650	405	125	$\phi18$
1TA50，1TA50M	500	450	460	800	200	449	665	250	355	805	500	125	$\phi18$

表 5-24　手柄变速齿轮传动镗削头联系尺寸　　　　　　（mm）

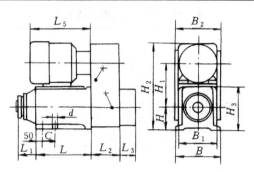

名义尺寸	B	B_1	B_2	L	L_1	L_2	L_3	H	H_1	H_2	H_3	L_5	C	d
1TA32，1TA32M	320	280	374	500	160	285	130	160	320	697	327	568	125	$\phi14$
1TA40，1TA40M	400	355	452	630	160	425	160	200	388	782	405	703	125	$\phi18$
1TA50，1TA50M	500	450	460	800	200	350	150	250	468	962	500	845	125	$\phi18$

4. 镗削头与其它配套部件组成镗孔车端面头的配套表（表 5-25）

表 5-25　镗削头与其它配套部件组成镗孔车端面头的配套表

镗削头	单向刀盘	双向刀盘	刀盘传动装置	传动装置	功率（kW）	L_2（mm）	H_1（mm）	H_2（mm）
1TA12	1TA12-F60	1TA12-F61	1TA12-F40	1NG12	0.75	120	200	373
1TA12M				$1NG_b12$			175	324
1TA16	1TA16-F60	1TA16-F61	1TA16-F40	1NG16	1.1	140	217	412
				$1NG_b16$			211.08	392
1TA16M				$1NG_c16$			158.048	339
1TA20	1TA20-F60	1TA20-F61	1TA20-F40	1NG20	1.5	155	238.03	453.5
				$1NG_b20$			236.539	438
1TA20M				$1NG_c20$			177.397	378
1TA25	1TA25-F60	1TA25-F61	1TA25-F40	1NG25	2.2	170	283.5	555.5
1TA25M				$1NG_b25$			274.919	531
				$1NG_c25$			211.645	462
1TA32	1TA32-F60	1TA32-F61	1TA32-F40	$1NG_b32$	3.0	227	310.275	580
				$1NG_c32$	4.0	315	225.362	530
1TA32M				$1NG_d32$	5.5	285	320	697
1TA40	1TA40-F60	1TA40-F61	1TA40-F40	$1NG_b40$	5.5	354	376.4	791
				$1NG_c40$	7.5	380	275.141	650
1TA40M				$1NG_d40$	11	425	388	782
1TA50	1TA50-F60	1TA50-F61	1TA50-F40	$1NG_b50$	15	388	468	906
				$1NG_c50$	18.5	449	355	805
1TA50M				$1NG_d50$	22	350	468	962

注：H_1、H_2、L_2 参见表 5-26 附图。

5. 镗孔车端面头联系尺寸（表 5-26）

表 5-26　镗孔车端面头联系尺寸　　　　　　　　　　（mm）

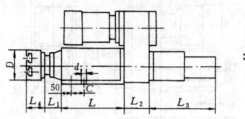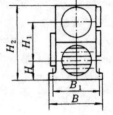

名义尺寸	B	D	B_1	L	L_1	L_3	L_4	H	C	d	刀盘行程
125	125	$\phi100$	100	200	100	300	85	63	100	$\phi12$	20
160	160	$\phi125$	135	250		317	100	80	50+100		25
200	200	$\phi160$	170	320	125	349	115	100	2×100		32
250	250	$\phi200$	220	400		369	140	125	3×100	$\phi14$	40
320	320	$\phi250$	280	500	160	398	160	160	3×125		50
400	400	$\phi320$	355	630		436	180	200	4×125	$\phi18$	63
500	500	$\phi400$	450	800	200	525	220	250	5×125		80

注：L_2、H_1、H_2 见表 5-25。

三、1TZ 系列钻削头

1. 1TZ 系列钻削头的性能参数（表 5-27）

表 5-27　1TZ 系列钻削头的性能参数　　　　　　　　（mm）

名义尺寸	型　号	功率（kW）	主轴孔直径	主轴前轴承轴径	最大钻孔直径（45 钢）
125	1TZ12	0.75	$\phi28$	$\phi40$	$\phi10$
160	1TZ16	1.1	$\phi28$	$\phi50$	$\phi16$
200	1TZ20	1.5	$\phi36$	$\phi60$	$\phi20$
250	1TZ25	2.2	$\phi36$	$\phi70$	$\phi25$
320	1TZ32	3；4；5.5	$\phi48$	$\phi85$	$\phi32$

2. 1TZ 系列钻削头主轴端部尺寸（表 5-28）

表 5-28　1TZ 系钻削头和 1TG 系列攻螺纹头主轴端部尺寸　　（mm）

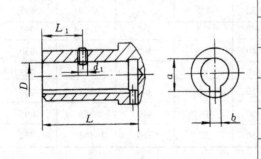

型号	D	L	L_1	d_1	a	b
1TZ12	28	85	38	M8	29.7	6
1TG12	20	77	34	M6	21.3	5
1TZ16	28	85	38	M8	29.7	6
1TG16	25				26.7	
1TZ20	36	106	45	M8	37.7	8
1TG20						
1TZ25	36	106	45	M8	37.7	8
1TG25	48	129	57	M10	50.1	10
1TZ32	48	129	57	M10	50.1	10

3. 钻削头与各种传动装置配套的联系尺寸（表 5-29～表 5-32）

表 5-29　皮带传动钻削头联系尺寸　　　　　　　　　　　　　（mm）

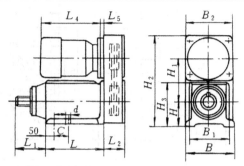

型　号	B	B_1	B_2	L	L_1	L_2	L_4	L_5	H	H_1	H_2	H_3	C	d
1TZ12	125	100	200	200	125	145	245	20	63	200	373	133	100	$\phi12$
1TZ16	160	135	200	250	125	177	245	20	80	217	421	168	50	$\phi12$
1TZ20	200	170	200	320	160	195	260	20	100	238	453.5	213	100	$\phi14$
1TZ25	250	220	250	400	160	210	285	22	125	283.5	555.5	265	100	$\phi14$
1TZ32	320	280	316	500	200	230	435	137	160	369	674	325	125	$\phi14$

表 5-30　顶置式齿轮传动钻削头联系尺寸　　　　　　　　　　（mm）

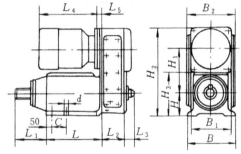

型　号	B	B_1	B_2	L	L_1	L_2	L_3	L_4	L_5	H	H_1	H_2	H_3	C	d
1TZ12	125	100	200	260	125	120	25	245	20	63	175	324	133	100	$\phi12$
1TZ16	160	135	184	250	125	140	37	260	44.5	80	211	392	168	50	$\phi12$
1TZ20	200	170	226	320	160	155	40	285	45	100	236.5	438	213	100	$\phi14$
1TZ25	250	220	280	400	160	170	40	340	67	125	275	531	263	100	$\phi14$
1TZ32	320	280	283	500	200	230	—	435	—	160	310	580	325	125	$\phi14$

表 5-31　尾置式齿轮传动钻削头联系尺寸　　　　　　　　　　（mm）

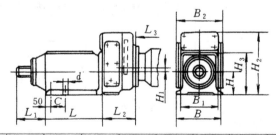

型　号	B	B_1	B_2	L	L_1	L_2	L_3	H	H_1	H_2	H_3	C	d
1TZ16	160	135	184	250	125	207	260	80	158	339	168	50	$\phi12$
1TZ20	200	170	224	320	160	217	385	100	177.3	378	213	100	$\phi14$
1TZ25	250	220	280	400	160	320	340	125	211.6	462	263	100	$\phi14$
1TZ32	320	280	314	500	200	315	435	160	225.3	530	325	125	$\phi14$

表 5-32　手柄变速传动钻削头联系尺寸　　　　　　　　　　　（mm）

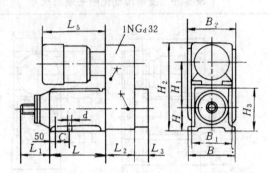

型　号	B	B_1	B_2	L	L_1	L_2	L_3	H	H_1	H_2	H_3	L_5	C	d
1TZ32	320	280	280	500	200	285	130	160	320	692	325	573	125	$\phi14$

四、1TG 系列攻螺纹头

1. 主要性能参数（表 5-33）

表 5-33　1TG 系列攻螺纹头主要性能参数　　　　　　　　　（mm）

规　　格	型　号	功率（kW）	主轴孔直径	主轴前轴径	攻螺纹螺距
125	1TG12	0.75	$\phi20$	$\phi18$	1～2 0.941～2.117
160	1TG16	1.1	$\phi25$	$\phi25$	1～3 0.941～2.822
200	1TG20	1.5	$\phi36$	$\phi38$	1～3 0.941～3.175
250	1TG25	2.2	$\phi48$	$\phi50$	1.5～3.5 1.814～3.629

2. 攻螺纹头的配套部件及主轴转速（表 5-34）

表 5-34　攻螺纹头的配套部件及主轴转速

型　　号	制　动　器	攻螺纹行程控制器	传　动　装　置	主轴转速（r·min^{-1}）
1TG12			$1NG_b12$	125～1600
1TG16	T3542		$1NG_b16$	100～1250
			$1NG_c16$	250～1250
1TG20	T3543	1TK16-F91	$1NG_b20$	80～1000
			$1NG_c20$	200～1000
1TG25	T3545		$1NG_b25$	63～800
			$1NG_c25$	160～800

3. 攻螺纹头与各种传动装置配套的联系尺寸（表 5-35、表 5-36）

表 5-35 顶置式齿轮传动攻螺纹头联系尺寸　　　　　　　　（mm）

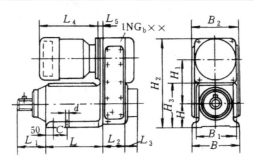

型　号	B	B_1	B_2	L	L_1	L_2	L_3	L_4（最大）	L_5	H	H_1	H_2	H_3	C	d
1TG12	125	100	145	200	125	120	25		20	63	175	324	133	100	$\phi12$
1TG16	160	135	184	250	125	140	37	363	44.5	80	211	392	168	50	$\phi12$
1TG20	200	170	226	320	160	155	40	388	45	100	236.5	438	213	100	$\phi14$
1TG25	250	220	280	400	200	170	40	476	67	125	275	531	263	100	$\phi14$

表 5-36 尾置式齿轮传动攻螺纹头联系尺寸　　　　　　　　（mm）

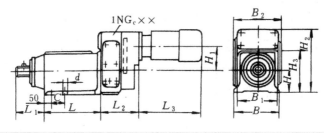

型　号	B	B_1	B_2	L	L_1	L_2	L_3	H	H_1	H_2	H_3	C	d
1TG12	125	100		200	125			63			133	100	$\phi12$
1TG16	160	135	184	250	125	207	260	80	158	339	168	50	$\phi12$
1TG20	200	170	224	320	160	217	285	100	177.3	378	213	100	$\phi14$
1TG25	250	220	280	400	200	320	340	125	211.6	462	263	100	$\phi14$

第三节　主运动驱动装置

一、1NG 系列主运动传动装置主要技术参数及配套关系（表 5-37）

表 5-37 1NG 系列主运动传动装置的主要技术参数及配套表

传动装置型号	转速范围/（r·min⁻¹）		主电机功率（kW）	配套主轴部件型号
	低速组	高速组		
1NG12	1250～5000		0.75	1TA12, 1TA12M 1TX$_b$12, 1TX$_b$12M 1TZ12, 1TG12, 1TK12
1NG$_b$12	125～630	320～1600		
1NG16	1000～4000		1.1	1TA16, 1TA16M 1TX$_b$16, 1TX$_b$16M 1TZ16, 1TG16 1TK16
1NG$_b$16	100～500	250～1250		
1NG$_c$16	250～1250			

（续）

传动装置型号	转速范围/（r·min^{-1}）		主电机功率（kW）	配套主轴部件型号
	低速组	高速组		
1NG20	800～3200			1TA20，1TA20M
1NG$_b$20	80～400	200～1000	1.5	1TX$_b$20，1TX$_b$20M
1NG$_c$20	200～1000			1TZ20，1TG20 1TK20
1NG$_e$20	125～630	200～1000	1.1，1.5	1TX20，1TX20G
1NG25	630～2500			1TA25，1TA25M
1NG$_b$25	63～320	160～800	2.2	1TX$_b$25，1TX$_b$25M
1NG$_c$25	160～800			1TZ25～1TG25
1NG$_e$25	100～500	160～800	2.2，3	1TX25，1TX25G
1NG32	500～1600			1TA32，1TA32M
1NG$_b$32	80～400	125～630	3，4，5.5	1TZ32
1NG$_c$32	125～400	320～1000		TX32，1TX32G
1NG$_d$32	100～320	200～630		
1NG40	400～1250			1TA40，1TA40M
1NG$_b$40	63～320	100～500	7.5，11	
1NG$_c$40	100～320	250～800		1TX40，1TX40G
1NG$_d$40	80～250	160～500		
1NG50	320～1000		15	1TA50，1TA50M
1NG$_b$50	50～250	80～400		1TX50，1TX50G
1NG$_c$50	80～250	200～630	15，18.5，22	
1NG$_d$50	63～125	中速组 125～250 200～400		
1NG$_b$63	40～160	80～320	22，30，37	1TX63，1TX63G
1NG$_c$63	63～200	160～500	15，18.5，22，30	

二、1TD 系列动力箱

1. 1TD 系列动力箱性能（表 5-38、表 5-39）

表 5-38   1TD12～1TD25 动力箱性能

型　号	型　式	电动机型号	电动机功率（kW）	L_3（mm）	电动机转速（r·min^{-1}）	驱动轴转速（r·min^{-1}）
1TD12		AO7124—A$_3$d	0.75	243	1400	950
1TD16	ⅠB、ⅡB	Y90S-6	0.75	263	910	600
	ⅠA、ⅡA	Y90S-4	1.1	263	1400	920
1TD20	ⅠA、ⅡA	Y90L-6	1.1	290	910	615
	ⅠB、ⅡB	Y90L-4	1.5	290	1400	950
1TD25	ⅠA、ⅡA	Y100L-6	1.5	325	940	520
	ⅠB、ⅡB	Y100L$_1$-4	2.2	325	1420	785

注：L_3——电动机安装端面至罩壳后面间的轴向长度。

表 5-39　1TD32～1TD80 **动力箱性能**

型　号	型　式	电动机型号	电动机功率 （kW）	L_3 （mm）	电动机转速 （r·min^{-1}）	输出转轴速 （r·min^{-1}）
1TD32	Ⅰ	Y100L$_1$-4	2.2	320	1430	715
	Ⅱ	Y100L$_2$-4	3.0			
	Ⅲ	Y112M-4	4.0	340	1440	720
	Ⅳ	Y100L-6	1.5	320	940	470
	Ⅴ	Y112M-6	2.2	340		
1TD40	Ⅰ	Y132S-4	5.5	395	1440	720
	Ⅱ	Y132M-4	7.5	435		
	Ⅲ	Y132S-6	3.0	395	960	480
	Ⅳ	Y132M$_1$-6	4.0	435		
	Ⅴ	Y132M$_2$-6	5.5			
1TD50	Ⅰ	Y132M-4	7.5	435	1440	720
	Ⅱ	Y132M$_1$-6	4.0		960	480
	Ⅲ	Y132M$_2$-6	5.5			
	Ⅳ	Y160M-4	11	490	1460	730
	Ⅴ	Y160M-6	7.5		970	485
1TD63	Ⅰ	Y160M-4	11	490	1460	730
	Ⅱ	Y160L-4	15	535		
	Ⅲ	Y160M-6	7.5	490	970	485
	Ⅳ	Y160L-6	11	535		
	Ⅴ	180M-4	18.5	560	1470	735
	Ⅵ	Y180L-6	15	600	970	485
1TD80	Ⅰ	Y180L-6	15	600	970	485
	Ⅱ	Y180M-4	18.5	560	1470	735
	Ⅲ	Y180L-4	22	600		
	Ⅳ	Y200L$_1$-6	18.5	665	970	485
	Ⅴ	Y200L$_2$-6	22			
	Ⅵ	Y200L-4	30		1470	735

注：L_3——电动机安装端面至罩壳后面间的轴向长度。

2. 1TD25~1TD80 动力箱与多轴箱、滑台的联系尺寸（表 5-40）

表 5-40　1TD25~1TD80 动力箱与多轴箱、滑台的联系尺寸　　　　　　　　(mm)

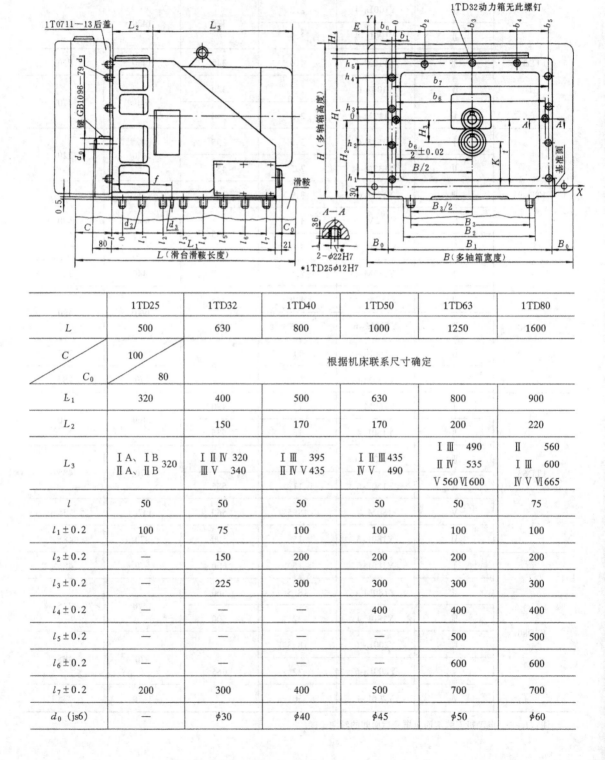

	1TD25	1TD32	1TD40	1TD50	1TD63	1TD80
L	500	630	800	1000	1250	1600
C / C_0	100 / 80	根据机床联系尺寸确定				
L_1	320	400	500	630	800	900
L_2		150	170	170	200	220
L_3	ⅠA、ⅠB 320 ⅡA、ⅡB	Ⅰ Ⅱ Ⅳ 320 Ⅲ Ⅴ 340	Ⅰ Ⅲ 395 Ⅱ Ⅳ Ⅴ 435	Ⅰ Ⅱ Ⅲ 435 Ⅳ Ⅴ 490	Ⅰ Ⅲ 490 Ⅱ Ⅳ 535 Ⅴ 560 Ⅵ 600	Ⅱ 560 Ⅰ Ⅲ 600 Ⅳ Ⅴ Ⅵ 665
l	50	50	50	50	50	75
$l_1 \pm 0.2$	100	75	100	100	100	100
$l_2 \pm 0.2$	—	150	200	200	200	200
$l_3 \pm 0.2$	—	225	300	300	300	300
$l_4 \pm 0.2$	—	—	—	400	400	400
$l_5 \pm 0.2$	—	—	—	—	500	500
$l_6 \pm 0.2$	—	—	—	—	600	600
$l_7 \pm 0.2$	200	300	400	500	700	700
d_0 (js6)	—	$\phi30$	$\phi40$	$\phi45$	$\phi50$	$\phi60$

（续）

	1TD25	1TD32	1TD40	1TD50	1TD63	1TD80
键	—	8×63	12×63	14×63	14×63	18×63
d_1	4-M12-6H	6-M12-6H	9-M12-6H	9-M16-6H	11-M16-6H	11-M20-6H
d_2	6-M12-6H	10-M12-6H 深25	10-M12-6H 深26	12-M16-6H 深35	16-M16-6H 深30	16-M20-6H 深35
d_3（锥销）	—	12×55	12×60	16×70	16×70	20×80
f	—	230	210	300	300	325
K	94.5	94.5	129.5	169.5	219.5	289.5
t	94.5	149.5	189.5	249.5	329.5	419.5
H_1	250 (249.5)	320 (319.5)	400 (399.5)	500 (499.5)	630 (629.5)	800 (799.5)
$H_2 \pm 0.05$	125	180	220	280	360	450
$H_3 \pm 0.02$	0	55	60	80	110	130
H_4	—	26	26	21	21	24
h_1	90	100	160	210	275	350
h_2	—	—	—	50	115	150
h_3	—	—	—	—	50	50
h_4	90	65	80	130	190	250
h_5	—	125	165	200	250	330
B_1	320	400	500	630	800	1000
B_2	250	320	400	500	630	800
$B_3 \pm 0.2$	220	280	355	450	580	740
b_1	0	20	20	15	15	15
b_2	—	65	90	120	140	165
b_3	—	—	215	280	365	465
b_4	—	265	340	440	590	765
b_5	290	350	450	575	745	945
$b_6 \pm 0.02$	290	330	430	560	730	930
$b_7 \pm 0.2$	290	370	470	590	760	960
B 400 / 25 (B_0)	30 / 40					
500 / 25		60 / 50				
630 / 50	120 / 155	100 / 115	50 / 65			
800 / 50		185 / 200	135 / 150	70 / 85		
1000 / 50			235 / 250	170 / 185	85 / 100	
E 1250 / 50 (b_0)				295 / 310	210 / 225	110 / 125

第四节 工 作 台

一、1AHY 系列液压回转工作台的主要技术性能及联系尺寸（表 5-41、表 5-42）

表 5-41 1AHY 系列液压回转工作台的主要技术性能

型　　号	花盘直径 （mm）	夹紧液压缸直径 （mm）	花盘最大负荷 （N）	回转液压缸直径 （mm）
1AHY$_c$32	320	80	5000	32
1AHY$_c$40	400			
1AHY50　1AHY$_b$50	500	150	15000	50
1AHY63　1AHY$_b$63	630			
1AHY80　1AHY$_b$80	800	200	30000	63
1AHY100　1AHY$_b$100	1000			
1AHY125　1AHY$_b$125	1250			

注：1. 工位数为 Ⅱ、Ⅲ、Ⅳ、Ⅴ、Ⅵ、Ⅷ、Ⅹ、Ⅻ。

2. 节拍根据液压系统的压力和流量以及工位数而定（建议用 3～8s 左右）。

3. 最大承载重量是按液压系统压力为 300N/cm² 时获得的。如果有个别情况，当工件和夹具的重量大于这个规定值时，允许提高液压系统的压力来满足要求。

4. 工位数 Ⅱ 和Ⅲ系用相应的Ⅳ和Ⅵ工位的工作台、在电器系统中用计数器使工作台连续二次转位来实现的。

表 5-42 1AHY 系列液压回转工作台的联系尺寸　　　　　　　　　　（mm）

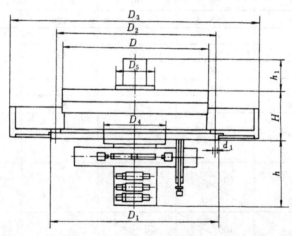

型　　号	D	D$_1$	D$_2$	D$_3$	D$_4$	D$_5$	H	h	h$_1$	d$_1$
1AHY$_c$32	320	380	350	640	100	—	160	320	—	6-M12
1AHY$_c$40	400	480	450	800	160	—	160	320	—	6-M12
1AHY50 1AHY$_b$50	500	600	560	900	460	150	160	$\frac{395}{325}$	145	6-M12
1AHY63 1AHY$_b$63	630	710	670	1130	460	150	250	$\frac{395}{325}$	145	6-M16
1AHY80 1AH$_b$80	800	900	850	1300	460	200	250	$\frac{445}{325}$	165	6-M16
1AHY100 1AHY$_b$100	1000	1120	1060	1500	460	200	250	$\frac{445}{325}$	165	6-M20
1AHY125 1AHY$_b$125	1250	1400	1320	1750	460	200	250	$\frac{445}{325}$	165	6-M20

二、1AYU 系列多工位移动工作台的主要技术性能及联系尺寸（表 5-43、表 5-44）

表 5-43 多工位移动工作台的主要技术性能

性能 \ 规格 \ 型号	1AYU40				1AYU50				1AYU63				1AYU80			
	I	II	III	IV	I	II	III	IV	I	II	III	IV	I	II	III	IV
台面宽（mm）	400				500				630				800			
台面长（mm）	400	500		630	500	630		800	630	800		1000	800	1000		1250
行 程（mm）	400	800	700	570	500	1000	870	700	630	1250	1080	880	800	1600	1400	1150
移动速度范围（mm·min⁻¹）	8000～80				8000～80				6000～80				6000～80			
反靠定位速度（mm·min⁻¹）	300～80				300～80				300～80				300～80			
最大进给力（N）	7500				7500				12000				12000			
液压马达 型号	ZM₁-25				ZM₁-25				ZM₁-40				ZM₁-40			
扭矩（N·m）压力（500N·cm⁻²）	15.6				15.6				25				25			
转速（r·min⁻¹）	20～2000				20～2000				20～1500				20～1500			
功率（kW）（最大扭矩时）	3.26				3.26				3.9				3.9			

注：在一般型式的工作台中两个定位点之间的距离：1AYU40、1AYU50 为 65mm；1AYU63、1AYU80 为 75mm。采用特殊控制的定位轴，两定位点之间的距离可任意小。

表 5-44 多工位移动工作台的联系尺寸 　　　　　　　　　　(mm)

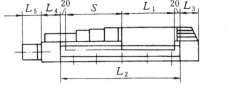
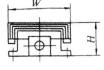

尺寸 \ 规格 \ 型号	1AYU40				1AYU50				1AYU63				1AYU80			
	I	II	III	IV	I	II	III	IV	I	II	III	IV	I	II	III	IV
W	400				500				630				800			
H	250				250				280				280			
S	400	800	700	570	500	1000	870	700	630	1250	1080	880	800	1600	1400	1150
L_1	400	500		630	500	630		800	630	800		1000	800	1000		1250
L_2	840	1240			1040	1540			1300	1920			1640	2440		
L_3	172				232				232				232			
L_4	172				232				232				232			
L_5	200				200				230				230			

第五节 其 它

一、自动线通用部件、广泛通用部件类组划分（表 5-45、表 5-46）

表 5-45 自动线通用部件类、组划分

类别号	类 别	组 别 和 组 号									
		0	1	2	3	4	5	6	7	8	9
0	通用零件		夹具			零件输送				排屑	
1											
2	夹 具		夹具部分								
3											
4	零件输送		主输送部分	输送传动装置							变位装置
5											
6											
7											
8	排 屑		输送部分								
9	其 他										

表 5-46 广泛通用部件类、组划分

类别号	类 别	组 别 和 组 号									
		0	1	2	3	4	5	6	7	8	9
0	通用零件		支承	夹具	电气	传动	液压	工具	多轴箱	自动线	
1	支承部件		床身			底座	回转工作台底座				
2	夹紧、定位、输送	夹具	搬手	回转鼓轮	回转工作台	回转工作台	移动工作台				
3	电气设备		操纵台	操纵台支架	电气柜	控制器	制动器				其他
4	传动部件										
5	风动、液压设备	油缸	操纵开关		控制板			气缸	阀		
6	切削工具及辅具		工具	量具		刃具（孔加工）	刃具（平面加工）				
7	多轴箱						定位器				攻螺纹计算机构
8	润滑、冷却等			排屑		冷却	润滑				
9	其 他										

二、允许选用自动线通用部件及广泛通用部件（表 5-47、表 5-48）

表 5-47　允许选用自动线通用部件一览表

随行夹具底板	定位传动装置 （固定夹具用）	零件输送带	输送带传动 装置液压缸	转位鼓轮	连续刮板切屑输送
1ZXT2116	1ZXT2147	1ZXT4121	1ZXT4253	1ZXT4922	带链条支承装置
1ZXT2115	夹紧装置 （固定夹具用）	1ZXT4122	1ZXT4255	1ZXT4923	1ZXT8123
1ZXT2116	1ZXT2152	1ZXT4123	1ZXT4256	转位台液压缸	1ZXT8124
1ZXT2117	1ZXT2153	1ZXT4124	摆杆回转装置	1ZXT4952	往复刮板切屑输送
固定夹具 （随行夹具底板用）	摆杆式零件输送带	支承滚子 （板式输送带用）	1ZXT4271	转位鼓轮液压缸	带液压缸
1ZXT2124	1ZXT4131	1ZXT4182	1ZXT4274	1ZXT4953	1ZXT8152
1ZXT2125	1ZXT4132	支承滚子 （摆杆式输送带用）	1ZXT4275	连续刮板切屑输	连续刮板切屑输送
1ZXT2126	1ZXT4133	1ZXT4191	拉架 （零件输送带用）	送带主传动链轮 支架	带行星齿轮减速器
1ZXT2127	1ZXT4134	1ZXT4192	1ZXT4282	1ZXT8121	1ZXT8173
1ZXT2128	1ZXT4141	输送带传动装置	拉架 （摆杆式输送带用）	1ZXT8125	—
定位装置 （固定夹具用）	1ZXT4142	1ZXT4212	1ZXT4285	连续刮板切屑输送	—
1ZX2124 – F21	1ZXT4143	1ZXT4222	转位台	带链条张紧装置	—
1ZX2125 – F21	1ZXT4144	横向布置 输送带传动装置	1ZXT4912	1ZXT8122	
1ZX2127 – F21	1ZXT4145	1ZXT4231	—	1ZXT8126	

表 5-48　允许选用广泛通用部件一览表

	中央操纵台	夹紧液压缸	双向夹紧液压缸	浮动卡头	定量分配器
160N·m 电动 扭矩扳手	T3161	T5035	T5073	1T6111	T8611
T2115	T3162	T5036	T5074	1T6112	T8612
集流环式 扭矩传感器	T3163	T5037	T5075	1T6113	T8613
T2115 – F90	T3175	T5038	T5076	1T6114	T8614
机械搬手	制动器	定位夹紧液压缸	T5077	1T6115	T8615
T2121	T3542	T5053	T5078	1T6121	T8616
电动搬手	T3543	T5054	攻螺纹行程 控制机构	1T6122	T8617
T2123	T3544	夹紧液压缸	1T7942	1T6123	T8618
T2124	T3545	T5055	直线式攻螺纹行程	1T6124	T8621
液压搬手	T3583	T5056	控制机构	1T6125	T8622
T2133	气缸	T5057	1T7943	手动润滑泵	T8623
T2134	T5636	T5058	泵箱	T8645	T8624
操纵台	T5637	手动润滑泵	T8412	电动润滑泵	T8625
T3136	定位夹紧液压缸	T8641	T8414	T8646	T8626
T3137	T5033	齿轮润滑泵	喷雾式丝锥 润滑装置	齿轮润滑泵	T8627
	T5034	T8642	T8643	T8648	T8628

三、引进德国 Hüller-Hille 公司通用部件（表 5-49）

表 5-49　引进德国 Hüller-Hille 公司通用部件一览表

液压滑台（双矩形导轨）	机械立柱滑台（双矩形导轨）	纵向侧床身（高 440）	滑台式铣削头	齿轮传动装置	液压滑套钻削动力头
SEHY200		STHL、N500	SFE120	ZTR65	BEP12
SEHY320	SEME、V500	STHL、N800	SFE160	ZTR80	BEP25
SEHY400	SEME、V630	高度垫块（用于卧式）	SFE200	ZTR100	液压移动工作台
SEHY500	SEME、V800	ZWH200	法兰式镗头	ZTR120	TEHY400
SEHY630	机械纵向滑台（双	ZWH320	DSS-F55	蜗轮传动装置	TEHY500
SEHY800	矩形导轨）	ZWH400	DSS-F65	STR80	TEHY630
液压滑台（一山一平形导轨）	SEML-F900	ZWH500	DSS-F80	STR100	液压回转工作台
SEHY-P320	侧床身(高 560、630)	ZWH630	DSS-F100	STR120	SHE800
SEHY-P400	STH250	高度垫块（用于立式）	DSS-F120	横进刀油缸	SHE1000
SEHY-P500	STH320	ZWV200	窄型镗头	ZPL65	SHE1250
SEHY-P630	STH400	ZWV320	DSS-S45	ZPL80	SHE1400
SEHY-P800	STH500	ZWV400	DSS-S55	ZPL100	SHE1600
机械滑台（双矩形导轨）	STH630	ZWV500	DSS-S65	ZPL125	机械中间滑台
滚珠丝杆传动	STH800	ZWV630	DSS-S80	主轴箱支架	MTEMK-K900
SEME200	侧床身（高 440）	ZWV800	DSS-S100	BKD320	MTEMK-U900
SEME320	STH、N400	立柱（用于液压滑台）	DSS-S120	BKD400	MTEML-U900
SEME400	STH、N500	SVE200	精镗头	BKD500	车端面刀盘
SEME500	STH、N630	SVE320	DSSN65	BKD630	PK65
SEME630	STH、N800	SVE400	DSSN80	内装式减速箱	PK80
SEME800	立柱侧床身（高 560、630）	SVE500	DSSN100	GES320	PK100
十字滑台（双矩形导轨）	STV200	立柱（用于机械滑台）	皮带传动装置	GES400	PK125
KRS320	STV320	SVEM320	RTR55	GES500	PK160
KRS400	STV400	SVEM400	RTR65	GES630	PK200
KRS500	STV500	SVEM500	RTR80	镗车头	PK250
KRS630	STV630	进给传动装置	RTR100	PE320	PK320
液压立柱滑台（双矩形导轨）	STV800	VA6	RTR120	PE400	PK400
SEHY、V500	纵向侧床身（高 560、630）	VA10		PE500	PK500
SEHY、V630	STHL500	VA16		PE630	PK630
SEHY、V800	STHL800	VA25	—	—	—

第六章　组合机床常用工艺方法及切削用量

第一节　常用工艺方法及能达到的精度和表面粗糙度

一、常用工艺过程和工艺方法

1. 孔加工工艺方案（表 6-1～表 6-3）

表 6-1　一般孔加工工艺过程实例

孔径（mm）	代表零件	材　料	工艺方法及工步 （加工过程及工作条件）	精　度	表面粗糙度 R_a（μm）
$\phi94.98$ $\phi111$	气缸体 柴油机体	灰铸铁	1. 粗镗、半精镗、精镗、细镗 2. 固定式夹具、多个 B 级轴承旋转导向 3. 镗模与夹压支架分开 4. 镗杆与导套配研（间隙小于 0.01mm）	H6 H6～H7	0.8～1.6 1.6
$\phi95$	汽油机体	巴氏合金	1. 皮带传动单轴镗床 2. 多导向固定式夹具	H6	0.4
$\phi30～\phi120$	柴油机体	铸　铁	1. 经过粗镗（扩）、半精镗、精镗或在两台机床上粗镗、精镗（双刀） 2. 最后一把刀在直径上余量 0.2mm 3. 前、后导向固定式夹具	H7	1.6
$\phi52～\phi180$	柴油机体	铸　铁	1. 立式机床，活动上导向及滚动下导向； 2. 镗（双刀）、精镗（双刀）	H7～H8	1.6～3.2
$\phi144$	气缸体	铸　铁	粗镗、精镗	H8	32
$\phi16～\phi25$	正时齿轮室	铸　铁	钻、扩、铰或钻、扩、铰复合	H7	1.6
$\phi22$	气缸盖	铸　铁	钻、扩、铰	H8	1.6～3.2
$\phi32.5～\phi35$	气缸体	铸　铁	钻、扩-铰复合		
$\phi13～\phi16$	连　杆	45　钢	钻、扩、铰		

表 6-2　组合机床加工铸铁工件不同精度孔的工艺方案

加工精度	在实体上加工		在铸孔内加工	加工精度	在实体上加工		在铸孔内加工
H6			扩（镗） 扩（镗）、精镗、细镗	H8	$\phi20mm$以下	钻、扩、铰 钻-铰复合 钻-镗复合	扩、半精镗、精镗粗镗、精镗镗、扩、铰
H7	$\phi16mm$以下	钻、镗（$\phi5$左右小孔)[1] 钻、扩、镗[1] 钻、铰 钻、扩、铰	镗、粗铰、精铰、扩、半精镗、精镗、粗精镗		$\phi20mm～$$\phi50mm$	钻、扩、铰	
	$\phi16mm～$$\phi40mm$	钻、粗镗、精镗[1] 钻、扩、铰 钻、扩、粗铰、精铰		H9～H11	$\phi50mm$以下	钻、扩	扩、镗镗二次

加工其他材质时，可根据其切削性能对工步数作适当增减

[1]　用于小型精密组合机床。

表 6-3　箱体孔系加工工艺方案

箱体零件典型孔系	加 工 工 艺
(1) 两层壁上直径相同的大直径孔 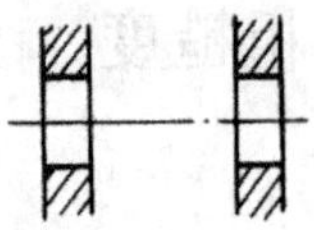	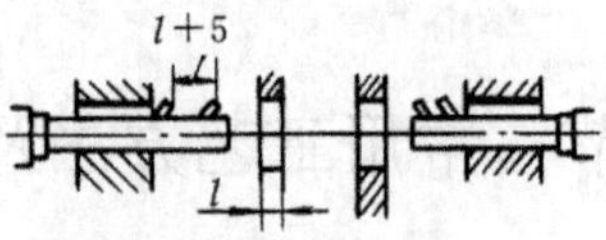 粗镗 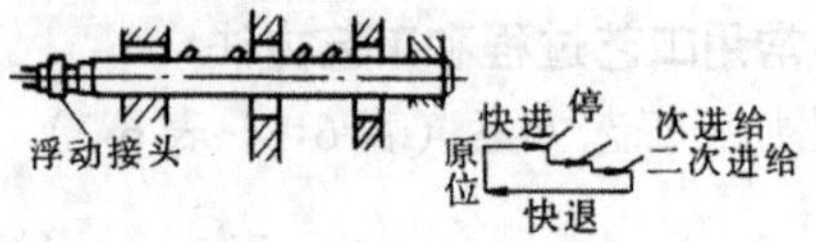 精镗 粗镗：由两面同时镗削 精镗：由一面进行镗削。引进镗杆前，镗杆径向定位，工件从定位面抬起，镗杆引入至图示位置，工件定位后夹紧进行镗孔，全部过程可以自动完成
(2) 多层壁上直径相同的大直径孔 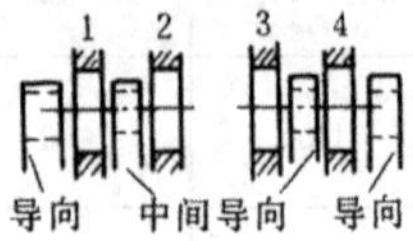 导向　中间导向　导向	粗镗：由两面同时进行，一面粗镗1、2层壁孔，另一面粗镗3、4层壁孔 半精镗、精镗、细镗皆由一面进行加工，引入镗杆方法同 (1)。要求不同轴度高时，如发动机汽缸体曲轴承孔，须增加细镗工序
(3) 两层壁上直径差别较大的同轴孔 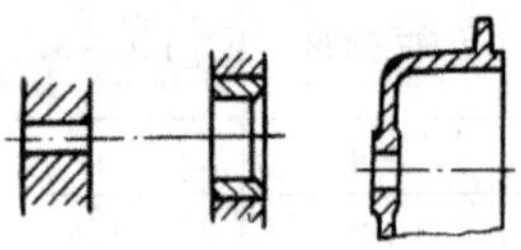	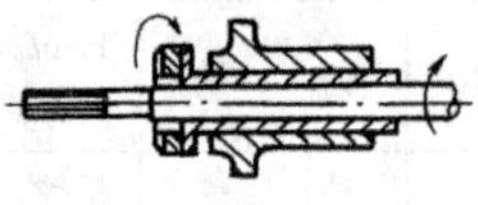 采用双层套装主轴加工。内主轴转数较高用于加工小孔，外层主轴转数较低，用于加工大孔。内外主轴如可分别轴向进给，可以减少振动，有利于减少二孔不同轴度误差，降低加工表面粗糙度参数值

2．平面加工工艺（表 6-4）

表 6-4　平面加工常用工艺过程

平面特点	表面粗糙度 R_a（μm）	工艺过程	备　注
小孔口端面	6.3～12.5 1.60～3.2	刮削一次 粗刮，精刮	切宽小于 20mm
大孔口端面	6.3～12.5 1.60～3.2	车一次或铣一次 粗、精车或粗、精铣	
法兰端面	6.3～12.5 1.60～3.2	车一次 粗车，精车	
大平面	6.3～12.5 1.60～3.2	铣一次 粗铣，精铣	

注：1. 此表适宜加工铸铁材料，如果加工钢件时，工步数应适当增加。
2. 铣削工步数选择，必须考虑要求的表面粗糙度及生产率两方面。当生产率高、要求表面粗糙度低（R_a1.6～3.2μm）时，则应增大每齿走刀量，并采取粗、精铣两工步；当生产率要求不高时，可用较少工步和较小的每齿走刀量，以达到较低表面粗糙度。

3．螺孔加工工艺（表 6-5）

4．同类工序复合刀具的加工方法（表 6-6）

5. 不同类工序复合刀具的加工方法（表6-7）

表6-5 螺孔加工工艺方案

螺纹尺寸	螺纹精度	工件材料	加工工艺	螺纹加工方法	备 注
M30 以下螺孔（包括锥螺纹孔）	7H	铸铁钢	钻底孔、倒角、攻螺纹	丝锥攻制（每个丝锥带一个攻螺纹靠模，由靠模实现进给）	直径大于 38mm 的锥螺纹应增加一道扩锥孔工序
	5H6H 6H	铸铁	钻孔、扩螺纹底孔倒角、攻螺纹		
		钢	钻孔、扩螺纹底孔倒角、一次攻螺纹、二次攻螺纹		
M30 以上螺孔	7H	铸铁钢	加工螺纹底孔、倒角、切丝	旋风铣螺纹 行星铣螺纹 自动涨缩丝锥攻制	行星铣法用于孔内退刀槽较狭时
	6H		加工螺纹底孔、倒角、分若干次走刀镗出螺纹	单刀镗削（刀具带自动径向进给，分若干次走刀镗出螺纹）	

表6-6 同类工序复合刀具的加工方法

加工工序	工件名称及材料	加工方法示意图	切削用量 v (m·min^{-1}) [1]	f (mm·r^{-1})	备 注
复合钻	直通阀体 35钢	$\phi30$ $\phi38$ 主轴箱端面	21.5	0.25	采用短钻头及刚性主轴
	床头箱体 HT150	$\phi18$ $\phi24$ 托架	11	0.09	
复合扩	转向横拉杆 45锻钢	$\phi50.2$ $\phi46.7$	18.9	0.39	从刀杆中心输进切削液进行冲屑及润滑冷却
	床头箱体 HT150	$\phi21.8$ $\phi23.8$ $\phi25.8$ 托架	10.8	0.15	
复合铰	转向横拉杆 45锻钢	$\phi50.58$ $\phi47^{+0.1}_{0}$	5.55	0.57	从刀杆中心输进切削液进行冲屑及润滑冷却
	床头箱体 HT150	$\phi22H7$ $\phi24H7$ $\phi26H7$ 托架	1.95	0.83	

（续）

加工工序	工件名称及材料	加工方法示意图	切削用量		备注
			v (m·min^{-1})①	f (mm·r^{-1})	
复合镗	左右壳体 ZG35	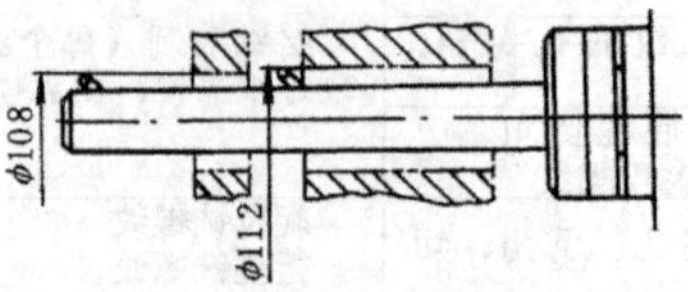 $\phi108$ $\phi112$	53	0.3	采用刚性主轴和硬质合金刀具粗镗
	气缸体 HT150	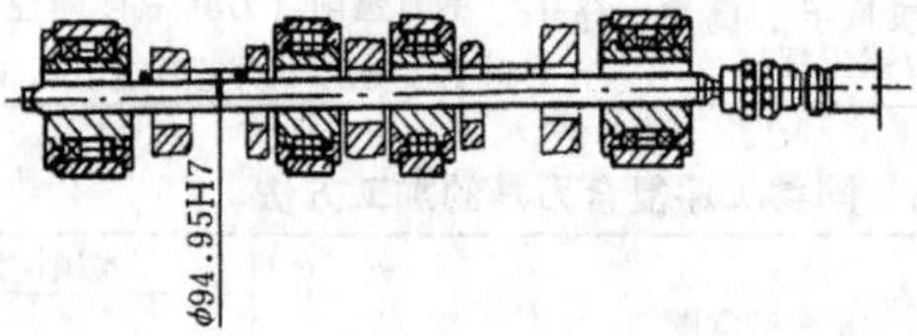 $\phi94.95H7$	90	0.114	采用外液式导向套和硬质合金刀具精镗

① 为最大直径刀具的切削速度。

表 6-7　不同类工序复合刀具的加工方式

加工工序	工件名称及材料	加工方法示意图	切削用量			备注
			v (m·min^{-1})	f_1 (mm·r^{-1})	f_2 (mm·r^{-1})	
钻、扩	齿轮箱体 HT200	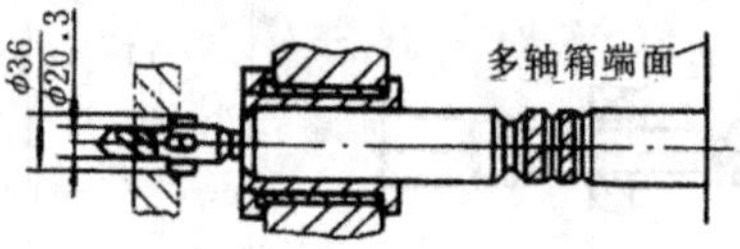 $\phi36$ $\phi20.3$　多轴箱端面	钻：11.2 扩：19.8	0.2		采用内滚式导向套
钻、铰	变速箱壳 HT200	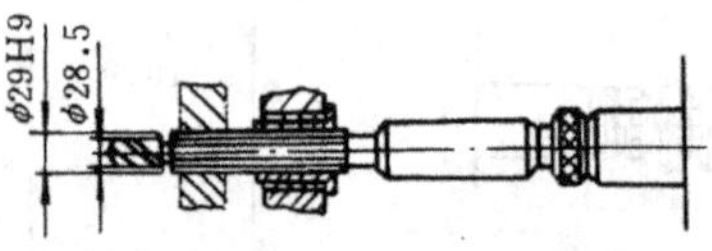 $\phi29H9$ $\phi28.5$	14.6	0.2		
钻、镗	前后制动鼓 HT200	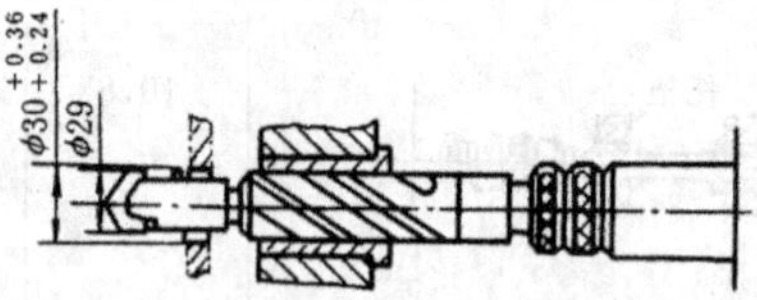 $\phi30^{+0.36}_{+0.24}$ $\phi29$	钻：18.2 镗：18.8	0.15		采用扁钻钻孔
钻、攻	转向器壳体 HT200	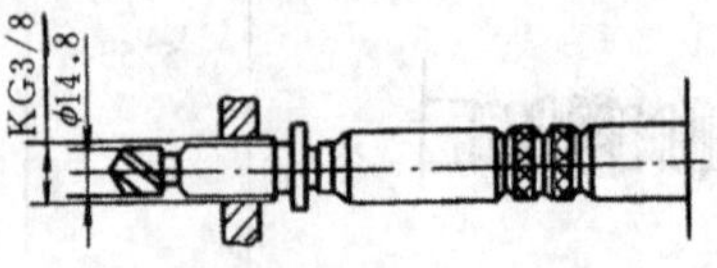 KG3/8 $\phi14.8$	钻：10 攻：12	钻：0.2	攻：1.411	
钻、倒角	前后制动鼓 HT200	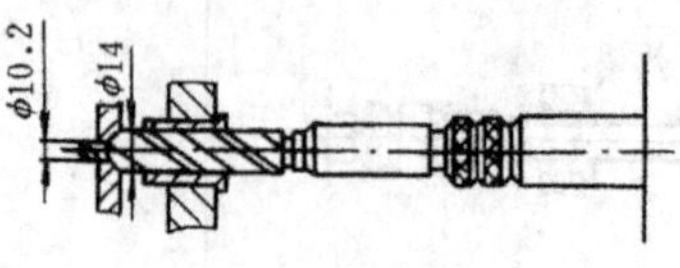 $\phi10.2$ $\phi14$	9.6	0.1		

加工工序	工件名称及材料	加工方法示意图	切削用量			备注
			v (m·min^{-1})	f_1 (mm·r^{-1})	f_2 (mm·r^{-1})	
钻、倒角、划端面	壳体铸铁	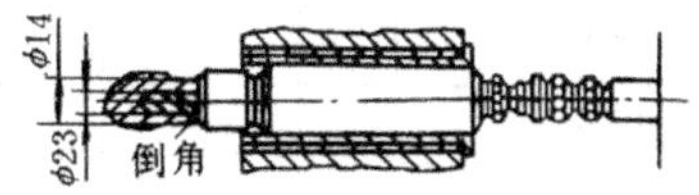	钻：20.3 端面：36	0.307	0.125	采用内滚式导向套
扩、铰	气缸体HT150	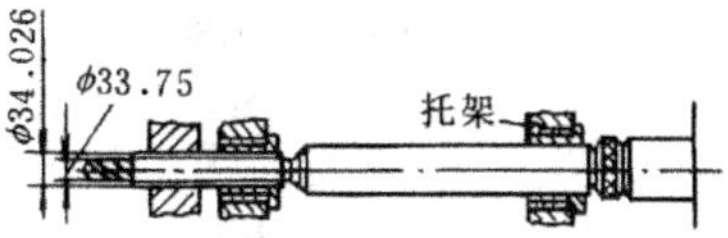	10.7	0.5		
扩、镗	床头箱体HT150	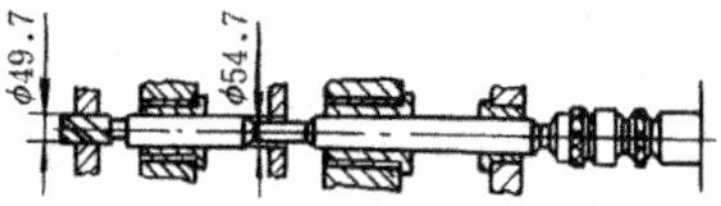	镗：22.8	0.15		

二、常用工艺主要工序能达到的精度和表面粗糙度

根据对我国组合机床使用情况的调查，加工铸铁件的一些主要工序所能达到的精度和表面粗糙度如下述。

1. 孔加工

钻孔　加工孔径在 $\phi40\text{mm}$ 以下，一般为实心铸件扩、铰孔之前钻底孔或螺纹底孔，精度可达 IT10～IT11，表面粗糙度 $R_a12.5\mu\text{m}$。

扩孔　可扩圆柱孔、圆锥孔、锪窝、倒角、锪平面、扩成型面等。一般作为精铰或精镗前的工序，对精度要求不高的孔可作为最终工序。精度可达 IT9～IT10，表面粗糙度 $R_a3.2$ ～$6.3\mu\text{m}$。

铰孔　可铰圆柱孔、圆锥孔、阶梯孔等。一般孔径为 $\phi40\text{mm}$ 以下，个别情况可铰 $\phi40$ ～$\phi100\text{mm}$ 大孔。在钻、一扩（大直径用二扩）后铰孔，精度可达 IT8～IT9，表面粗糙度 $R_a0.8$～$1.6\mu\text{m}$。

镗孔　一般适宜孔径 $\phi40\text{mm}$ 以上（有时也镗 $\phi40\text{mm}$ 以下的孔）。镗孔分两类：刚性主轴（不带导向）加工，多用于大直径深孔（也用于短孔）；非刚性主轴（带导向）加工，适用于中等直径单层或多层壁孔，精镗精度可达 IT7，表面粗糙度 $R_a1.6\mu\text{m}$，孔的圆度和圆柱度公差可达孔径公差之半。若采用静压镗头、精密夹具及相应工艺措施，对有色金属件经 3 ～4 次镗削，精度可稳定在 IT6～IT7，表面粗糙度 $R_a0.2$～$0.8\mu\text{m}$。

表 6-8 为钻、扩、铰和镗孔加工精度和表面粗糙度及能达到的形位精度。

2. 螺孔加工

组合机床利用攻螺纹靠模装置，在润滑良好时，对铸铁件可加工出 H6～H7 级精度螺孔，表面粗糙度可达 $R_a3.2\mu\text{m}$。

螺孔的位置精度主要取决于螺纹底孔的位置精度。因受底孔原有位置误差及整个攻螺纹系统误差的影响，螺孔位置精度略低于钻孔时的位置精度。

如采用丝锥挤压新工艺加工有色金属或钢件，不仅可获得很高的螺孔精度，同时还提高了螺纹强度。

表 6-8　加工孔的加工精度和表面粗糙度数据

项　目	加工工序							
	钻孔	扩孔		铰孔		镗孔		
走刀次数	1	1	1	1	2	1	2	3
加工条件	—	事先未经加工的孔	事先已经加工的孔	—	—	—	—	—
表面粗糙度 R_a（μm）	6.3~12.5	6.3~12.5	3.2	0.80~1.60	0.40~0.80	6.3~12.5	0.80~1.60	0.40~0.80
孔的精度等级	H12	H11	H9~H10	H7	H6~H7	H9~H11	H8	H6~H7
孔中心对名义位置的偏移量（mm）	0.15~0.25	0.10~0.15	0.07~0.10	0.05~0.06	0.04~0.05	0.12	0.05	0.025
对基准面的平行度和垂直度（mm）	0.10	0.08	0.06	0.05	0.05	0.05	0.05	0.03
对其他孔中心线的平行度（mm）	0.20	0.16	0.12	0.10	0.10	0.08	0.04	0.02
对其他孔中心线的垂直度（mm）	—	—	—	—	—	0.10	0.05	0.03

注：平行度和垂直度对于钻孔、扩孔和铰孔是指 100mm 长度上的；对于镗孔是指 300mm 长度上的。

3．止口加工

在组合机床上常用镗车的方法加工止口。止口加工的关键是保证止口深度公差。若采用多轴加工，利用动力部件常规死挡铁定位的方法，深度精度为 0.15~0.20mm；若利用动力滑台前端的专用死挡铁（装配时修磨挡铁）定位，精度可达 0.05~0.10mm；若采用工件本身定位的特殊结构镗杆单轴进给镗削止口（如加工汽缸体缸孔止口用缸体顶面定位），精度可达 0.08~0.10mm，有时甚至可达 0.02~0.04mm。

4．平面加工

组合机床常用铣削方法加工平面。精铣的平面度可达 0.03~0.05/1000mm，表面粗糙度可达 R_a0.8~1.6μm。对基面的平行度可保证在 0.05mm 以内，基面间距的尺寸精度可保证在 0.05mm 以内。

5．深孔加工

在组合机床上钻削深孔，尤其是在钢件上钻深孔时，通常存在以下主要问题：

（1）排屑困难　因切屑易阻塞使扭矩增大，造成钻头经常折断。钢件上钻小孔尤为严重。

（2）刀具冷却困难　加工小直径深孔时冷却液不易进入加工空间，钻头严重发热，使用寿命降低。

（3）钻孔轴线歪斜　由于钻头细长，刚性差，特别是刃磨不对称时，钻孔更易偏斜。

上述问题，当孔径愈小、深度愈大就愈严重。试验表明：当钻孔直径在 ϕ6~ϕ10mm 以下，钻铸铁或钢件时，一次钻深不宜大于孔径的 6~10 倍；当钻孔直径在 ϕ6~ϕ10mm 以上时，卧式钻削钢件，一次钻深不宜大于孔径的 6 倍，而钻铸铁件，一次钻深可达孔径的 10 倍以上。当钻孔深度大于上述推荐值时，为保证加工正常进行，宜采用分级进给加工方法，钻头在加工过程中定期退出，这样便于排屑和冷却。采用麻花钻分级进给每次钻深推荐值见表 6-9，根据工件材料、深度及加工方法和实际状况选择。钻削条件愈差时应取小值；对于长钻头没有螺旋槽的圆柱部分进入孔时应更小些。

表 6-9　组合机床加工小直径深孔工艺方案

表面粗糙度或精度	采用刀具	加工工艺	备　注		
$R_a12.5\mu m$	接长的普通麻花钻头	用分级进级法分级钻出	每级钻深值　　　　　　（mm）		
			工件材料	孔深≤20d	孔深>20d
			铸　铁	$(4\sim6)$ d	$(3\sim4)$ d
			钢	$(1\sim2)$ d	$(0.5\sim1)$ d
			一般采用卧式加工		
	大螺旋角（45°~60°）麻花钻头	在铸铁件上可以一次钻出深度为 30~40 倍直径的孔	钻出孔中心线偏移较小，可用于立式加工		
$R_a3.2\mu m$	枪钻	可一次钻出所需要的深孔	需要高压冷却液系统		
$R_a0.8\mu m$ H6~H5	枪钻 枪铰	用枪钻钻出后，再经枪铰铰孔	枪钻时需要高压冷却液系统，适用于发动机连杆螺栓孔、汽缸盖气门挺杆孔等的加工		

注：当深孔允许作成阶梯形时（直径 d 逐级递减 0.1~0.3mm），可以不必在一个工位上完成，而分在几个工位上分别钻出。

为使深孔加工顺利进行，还需根据具体情况采取相应的措施：

1）改善排屑条件　采用卧式加工；断续进给断屑；改进刀具结构，如加大钻头的螺旋角、较大直径深孔采用"中空"钻头、采用内排屑钻头、加工钢件时切削刃上磨断屑槽等。

2）提高冷却效果　采用大流量高压循环冷却；采用内冷钻头；将工件浸入冷却液中加工。

3）提高加工直线性　钻深孔时轴线易歪斜，改善措施有：提高钻头切削刃的对称性、缩小导向套与工件间的距离、加大导向套的长度、当工件表面不平和倾斜时采用大直径中心钻精密导向预钻导向孔等。

4）加强刀具折损监控　如采用过扭矩保护装置等。

当前采用枪钻或枪铰工艺加工深孔，是改善冷却和排屑、减少刀具折断、提高加工的深孔直线性和精度的先进方法，并能提高加工效率。

在设计制造上采取一定措施，来提高组合机床的加工精度（表 6-10）。

表 6-10　提高组合机床加工精度的措施

措施分类	措　施　内　容
提高组合机床制造精度	1. 将夹具导向孔的中心距公差提高到 ±0.005mm，可使工件孔间距公差达到 ±0.02mm 办法：在夹具体压入淬硬的导向套后，在坐标磨床上精磨导向套内孔，并达到上述公差要求。在中心距很近的小直径导向孔，可把几个套孔作在一个钢块上，经淬硬后精磨导向孔 2. 双面或多面组合机床利用光学仪器找正精密主轴的轴线。一轴线上的相对两个精密主轴找正到不同轴度 ±0.003mm，加工孔的不同轴度可达到 0.01mm
改进组合机床结构	1. 采用精密主轴部件，用静液压轴承、动液压轴承、气压轴承、精密滚动轴承作为主轴的轴承，使主轴的跳动允差提高到 0.003mm 2. 减少主轴和部件的热变形。多轴箱采用冷却装置，将电气系统和液压系统等热源与床身隔离，冷却液只喷射在工件上 3. 对精镗刀具采用自动补偿磨损装置 4. 采用静液压导轨、静液压导向 5. 采用高精度的分度回转工作台 6. 采用减振装置消除刚性主轴的振源 7. 改进立式镗床导轨的位置和结构，使主轴中心线位于或接近于导轨平面内，降低动力部件对导轨面的颠覆力矩

第二节　常用工艺方法切削用量推荐值

一、钻孔切削用量（表 6-11、表 6-12）

表 6-11　高速钢钻头切削用量

加工材料	加工直径 d_1 (mm)	切削速度 v (m·min^{-1})	进给量 f (mm·r^{-1})	切削速度 v (m·min^{-1})	进给量 f (mm·r^{-1})	切削速度 v (m·min^{-1})	进给量 f (mm·r^{-1})
		160~200HBS		200~241HBS		300~400HBS	
铸铁	1~6	16~24	0.07~0.12	10~18	0.05~0.1	5~12	0.03~0.08
	>6~12		>0.12~0.2		>0.1~0.18		>0.08~0.15
	>12~22		>0.2~0.4		>0.18~0.25		>0.15~0.2
	>22~50		>0.4~0.8		>0.25~0.4		>0.2~0.3
		$\sigma_b = 520 \sim 700$MPa（35钢、45钢）		$\sigma_b = 700 \sim 900$MPa（15Cr、20Cr）		$\sigma_b = 1000 \sim 1100$MPa（合金钢）	
钢件	1~6	18~25	0:05~0.1	12~20	0.05~0.1	58~15	0.03~0.08
	>6~12		>0.1~0.2		>0.1~0.2		>0.08~0.15
	>12~22		>0.2~0.3		>0.2~0.3		>0.15~0.25
	>22~50		>0.3~0.6		>0.3~0.45		>0.25~0.35
		纯　铝		铝合金（长切屑）		铝合金（短切屑）	
铝件	3~8	20~50	0.03~0.2	20~50	0.05~0.25	20~50	0.03~0.1
	>8~25		0.06~0.5		0.1~0.6		0.05~0.15
	>25~50		0.15~0.8		0.2~1.0		0.08~0.36
		黄铜、青铜		硬青铜			
铜件	3~8	60~90	0.06~0.15	25~45	0.05~0.15		
	>8~25		>0.15~0.3		>0.15~0.25		
	>25~50		>0.3~0.75		>0.25~0.5		

注：当改用硬质合金钻头，其切削速度可提高一倍左右。

钻孔的切削用量还与钻孔深度有关。当加工铸铁件孔深为钻孔直径的 6~8 倍时，在组合机床上通常都是和其他浅孔一样采取一次走刀的办法加工出来，不过加工这种较深孔的切削用量要适当降低一些。其切削用量与多轴钻削浅孔时切削用量的关系，大致按表 6-12 所示递减规律，根据具体情况适当选择。降低进给量的目的是为了减小轴向切削力，以避免钻头折断。钻孔深度较大时，由于冷却排屑条件都较差，使刀具寿命有所降低。降低切削速度主要是为了提高刀具寿命，并使加工较深孔时钻头的寿命与加工其它浅孔时钻头的寿命比较接近。

在孔很深（如 $20d$ 以上）而直径很小（$\phi 8$mm 以下）时，其每转进给量和每次钻深一般是很小的，如果降低转速，将使生产率过分降低，所以有时为了提高生产率也要适当提高切削速度。一般在深孔钻床上工作的主轴不多，刀具寿命适当低一些也是允许的；况且在转速较高时有利于排屑，还能提高钻头寿命。至于进给量，仍须随孔深的增加而逐渐递减，其递减值按表 6-12 选取。

表 6-12 深孔钻削切削用量递减表

孔深（mm）	3d	(3~4) d	(4~5) d	(5~6) d	(6~8) d
切削速度（m·min⁻¹）	v	(0.8~0.9) v	(0.7~0.8) v	(0.6~0.7) v	(0.6~0.65) v
进给量（mm·r⁻¹）	f	0.9f	0.9f	0.8f	0.8f
孔深（mm）	(8~10) d		(10~15) d	(15~20) d	20d 以上
进给量（mm·r⁻¹）	0.7f		0.6f	0.5f	(0.4~0.3) f

注：d——钻头直径，f——一般钻孔进给量，v——切削速度（m·min⁻¹）。

当加工铸铁上孔深 10 倍直径的小孔时，在组合机床上可采用分给进给的方法，这时通常是用单独的工位或专门的机床加工。选择切削用量时注意不能一律随孔深增加而递减，在某些情况下反而应适当地提高切削用量。例如立式或倾斜钻深孔时，适当提高切削速度有助于切屑向上方排除。

二、扩孔　铰孔切削用量（表 6-13、表 6-14）

表 6-13　扩孔切削用量(高速钢扩孔钻)

加工直径 d (mm)	铸　铁				钢、铸钢				铝、铜			
	扩通孔		锪沉孔		扩通孔		锪沉孔		扩通孔		锪沉孔	
	v(m·min⁻¹)	f转(mm·r⁻¹)	v(m·min⁻¹)	f转(mm·r⁻¹)	v(m·min⁻¹)	f转(mm·r⁻¹)	v(m·min⁻¹)	f转(mm·r⁻¹)	v(m·min⁻¹)	f转(mm·r⁻¹)	v(m·min⁻¹)	f转(mm·r⁻¹)
10~15		0.15~0.2		0.15~0.2		0.12~0.2		0.08~0.1		0.15~0.2		0.15~0.2
15~25		0.2~0.25		0.15~0.3		0.2~0.3		0.1~0.15		0.2~0.25		0.15~0
25~40	10~18	0.25~0.3	8~12	0.15~0.3	12~20	0.3~0.4	8~14	0.15~0.2	30~40	0.25~0.3	20~30	0.15~0.2
40~60		0.3~0.4		0.15~0.3		0.4~0.5		0.15~0.2		0.3~0.4		0.15~0.2
60~100		0.4~0.6		0.15~0.3		0.5~0.6		0.15~0.2		0.4~0.6		0.15~0.2

表 6-14　铰孔切削用量(高速钢铰刀)

加工直径 d (mm)	铸　铁		钢及合金钢		铝、铜及其合金	
	v(m·min⁻¹)	f转(mm·r⁻¹)	v(m·min⁻¹)	f转(mm·r⁻¹)	v(m·min⁻¹)	f转(mm·r⁻¹)
6~10		0.3~0.5		0.3~0.4		0.3~0.5
11~15		0.5~1		0.4~0.5		0.5~1.0
16~25	2~6	0.8~1.5	1.2~5	0.4~0.6	8~12	0.8~1.5
26~40		0.8~1.5		0.4~0.6		0.8~1.5
41~60		1.2~1.8		0.5~0.6		1.5~2

当用硬质合金扩孔钻加工铸铁件时，切削速度 $v=30\sim45\text{m/min}$。用硬质合金扩孔钻加工钢件时，切削速度 $v=35\sim60\text{m/min}$。

对钢件铰孔要想获得低的表面粗糙度，除铰刀需保证合理几何形状及充分冷却的条件外，很重要的一点是合理选择切削用量。一般是速度低一些好，进给量不宜太小。如铰直径为 $\phi14\text{mm}$ 的孔，速度应取 $v=1.5\sim1.8\text{m/min}$，而进给量 $f_{转}=0.4\sim0.6\text{mm/r}$ 为宜。用硬质合金铰刀加工铸铁件时，速度一般为 $v=8\sim10\text{m/min}$。用硬质合金铰刀加工铝件时，速度可以达到 $v=12\sim20\text{m/min}$ 的范围。

三、镗孔切削用量

表 6-15 是组合机床镗孔时的切削用量。镗孔切削用量的选择与加工精度及刀具材料有很大关系。在精镗孔的精度等级为 H7、孔径为 $\phi 60 \sim \phi 100$mm 时，孔径公差为 0.03 ~ 0.035mm。当孔的精度等级为 H6 时，孔径公差才 0.019~0.022mm。在刀具材料质量不高，精镗速度选的太高时，镗刀会很快磨损，使孔径超差，而不得不经常停机刃磨、调刀。如加工一个气缸体曲轴轴承孔的试验表明，用 YG8 镗刀加工 $\phi 94.48^{+0.02}_{0}$mm 孔，当切削速度为 89.4m/min 时，每刀磨一次才加工 4~5 个工件，当降低到 $v = 50 \sim 60$m/min 时，在一个班工作的情况下，6 天才刃磨一次。一般使用硬质合金镗刀时，较为合适的精镗速度为 70~80m/min。精镗孔的精度等级为 H8 时，或者孔径公差较大，采用高精度的精镗头镗孔时，余量一般较小，直径上不大于 0.2mm，镗孔切削速度可以选高一些。对于铸铁件为 100~150m/min，对于钢件为 150~250m/min，对于铝合金为 200~400m/min，对于巴氏合金及铜等为 250~500m/min。每转进给量在 $f = 0.03 \sim 0.1$mm/r 范围内。

表 6-15 镗孔切削用量

工 序	刀具材料	铸 铁		钢		铝及其合金	
		$v(\text{m}\cdot\text{min}^{-1})$	$f_{转}(\text{mm}\cdot\text{r}^{-1})$	$v(\text{m}\cdot\text{min}^{-1})$	$f_{转}(\text{mm}\cdot\text{r}^{-1})$	$v(\text{m}\cdot\text{min}^{-1})$	$f_{转}(\text{mm}\cdot\text{r}^{-1})$
粗 镗	高速钢	20~25	0.25~0.8	15~30	0.15~0.4	100~150	0.5~1.5
	硬质合金	35~50	0.4~1.5	50~70	0.35~0.7	—	—
半精镗	高速钢	20~35	0.1~0.3	15~50	0.1~0.3	100~200	0.2~0.5
	硬质合金	50~70	0.15~0.45	95~135	0.15~0.45	—	—
精 镗	硬质合金	70~90	H6 级≤0.08 H7 级 0.12~0.15	100~150	0.12~0.15	150~400	0.06~0.1

四、铣削切削用量

1. 端铣铣削用量（表 6-16）

表 6-16 是用硬质合金端铣刀的铣削用量。铣削切削用量的选择与要求的加工表面粗糙度及其效率有关。当铣削表面粗糙度数值要求较低时，铣削速度应高一些，每齿走刀量应小一些。若生产率要求不高，可以取很小的每齿走刀量，一次铣削 4 ~ 5mm 的余量达到 $R_a 1.6 \mu$m 的表面粗糙度。这时每齿的进给量一般为 0.02~0.03mm。

表 6-16 用硬质合金端铣刀的铣削用量

加 工 材 料	工 序	铣削深度(mm)	铣削速度 $v(\text{m}\cdot\text{min}^{-1})$	每齿走刀量 $f_z(\text{mm}/z)$
钢 $\sigma_b = 520 \sim 700$MPa	粗	2~4	80~120	0.2~0.4
	精	0.5~1	100~180	0.05~0.20
钢 $\sigma_b = 700 \sim 900$MPa	粗	2~4	60~100	0.2~0.4
	精	0.5~1	90~150	0.05~0.15
钢 $\sigma_b = 1000 \sim 1100$MPa	粗	2~4	40~70	0.1~0.3
	精	0.5~1	60~100	0.05~0.10

（续）

加 工 材 料	工　序	铣削深度(mm)	铣削速度 $v(\text{m·min}^{-1})$	每齿走刀量 $f_z(\text{mm/z})$
铸　　铁	粗	2~5	50~80	0.2~0.4
	精	0.5~1	80~130	0.05~0.2
铝及其合金	粗	2~5	300~700	0.10~0.4
	精	0.5~1	500~1000	0.05~0.3

2. 面铣刀铣削余量(表 6-17)和切削用量(表 6-18)

表 6-17　面铣刀的铣削余量　（mm）

铣刀品种及刀片材料		一般加工余量不大于	最大加工余量
粗齿套式面铣刀	刀片材料为YG6(铣铸铁)	8	12
中齿套式面铣刀		8	12
细齿套式面铣刀	刀片材料为YT14(铣钢)	6(铣铸铁)3(铣钢)	12
密齿套式面铣刀	刀片材料为YG6	3(铣铸铁)	9(铣铸铁)
铣铝合金套式面铣刀	刀片材料为YT14	6	9

表 6-18　硬质合金不重磨式面铣刀切削用量(仅供参考)

材　　料			每齿进给量 $f_z(\text{mm·z}^{-1})$		
			0.4	0.2	0.1
名　　称	硬　　度 （HBS）	最大抗拉强度 σ_b （MPa）	切削速度 $v(\text{m·min}^{-1})$		
C0.15%	125	450	140	170	200
碳钢 C0.35%	153	550	100	140	175
C0.7%	250	800	75	90	125
合　金　钢	150~200	500~650	100	130	160
	200~275	650~900	75	90	125
	275~325	900~1100	60	80	100
	325~450	1100~1500	50	60	80
铸　　钢	<50	<500	70	100	140
	150~250	500~800	55	75	100
	160~200	580~650	100	115	150
灰铸铁	180	620	80	130	150
合金铸铁	250	800	70	90	115

注：1. 铣铝合金推荐切削速度为 300~1000m/min，每齿进给量为 0.1mm/z 左右。

　　2. 表内推荐的进给量和切削速度是最大值，在组合机床上使用时应适当低些。

五、攻螺纹切削用量（表 6-19）

表 6-19　高速钢丝锥攻螺纹切削速度

加工材料	铸　　铁	钢及其合金	铝及其合金
切削速度 v（m·min^{-1}）	4~8	4~6	5~15

六、组合机床切削力、切削转矩及切削功率计算公式（表 6-20）

表 6-20　组合机床切削用量计算图中推荐的切削力、转矩及功率公式

工序内容	刀具材料	工件材料	切削力 F（N）		切削转矩 T（N·mm）	切削功率 P（kW）	备注
钻孔	高速钢	灰铸铁	$F = 26Df^{0.8}HB^{0.6}$		$T = 10D^{1.9}f^{0.8}HB^{0.6}$	$P = \dfrac{Tv}{9740\pi D}$	$f_{max} = 0.45$
		钢	$F = 33Df^{0.7}\sigma_b^{0.75}$		$T = 16.5D^2f^{0.8}\sigma_b^{0.7}$		$f_{max} = 0.8$
		铝	$F = 118Df^{0.663}$		$T = 59D^2f^{0.633}$		
	硬质合金	灰铸铁	$F = 71D^{0.75}f^{0.85}HB^{0.6}$		$T = 2.63D^{2.4}fHB^{0.6}$		$f_{max} = 0.8$
		钢	$F = 20D^{1.4}f^{0.8}\sigma_b^{0.75}$		$T = 30D^2f\sigma_b^{0.7}$		
扩孔	高速钢	灰铸铁	$F = 9.2f^{0.4}a_p^{1.2}HB^{0.6}$		$T = 31.6D^{0.75}f^{0.8}HB^{0.6}$		$a_p = \dfrac{D-d}{2}$
	硬质合金		$F = 0.6T/D$		$T = 80.6D^{0.83}f^{0.68}a_p^{0.79}HB^{0.6}$		
攻螺纹	高速钢	灰铸铁	—		$T = 195D^{1.4}P_w^{1.5}$		
		钢	—		$T = 270D^{1.4}P_w^{1.5}$		
刮端面	高速钢	灰铸铁	$F_Z = 894Za_f^{0.64}a_p^{0.98}\left(\dfrac{HB}{200}\right)^{0.54}\left(\dfrac{20}{v}\right)^{0.08}$ $F_X = 411Za_f^{0.52}a_p^{0.98}\left(\dfrac{HB}{200}\right)^{0.24}$		$T = 447D_{工均}Za_f^{0.66}a_p^{0.98}$	$P = \dfrac{F_zv}{61200}$	$D_{工均} = \dfrac{D_{工外}-D_{工内}}{2}$ $D_{工外}$：工件外径 $D_{工内}$：工件内孔直径
	硬质合金		$F_Z = 600Za_f^{0.65}a_p^{1.17}\left(\dfrac{HB}{200}\right)^{0.55}\left(\dfrac{30}{v}\right)^{0.05}$ $F_X = 188Za_f^{0.37}a_p^{1.14}\left(\dfrac{HB}{200}\right)^{0.3}$		$T = 300D_{工均}Za_f^{0.65}a_p^{1.17}$		
镗孔（车）	硬质合金	灰铸铁	$F_Z = 51.4a_pf^{0.75}HB^{0.55}$ $F_X = 0.51a_p^{1.2}f^{0.65}HB^{1.1}$		$T = 25.7Da_pf^{0.75}HB^{0.55}$		$f_{max} = 0.45$
		钢	$F_Z = 35.7a_pf^{0.75}HB^{0.75}$ $F_X = 0.212a_p^{1.2}f^{0.65}HB^{1.5}$		$T = 17.9Da_pf^{0.75}HB^{0.75}$		$f_{max} = 0.75$
铣平面	硬质合金端铣刀	灰铸铁	铣削功率 P（kW） $P = \dfrac{pv_fA}{61200000}$ $A = a_pa_w$ $v_f = a_fZn$ $n = \dfrac{1000}{v\pi D}$	$p = \dfrac{1300}{a^{0.313}}$ （HB=190）	$a = xa_f\sin\varphi$ a—两个方向平均切削厚度（mm） x—平均切削厚度圆周方向系数 p—单位面积切削力（N·mm^{-2}） n—转速（r·min） A—切削面积（mm^2）	$x = \dfrac{360°a_p}{\pi\alpha°D}$ φ—铣削导角 α—铣削角	
		钢		$p = \dfrac{2250}{a^{0.242}}$			
		铝		$p = \dfrac{345}{a^{0.367}}$			

注：1. 表中 F、F_x 均为轴向切削力，F_z 为圆周力。

2. 表中未注明符号：v—切削速度（m·min^{-1}）；f—进给量（mm·r^{-1}）；v_f—每分钟进给量（mm·min^{-1}）；a_w—切削宽度（mm）；a_f—每齿进给量（mm/z）；a_p—切削深度（mm）；P_w—工件螺距（mm）；D—加工（或钻头）直径（mm）；d—扩孔前直径（mm）；Z—刀具齿数；HB—布氏硬度：$HB = HB_{max} - \dfrac{1}{3}(HB_{max} - HB_{min})$；$\sigma_b$—抗拉强度（MPa）或（N·mm^{-2}）。

3. 若需考虑工件材质、切削速度、刀具角度变化等因素影响时，表中公式应作相应修正（修正系数），可参考《组合机床切削用量计算图》及有关切削用量手册。

第七章　通用多轴箱设计指导资料

第一节　通用多轴箱体

一、多轴箱体规格尺寸

1. 多轴箱体尺寸系列标准（表 7-1）

表 7-1　多轴箱箱体尺寸（GB 3668.1—83）　　　　　　　（mm）

箱体宽度 B	名义尺寸								
	125	160	200	250	320	400	500	630	800
	箱体高度 H								
160	125								
	160								
	200								
200	125	160							
	160	200							
	200	250							
250	125	160	200						
	160	200	250						
	200	250	320						
320	125	160	200	250					
	160	200	250	320					
	200	250	320	400					
400		160	200	250	320				
		200	250	320	400				
		250	320	400	500				
500			200	250	320	400			
			250	320	400	500			
			320	400	500	630			
630				250	320	400	500		
				320	400	500	630		
				400	500	630	800		

（续）

箱体宽度 B	名义尺寸								
	125	160	200	250	320	400	500	630	800
	箱体高度 H								
800					320	400	500	630	
800					400	500	630	800	
800					500	630	800	1000	
1000						400	500	630	800
1000						500	630	800	1000
1000						630	800	1000	1250
1250							500	630	800
1250							630	800	1000
1250							800	1000	1250

2. 多轴箱体规格尺寸及动力箱法兰尺寸（表7-2）

表 7-2　多轴箱体规格尺寸及动力箱法兰尺寸　　　　　　　（mm）

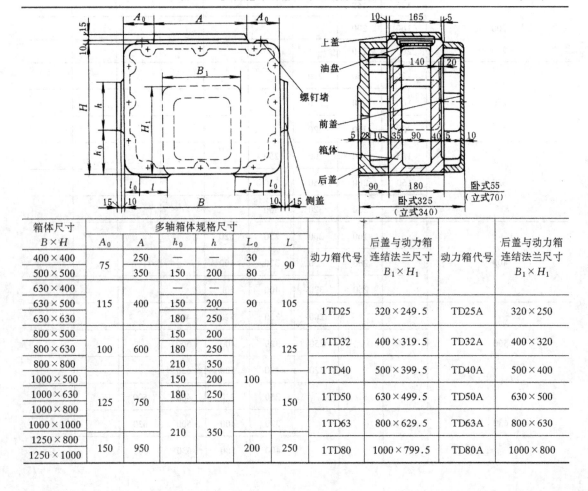

箱体尺寸 B×H	多轴箱体规格尺寸						动力箱代号	后盖与动力箱连结法兰尺寸 B₁×H₁	动力箱代号	后盖与动力箱连结法兰尺寸 B₁×H₁
	A_0	A	h_0	h	L_0	L		$B_1 \times H_1$		$B_1 \times H_1$
400×400	75	250	—	—	30	90				
500×500	75	350	150	200	80	90				
630×400	115	400	—	—						
630×500	115	400	150	200	90	105	1TD25	320×249.5	TD25A	320×250
630×630			180	250						
800×500	100	600	150	200		125	1TD32	400×319.5	TD32A	400×320
800×630			180	250						
800×800			210	350			1TD40	500×399.5	TD40A	500×400
1000×500	125	750	150	200	100					
1000×630			180	250		150	1TD50	630×499.5	TD50A	630×500
1000×800										
1000×1000			210	350			1TD63	800×629.5	TD63A	800×630
1250×800	150	950			200	250	1TD80	1000×799.5	TD80A	1000×800
1250×1000										

3. 多轴箱结构及螺孔位置（图 7-1、表 7-3）

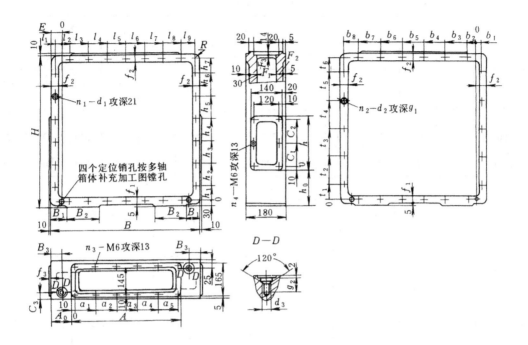

图 7-1　多轴箱体结构及螺孔位置

表 7-3　多轴箱体结构尺寸及螺孔位置表 (mm)

B	E	l_1	l_2	l_3	l_4	l_5	l_6	l_7	l_8	l_9	b_1	b_2	b_3	b_4	b_5	b_6	b_7	b_8
		前　壁									后　壁							
400	25	5	55	175	295	–	–	–	–	355	5	90	260	–	–	–	–	355
500	25	5	40	225	410	–	–	–	–	455	5	40	225	410	–	–	–	455
630	50	30	30	190	340	500	–	–	–	560	30	50	265	480	–	–	–	560
800	50	30	30	190	350	510	670	–	–	730	30	50	250	450	650	–	–	730
1000	50	30	30	200	370	530	700	870	–	930	30	50	250	450	650	850	–	930
1250	50	30	30	215	400	575	750	935	1120	1180	30	50	260	470	680	890	1100	1180

宽　度　方　向（B）螺　孔　距

高　度　方　向（H）螺　孔　距

H	h_1	h_2	h_3	h_4	h_5	h_6	h_7	t_1	t_2	t_3	t_4	t_5	t_6
	前　壁							后　壁					
400	75	275	–	–	–	–	350	75	275	–	–	–	350

(续)

高度 方向 (H) 螺孔距													
H	前 壁							后 壁					
	h_1	h_2	h_3	h_4	h_5	h_6	h_7	t_1	t_2	t_3	t_4	t_5	t_6
500	50	225	–	–	–	400	450	50	225	–	–	400	450
630	50	210	370	–	–	530	580	50	210	370	–	530	580
800	50	210	375	540	–	700	750	50	210	375	540	700	750
1000	50	220	390	560	730	900	950	50	260	475	690	900	950

上 盖 螺 孔 距								侧 盖 螺 孔 距				
B	A_0	A	a_1	a_2	a_3	a_4	a_5	H	h_0	h	C_1	C_2
400	75	250	115	–	–	–	230					
500	75	350	165	–	–	–	330	500	150	200	–	180
630	115	400	190	–	–	–	380	630	180	250	115	230
800	100	600	193	387	–	–	580	800	210	350	165	330
1000	125	750	182	365	548	–	730	1000	210	350	165	330
1250	150	950	186	372	558	744	930					

$B \times H$	B_1	B_2	B_3	C_3	d_1	d_2	d_3	F_1	F_2	F_3	f_1	f_2	f_3	g_1	g_2	n_1	n_2	n_3	n_4	R
400×400	30	90	35		M10					12			16	26	30	10	8	6	–	25
500×500	80		40			M12	M12									12	12		8	
630×400				22												12	10			
630×500	75	105									40	35				14	12		–	
630×630						M16									36	16	16		8	
800×500			550							14			18			16	14		12	
800×630								90	40							18	16	8	12	
800×800		125				M20									43	20	18		12	
1000×500	100				M12	M16					30			30		18	16		8	30
1000×630		150														20	18	10	8	
1000×800				25												22	20			
1000×1000			65							16			20			24	20		12	
1250×630	200	250				M24					45	40			53	22	20	12		
1250×800																24	22			

二、多轴箱系列配套零件（表 7-4）

表7-4　多轴箱系列配套零件表

序号	多轴箱体 规格 B×H	多轴箱体 型号	适用动力箱代号	前盖 型号	前盖 规格 GB70	前盖 数量	后盖 型号	后盖 规格 GB70	后盖 数量	上盖 型号	上盖 规格	上盖 GB70	上盖 数量	油盒	侧盖 型号	侧盖 规格	侧盖 M6×20 GB70 数量	ZIJ29-7 吊环螺钉	注油量(L) 卧式	注油量(L) 立式
1	400×400	1T0711-11	25	1T0711-12	M10×60 立式 (M12×80)	10	1T0711-13 (立式专用)	M12×100	10	1T0712-11	250×165	M6×20	8	1T0712-41	—	—	—	M16	3	4
2	500×500	1T0711-11	32	1T0711-12	M12×60 立式 (M12×80)	12	1T0711-13	M16×100	12	1T0712-12	350×165	M6×20	12	1T0712-42	1T0712-17	200×140	4	M16	4	6
3	630×400	1T0711-11	25, 32	1T0711-12	M12×60 立式 (M12×80)	14	1T0711-13	M16×100	14	1T0712-13	400×165	M6×20	10	1T0712-43	—	—	—	M16	5	7
4	630×500	1T0711-11	32, 40	1T0711-12	M12×60 立式 (M12×80)	16	1T0711-13	M16×100	16	1T0712-13	400×165	M6×20	12	1T0712-43	1T0712-17	200×140	4	M20	5	8
5	630×630	1T0711-11	40	1T0711-12	M12×60 立式 (M12×80)	18	1T0711-13	M16×100	18	1T0712-14	600×165	M6×20	14	1T0712-44	1T0712-18	250×140	6	M20	5	9
6	800×500	1T0711-11	32, 40	1T0711-12	M12×60 立式 (M12×80)	20	1T0711-13	M16×100	20	1T0712-14	600×165	M6×20	16	1T0712-44	1T0712-17	200×140	4	M20	6	11
7	800×630	1T0711-11	40, 50	1T0711-12	M12×60 立式 (M12×80)	18	1T0711-13	M16×100	18	1T0712-14	600×165	M6×20	18	1T0712-44	1T0712-18	250×140	6	M20	6	14
8	800×800	1T0711-11	50	1T0711-12	M12×60 立式 (M12×80)	20	1T0711-13	M16×100	16	1T0712-14	600×165	M6×20	16	1T0712-44	1T0712-19	350×140	6	M20	6	11
9	1000×500	1T0711-11	40	1T0711-12	M12×60 立式 (M12×80)	22	1T0711-13	M16×100	18	1T0712-15	750×165	M6×20	18	1T0712-45	1T0712-17	200×140	4	M20	7	14
10	1000×630	1T0711-11	40, 50	1T0711-12	M12×60 立式 (M12×80)	24	1T0711-13	M16×100	20	1T0712-15	750×165	M6×20	20	1T0712-45	1T0712-18	250×140	6	M20	7	17
11	1000×800	1T0711-11	50, 63	1T0711-12	M12×60 立式 (M12×80)	24	1T0711-13	M16×100	22	1T0712-15	750×165	M6×20	20	1T0712-45	1T0712-19	350×140	6	M24	7	21
12	1000×1000	1T0711-11	63	1T0711-12	M12×60 立式 (M12×80)	26	1T0711-13	M16×100	24	1T0712-16	950×165	M6×20	22	1T0712-46	1T0712-19	350×140	6	M24	7	18
13	1250×800	1T0711-11	50, 63	1T0711-12	M12×60 立式 (M12×80)	26	1T0711-13	M16×100	24	1T0712-16	950×165	M6×20	22	1T0712-46	1T0712-19	350×140	6	M24	8	18
14	1250×1000	1T0711-11	63, 80	1T0711-12	M12×60 立式 (M12×80)	26	1T0711-13	M16×100	26	1T0712-16	950×165	M6×20	22	1T0712-46	1T0712-19	350×140	6	M24	8	22

注：多轴箱体、前盖、后盖配套。前盖、后盖的标记为：规格 B×H + 各自的型号。如规格为 630×400 标记分别为：630×400 - 1T0711 - 11、630×400 - 1T0711 - 12、630×400 - 1T0711 - 13。如与 25 动力箱配套、规格为 630×400 标记为：630×400 - 1T0711 - 13/25。

三、多轴箱连接用定位销

1．动力箱与多轴箱后盖连接用定位销（图 7-2）

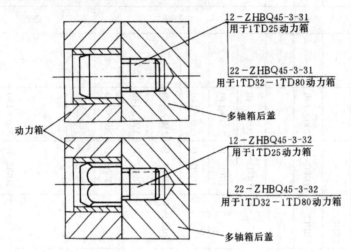

图 7-2　多轴箱后盖与ⅡD系列动力箱连接用定位销

2．多轴箱体与前盖、后盖连接用定位销（图 7-3）

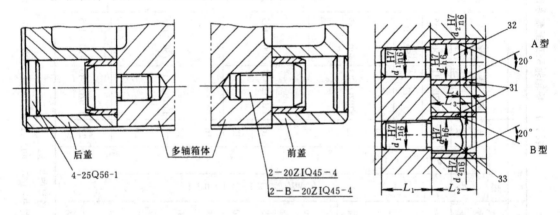

（mm）

$d\left(\dfrac{\text{H7}}{\text{h6}}\right)$	12	15	20	25
$d_1\left(\dfrac{\text{H7}}{\text{n6}}\right)$	10	12	16	20
$d_2\left(\dfrac{\text{H7}}{\text{n6}}\right)$	16	20	35	32
L_1	18	22	25	30
L_2	15	20	22	25
L_3	16	22	25	27
L_4	4	6	6	7

A 型 $d=12$　标记：12ZIQ45 - 4 - 32

B 型 $d=12$　　　　B - 12ZIQ45 - 4 - 33

套（配 $d=12$ 销）：12ZIQ45 - 4 - 31

图 7-3　多轴箱体与前盖、后盖连接用定位销

第二节　通用主轴、传动轴组件

一、通用主轴组件

1.滚锥轴承主轴组件

（1）滚锥轴承主轴组件装配结构（图7-4）。

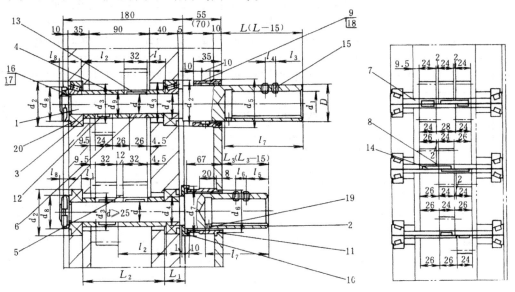

图 7-4　滚锥轴承主轴组件装配结构

（2）滚锥轴承主轴组件配套零件表（表7-5）。

（3）滚锥轴承主轴组件联系尺寸表（表7-6）。

表 7-5　滚锥轴承主轴组件配套零件表

序号	名　　称	标　　　　　记					
		$d = 20$	$d = 25$	$d = 30$	$d = 35$	$d = 40$	$d = 50$
1	主轴	$20 - 1T0721 - 41$	$25 - 1T0721 - 41$	$30 - 1T0721 - 41$	$35 - 1T0721 - 41$	$40 - 1T0721 - 41$	–
2	主轴	–	$25 - 1T0721 - 42$	$30 - 1T0721 - 42$	$35 - 1T0721 - 42$	$40 - 1T0721 - 42$	$50 - 1T0721 - 42$
3	套	$20 - 1T0721 - 61$	$25 - 1T0721 - 61$	$30 - 1T0721 - 61$	$35 - 1T0721 - 61$	$40 - 1T0721 - 61$	$50 - 1T0721 - 61$
4	套	$20 - 1T0721 - 62$	$25 - 1T0721 - 62$	$30 - 1T0721 - 62$	$35 - 1T0721 - 62$	$40 - 1T0721 - 62$	$50 - 1T0721 - 62$
5	套	$20 - 1T0721 - 63$	$25 - 1T0721 - 63$	$30 - 1T0721 - 63$	$35 - 1T0721 - 63$	$40 - 1T0721 - 63$	$50 - 1T0721 - 63$
6	套	$20 - 1T0721 - 65$	$25 - 1T0721 - 65$	$30 - 1T0721 - 65$	$35 - 1T0721 - 65$	$40 - 1T0721 - 65$	–
7	套	$20 - 1T0721 - 66$	$25 - 1T0721 - 66$	$30 - 1T0721 - 66$	$35 - 1T0721 - 66$	$40 - 1T0721 - 66$	–

（续）

序号	名称	d=20	p=25	d=30	d=35	d=40	d=50
		标 记					
8	套	20-1T0721-67	25-1T0721-67	30-1T0721-67	35-1T0721-67	40-1T0721-67	-
9	套	32-1T0721-81	40-1T0721-81	50-1T0721-81	50-1T0721-81	67-1T0721-81	80-1T0721-81
10	罩	32-1T0721-82	40-1T0721-82	50-1T0721-82	50-1T0721-82	67-1T0721-82	80-1T0721-82
11	套	32-1T0721-83	40-1T0721-83	50-1T0721-83	50-1T0721-83	67-1T0721-83	80-1T0721-83
12	键	键 B6×22 GB1096-79	键 B8×22 GB1095-79	键 B8×22 GB1096-79	键 B10×22 GB1096-79	12×22 -1T0721-86	14×22 -1T0721-86
13	键	键 B6×32 GB1096-79	键 B8×32 GB1096-79	键 B8×32 GB1096-79	键 B10×32 GB1096-79	键 12×32 GB1096-79	14×32 -1T0721-86
14	键	键 B6×51 GB1096-79	键 B8×50 GB1096-79	键 B8×50 GB1096-79	键 B10×50 GB1096-79	键 B12×50 GB1096-79	键 B14×50 GB1096-79
15	螺 钉	M6×6 1T0672-42	M8×8 1T0672-41	M8×8 1T0672-41	M8×8 1T0672-41	M10×10 1T0672-41	M12×12 1T0672-41
16	圆螺母	M18×1.5 GB812	M24×1.5 GB812	M30×1.5 GB812	M33×1.5 GB812	M39×1.5 GB812	M48×1.5 GB812
17	垫 圈	18 GB858	24 GB858	30 GB858	33 GB858	39 GB858	48 GB858
18	毡衬圈	32 G51-1	40 G51-1	50 G51-1	50 G51-1	65 G51-1	80 G51-1
19	塞 子	-	12 Q56-1	12 Q56-1	12 Q56-1	14 Q56-1	18 Q56-1
20	滚锥轴承	E7204 20×47×15	E7205 25×52×16	E7506 30×62×21	E7507 35×72×24	E7508 40×80×24.5	E7510 50×90×24.5

表 7-6　滚锥轴承主轴组件联系尺寸　　　　　　（mm）

d (js6)	20	25	30	35	40	50	d (js6)	20	25	30	35	40	50
D (f7)	32	40	50	50	67	80	L	115	115	115	115	135	135
d_1 (H7)	20	28	36	36	48	60	L_1	20	21	26	29	29.5	29.5
d_2 (js7)	47	52	62	72	80	90	L_2 $^{+0.3}_{0}$	135	133	123	117	116	116
d_3	40	45	55	64	72	82	L_3	-	85	85	85	100	100
d_4 (H7/n6)	26	31	42	42	48	58	l_1	30.5	29.5	24.5	21.5	21.5	21.5
d_5 (H8/t7)	44	52	65	65	82	95	l_2	74.5	73.5	68.5	65.5	65.5	65.5
d_6 (H8/t7)	36	44	55	55	72	85	$l_3 \pm 0.1$	34	38	45	45	57	-
d_7	40	48	58	58	78	88	l_4	12	15	15	15	18	-
d_8	32	42	48	52	58	72	l_5	-	32	32	32	30	30
d_9	25	30	35	42	48	60	l_6	-	15	15	15	18	18
							l_7	77	85	106	106	129	129
							l_8	11	12	12	12	12	14

2. 滚珠轴承主轴组件

（1）滚珠轴承主轴组件装配结构（图 7-5）

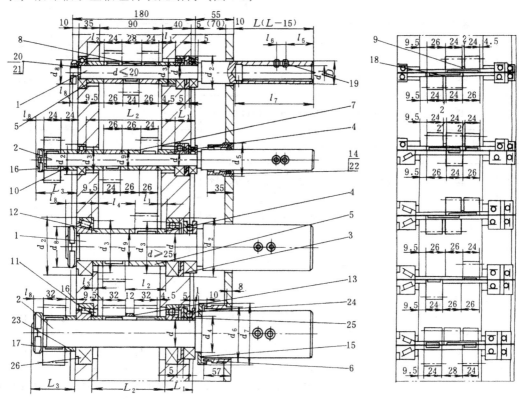

图 7-5　滚珠轴承主轴组件装配结构

（2）滚珠轴承主轴组件配套零件表（表 7-7）

表 7-7　滚珠轴承主轴组件配套零件表

序号	名称	标　　　　　　　记					
		$d=15$	$d=20$	$d=25$	$d=30$	$d=35$	$d=40$
1	主　轴	15－1T0722－41	20－1T0722－41	25－1T0722－41	30－1T0722－41	35－1T0722－41	40－1T0722－41
2	主　轴	15－1T0722－42	20－1T0722－42	25－1T0722－42	30－1T0722－42	35－1T0722－42	40－1T0722－42
3	环	15－1T0722－43	20－1T0722－43	25－1T0722－43	30－1T0722－43	35－1T0722－43	40－1T0722－43
4	套	15－1T0722－61	20－1T0722－61	25－1T0722－61	30－1T0722－61	35－1T0722－61	40－1T0722－61
5	套	15－1T0722－62	20－1T0722－62	25－1T0722－62	30－1T0722－62	35－1T0722－62	40－1T0722－62

（续）

序号	名称	标　记					
		$d=15$	$d=20$	$d=25$	$d=30$	$d=35$	$d=40$
6	套	25−1T0722−83	32−1T0722−83	40−1T0722−83	50−1T0722−83	50−1T0722−83	67−1T0722−83
7	套	15−1T0721−65	20−1T0721−65	25−1T0721−65	−	−	−
8	套	15−1T0721−66	20−1T0721−66	25−1T0721−66	−	−	−
9	套	15−1T0721−67	20−1T0721−67	25−1T0721−67	−		−
10	套	15−1T0721−68	20−1T0721−68	25−1T0721−68		−	−
11	套	−	−	25−1T0721−61	30−1T0721−61	35−1T0721−61	40−1T0721−61
12	套	−	−	25−1T0721−62	30−1T0721−62	35−1T0721−62	40−1T0721−62
13	套			25−1T0721−63	30−1T0721−63	35−1T0721−63	40−1T0721−63
14	套	−	32−1T0721−81	40−1T0721−81	50−1T021−81	67−1T0721−81	80−1T0721−81
15	罩	25−1T0721−82	B32−1T0721−82	B40−1T0721−82	B50−1T0721−82	B50−1T0721−82	B67−1T0721−82
16	键	键　B5×22 GB1096−79	键　B6×22 GB1096−79	键　B8×22 GB1096−79	键　B8×22 GB1096−79	键　B10×22 GB1096−79	12−22 1T0721−86
17	键	键　B5×32 GB1096−79	键　B6×32 GB1096−79	键　B8×32 GB1096−79	键　B8×32 GB1096−79	键　B10×32 GB1096−79	键　B12×32 GB1096−79
18	键	键　B5×50 GB1096−79	键　B6×50 GB1096−79	键　B8×50 GB1096−79	键　B8×50 GB1096−79	键　B10×50 GB1096−79	键　B12×50 GB1096−79
19	螺　钉	M6×6 1T0672−42	M6×6 1T0672−42	M8×8 1T0672−41	M8×8 1T0672−41	M8×8 1T0672−41	M10×10 1T0672−41
20	圆螺母	M12×12.5 GB　812	M18×1.5 GB　812	M24×1.5 GB　812	M30×1.5 GB　812	M33×1.5 GB　812	M39×1.5 GB　812
21	垫　圈	12　GB858	18　GB858	24　GB858	30　GB858	33　GB858	39　GB858
22	毡衬圈	−	32　G51−1	40　G51−1	50　G51−1	50　G51−1	65　G51−1
23	套	−	−	25×16Q43−1	30×16Q43−1	35×16Q43−1	40×16Q43−1
24	止推轴承	E8202 15×32×12	E8204 20×40×14	E8205 25×47×15	E8206 30×52×16	E8207 35×62×18	E8208 40×68×19
25	滚珠轴承	E202 15×35×11	E204 20×47×14	E205 25×52×15	E206 30×62×16	E207 35×72×17	E208 40×80×18
26	滚锥轴承	−	−	E7505 25×52×16	E7506 30×62×21	E7507 35×72×24	E7508 40×80×24.5

（3）滚珠轴承主轴组件联系尺寸（表7-8）

表7-8 滚珠轴承主轴组件联系尺寸

（mm）

d（js6）	15	20	25	30	35	40	d（js6）	15	20	25	30	35	40
D（f7）	25	32	40	50	50	67	L	85	115	115	115	115	135
d_1（H7）	16	20	28	36	36	48	L_1	23	28	30	32	35	37
d_2（js7）	35	47	52	62	72	80	$L_2{}^{+0.3}_{0}$	136	128	124	117	111	108.5
d_3	30	40	45	55	65	72	L_3	59	59	60	60	60	60
$d_4\left(\dfrac{\mathrm{H7}}{\mathrm{n6}}\right)$	23	30	38	48	48	60	l_1	26.5	21.5	19.5	17.5	14.5	12.5
$d_5\left(\dfrac{\mathrm{H8}}{\mathrm{t7}}\right)$	−	44	52	65	65	82	l_2	33.5	30.5	63.5	61.5	58.5	56.5
$d_6\left(\dfrac{\mathrm{H8}}{\mathrm{t7}}\right)$	28	36	44	55	55	72	l_3	−	−	29.5	24.5	21.5	21.5
d_7	32	40	48	58	58	78	l_4	−	−	73.5	68.5	65.5	65.5
d_8	25	32	42	48	52	58	$l_5\pm0.1$	34	34	38	45	45	57
d_9	20	25	30	35	42	48	l_6	12	12	15	15	15	18
							l_7	74	77	85	106	106	129
							l_8	11	11	12	12	12	12

3．攻螺纹主轴组件

（1）攻螺纹主轴组件装配结构（图7-6）。

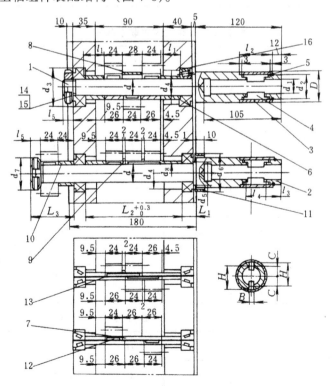

图7-6 攻螺纹主轴组件装配结构

（2）攻螺纹主轴组件配套零件表（表7-9）。

（3）攻螺纹主轴组件联系尺寸（表7-10）。

4．多轴箱主轴端部尺寸（表7-11）

表7-9 攻螺纹主轴组件配套零件表

序号名称	标	记		序号名称	标	记	
	$d=20$	$d=25$	$d=30$		$d=20$	$d=25$	$d=30$
1 主轴	$20-1T0729-41$	$25-1T0729-41$	$30-1T0729-41$	9 套	$20-1T0721-67$	$25-1T0721-67$	$30-1T0721-67$
2 主轴	$20-1T0729-42$	$25-1T0729-42$	$30-1T0729-42$	10 套	$20-1T0721-68$	$25-1T0721-68$	$30-1T0721-68$
3 套	$32-1T0729-43$	$40-1T0729-43$	$50-1T0729-43$	11 罩	$32-1T0721-82$	$40-1T0721-82$	$50-1T0721-82$
4 键	$32-1T0729-44$	$40-1T0729-44$	$50-1T0729-44$	12 键	键 B6×22 GB1096-79	键 B8×22 GB1096-79	键 B8×22 GB1096-79
5 环	$32-1T0729-45$	$40-1T0729-45$	$50-1T0729-45$	13 键	键 B6×50 GB1096-79	键 B8×50 GB1096-79	键 B8×50 GB1096-79
6 套	$20-1T0721-61$	$25-1T0721-61$	$30-1T0721-61$	14 圆螺母	M18×1.5 GB812	M24×1.5 GB812	M30×1.5 GB812
7 套	$20-1T0721-65$	$25-1T0721-65$	$30-1T0721-65$	15 垫圈	18 GB858	24 GB858	30 GB858
8 套	$20-1T0721-66$	$25-1T0721-66$	$30-1T0721-66$	16 承锥轴滚	E7204 20×47×15	E7205 25×52×16	E7506 30×62×21

表7-10 攻螺纹主轴联系尺寸 （mm）

d (js6)	20	25	30	d (js6)	20	25	30
D (f7)	32	40	50	L_3	59	60	60
d_1 (H7)	16	20	28				
d_2 (h6)	27	34	47	l_1	30.5	29.5	24.5
d_3 (js7)	47	52	62	l_2	46	46	54
d_4	40	45	55	l_3	20	20	23
$d_5\left(\frac{H7}{n6}\right)$	26	31	42	l_4	30	30	32
d_6	40	48	58	l_5	11	12	12
d_7	32	42	48				
d_8	25	30	35	B (H9)	4	5	6
				H	25	30	42
L_1	20	21	26	C	11.5	13	18.5
$L_2{}^{+0.3}_{0}$	135	133	123				

表 7-11　多轴箱主轴端部尺寸（GB3668.10－83）

（mm）

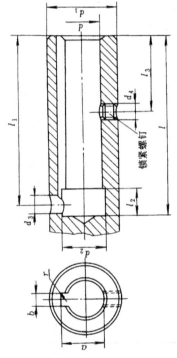

d (H7)	a $^{+0.3}_{0}$	b (C11)	d_1	d_2	d_3	d_4 (6H)	l (min)	l_1	l_2	l_3 ±0.1	r (max)	锁紧螺钉
8	9	2	15	8.6	3.5	M4	42	35	8	16	0.2	M4×5
10	11	3	18	10.6	5	M5	52	48	8	22	0.2	M5×5
12	13	3	20	12.6	5	M5	52	48	8	22	0.8	M5×5
16	17.3	5	25	16.4	6	M6	74	70	8	34	0.2	M6×6
20	21.3	5	32	20.4	6	M6	77	73	8	34	0.2	M6×6
25	26.7	6	37	25.4	8	M8	85	80	10	38	0.4	M8×6
28	29.7	6	40	28.4	8	M8	85	80	10	38	0.4	M8×8
36	37.7	8	50	36.6	10	M8	106	101	10	45	0.4	M8×8
48	50.1	10	67	48.6	12	M10	129	123	12	57	0.4	M10×10

注：对于名义直径 8～12mm，直径 d_1 根据设计需要确定，表列数值仅供参考，对于名义直径 16～48mm，当采用快换接杆时，d_1 的公差为 f7。

5．多轴箱检验项目及精度标准（表 7-12）

表 7-12　**多轴箱检验项目及精度标准**（JB3043－82）

本标准适用于组合机床及其自动线的多轴箱。如有特殊要求，可另提补充规定

将多轴箱放在平板上，进行各项精度检验

检验 1

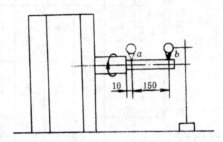

检验项目	检 验 方 法	公 差　（mm）				
所有主轴内定心直径的径向圆跳动	往主轴孔中插入一根检验棒。将千分表放在平板上，并使其测头垂直顶在检验棒 a 处的上母线上。旋转主轴，应不少于 5 圈 以千分表的最大读数差作为测定值然后将千分表移到 b 处，重复上述检验，求出测定值	主轴孔直径	测 点	刀具与主轴的连接方式	
				刚性连接	浮动连接
		>16	a	0.03	0.045
			b	0.04	0.06
		≤16	a	0.045	0.07
			b	0.06	0.09

检验 2

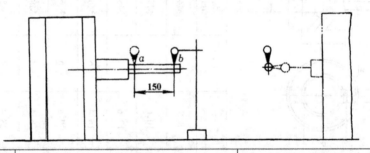

检验项目	检 验 方 法	公 差　（mm）		
所有主轴回转轴线相互间的平行度	往主轴孔中插入一根检验棒。将千分表放在平板上，并使其测头垂直顶在检验棒 a 处的上母线上，记下读数；再把千分表移到距 a 处150mm的 b 处，记下读数。求出千分表在 a、b 两处的读数差。然后将主轴旋转180°，用同样的方法再检验一次 两次检验读数差的代数和的一半为受检主轴对平板的平行度 以所有主轴中的最大与最小平行度的代数差作为测定值，在平板上放一方箱，并使方箱与一主轴相平行。再使千分表座靠紧方箱，进行上述同样的检验并求出测定值	主轴孔直径	刀具与主轴的连接方式	
			刚性连接	浮动连接
		>16	150：0.025	150：0.04
		≤16	150：0.04	150：0.06

二、传动轴组件

1.滚锥轴承传动轴组件

（1）滚锥轴承传动轴组件装配结构（图 7-7）。

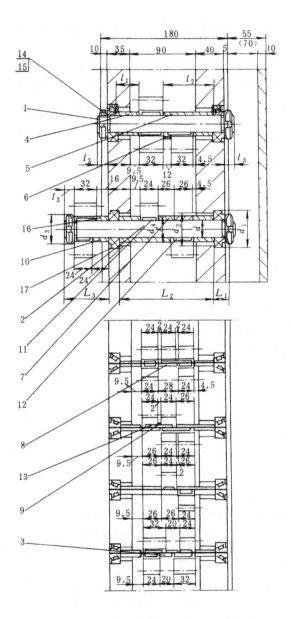

图 7-7　滚锥轴承传动轴组件装配结构

（2）滚锥轴承传动轴组件配套零件表（表 7-13）。

（3）滚锥轴承传动轴组件联系尺寸（表 7-14）。

表 7-13　滚锥轴承传动轴组件配套零件表

序号	名称	标 记						
		$d=20$	$d=25$	$d=30$	$d=35$	$d=40$	$d=50$	$d=60$
1	轴	$20-1T0731-41$	$25-1T0731-41$	$30-1T0731-41$	$35-1T0731-41$	$40-1T0731-41$	$50-1T0731-41$	$60-1T0731-41$
2	轴	$20-1T0731-42$	$25-1T0731-42$	$30-1T0731-42$	$35-1T0731-42$	$40-1T0731-42$	$50-1T0731-42$	$60-1T0731-42$
3	套	$20-1T0731-63$	$25-1T0731-63$	$30-1T0731-63$	$35-1T0731-63$	$40-1T0731-63$	$50-1T0731-63$	$60-1T0731-63$
4	套	$20-1T0721-61$	$25-1T0721-61$	$30-1T0721-61$	$35-1T0721-61$	$40-1T0721-61$	$50-1T0721-61$	$60-1T0721-61$
5	套	$20-1T0721-62$	$25-1T0721-62$	$30-1T0721-62$	$35-1T0721-62$	$40-1T0721-62$	$50-1T0721-62$	$60-1T0721-62$
6	套	$20-1T0721-63$	$25-1T0721-63$	$30-1T0721-63$	$35-1T0721-63$	$40-1T0721-63$	$50-1T0721-63$	$60-1T0721-63$
7	套	$20-1T0721-65$	$25-1T0721-65$	$30-1T0721-65$	$35-1T0721-65$	$40-1T0721-65$	$-$	$-$
8	套	$20-1T0721-66$	$25-1T0721-66$	$30-1T0721-66$	$35-1T0721-66$	$40-1T0721-66$	$-$	$-$
9	套	$20-1T0721-67$	$25-1T0721-67$	$30-1T0721-67$	$35-1T0721-67$	$40-1T0721-67$	$-$	$-$
10	套	$20-1T0721-68$	$25-1T0721-68$	$30-1T0721-68$	$35-1T0721-68$	$40-1T0721-68$	$-$	$-$
11	键	键 B6×22 GB1096-79	键 B8×22 GB1096-79	键 B8×22 GB1096-79	键 B10×22 GB1096-79	12×22 1T0721-86	14×22 -1T0721-86	18×22 -1T0721-86
12	键	键 B6×32 GB1096-79	键 B8×3 GB1096-79	键 B8×32 GB1096-79	键 B10×32 GB1096-79	键 B12×32 GB -79	键 14×32 -1T0721-86	18×32 -1T0721-86
13	键	键 B6×50 GB1096-79	键 B8×50 GB1096-79	键 B8×50 GB1096-79	键 B10×50 GB1096-79	键 B12×50 GB1096-79	键 B14×50 GB1096-79	键 B18×50 GB1096-79
14	圆螺母	M18×1.5 GB812	M24×1.5 GB812	M30×1.5 GB812	M33×1.5 GB812	M39×1.5 GB812	M48×1.5 GB812	M56×2 GB812
15	垫圈	18　GB858	24　GB858	30　GB858	33　GB858	39　GB858	48　GB858	56　GB858
16	套	$20\times16Q43-1$	$25\times16Q43-1$	$30\times16Q43-1$	$35\times16Q43-1$	$40\times16Q43-1$	$50\times16Q43-1$	$60\times16Q43-1$
17	滚锥轴承	7204 20×47×15	7205 25×52×16	7506 30×62×21	7507 35×72×24	7508 40×80×24.5	7510 50×90×24.5	7512 60×110×29.5

表 7-14　滚锥轴承传动轴联系尺寸　　　　　　　（mm）

d (js6)	20	25	30	35	40	50	60	d (js6)	20	25	30	35	40	50	60
d_1 (js7)	47	52	62	72	80	90	110	$L_2{}^{+0.3}_{0}$	135	135	123	117	116	116	106
d_2	40	45	55	65	72	82	100	L_3	59	60	60	60	60	62	62
d_3	32	42	48	52	58	72	85	l_1	30.5	29.5	24.5	21.5	21.5	21.5	16.5
d_4	25	30	35	42	48	60	70	l_2	74.5	73.5	68.5	65.5	65.5	65.5	60.5
L_1	20	21	26	29	29.5	29.5	34.5	l_3	11	12	12	12	12	14	14

2. 滚针轴承传动轴组件

（1）滚针轴承传动轴组件装配结构（图 7-8）。

（2）滚针轴承传动轴配套零件表（表 7-15）。

（3）滚针轴承传动轴联系尺寸（表 7-16）。

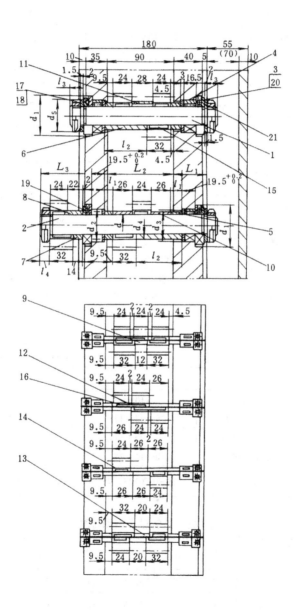

图 7-8　滚针轴承传动轴组件装配结构

表 7-15　滚针轴承传动轴配套零件表

序号	名称	标记			
		$d=20$	$d=25$	$d=30$	$d=40$
1	轴	20 – 1T0733 – 41	25 – 1T0733 – 41	30 – 1T0733 – 41	40 – 1T0733 – 41
2	轴	20 – 1T0733 – 42	25 – 1T0733 – 42	30 – 1T0733 – 42	40 – 1T0733 – 42
3	滚针套	20 – 1T0723 – 43	25 – 1T0723 – 43	30 – 1T0723 – 43	40 – 1T0723 – 43
4	环	20 – 1T0723 – 44	25 – 1T0723 – 44	30 – 1T0723 – 44	40 – 1T0723 – 44
5	套	20 – 1T0723 – 61	25 – 1T0723 – 61	30 – 1T0723 – 61	40 – 1T0723 – 61
6	套	20 – 1T0723 – 62	25 – 1T0723 – 62	30 – 1T0723 – 62	40 – 1T0723 – 62
7	套	20 – 1T0723 – 64	25 – 1T0723 – 64	30 – 1T0723 – 64	40 – 1T0723 – 61
8	套	20 – 1T0723 – 68	25 – 1T0723 – 68	30 – 1T0723 – 68	40 – 1T0723 – 68
9	套	20 – 1T0721 – 63	25 – 1T0721 – 63	30 – 1T0721 – 63	40 – 1T0721 – 63
10	套	20 – 1T0721 – 65	25 – 1T0721 – 65	30 – 1T0721 – 65	40 – 1T0721 – 65
11	套	20 – 1T0721 – 66	25 – 1T0721 – 66	30 – 1T0721 – 66	40 – 1T0721 – 66
12	套	20 – 1T0721 – 67	25 – 1T0721 – 67	30 – 1T0721 – 67	40 – 1T0721 – 67
13	套	20 – 1T0731 – 63	25 – 1T0731 – 63	30 – 1T0731 – 63	40 – 1T0731 – 63
14	键	键 B6×22 GB1096—79	键 B8×22 GB1096—79	键 B8×22 GB1096—79	12×22 – 1T0721 – 86
15	键	键 B6×32 GB1096—79	键 B8×32 GB1096—79	键 B8×32 GB1096—79	键 B12×32 GB1096—79
16	键	键 B6×50 GB1096—79	键 B8×50 GB1096—79	键 B8×50 GB1096—79	键 B12×50 GB1096—79
17	圆螺母	M18×1.5 GB812	M24×1.5 GB812	M30×1.5 GB812	M39×1.5 GB812
18	垫圈	18 GB858	24 GB858	30 GB858	39 GB858
19	推力轴承	8104 20×35×10	8105 25×42×11	8106 30×47×11	8108 40×60×13
20	滚针	24 – 3×15.8G2 GB309—84	29 – 3×15.8G2 GB309—84	34 – 3×15.8G2 GB309—84	44 – 3×15.8G2 GB309—84
21	垫	20 – 1T0723 – 45	25 – 1T0723 – 45	30 – 1T0723 – 45	40 – 1T0723 – 45

表 7-16　滚针轴承传动轴联系尺寸　　　　　　　　　　　　　　（mm）

d (h6)	d_1	d_2 ($\frac{H7}{js6}$)	d_3	d_4	d_5	L_1	$L_2\ _{0}^{+0.3}$	L_3	l_1	l_2	l_3	l_4
20	36	32	28	25	32	32.5	110	59	17	61	12	11
25	44	36	32	30	42	33.5	108	60	16	60	13	12
30	48	42	38	35	48	33.5	108	60	16	60	13	12
40	62	55	50	48	58	35.5	104	60	14	58	13	12

3. 埋头传动轴组件

(1) 埋头传动轴组件装配结构（图 7-9）。

(2) 埋头传动轴组件配套零件表（表 7-17）。

(3) 埋头传动轴组件联系尺寸（表 7-18）。

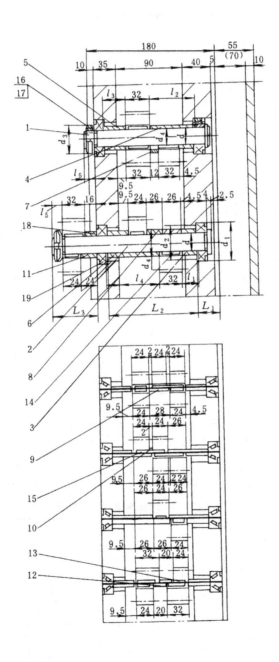

图 7-9　埋头传动轴组件装配结构

表 7-17　埋头传动轴组件配套零件表

序号	名称	标 记			
		$d = 25$	$d = 30$	$d = 35$	$d = 40$
1	轴	25 – 1T0734 – 41	30 – 1T0734 – 41	35 – 1T0734 – 41	40 – 1T0734 – 41
2	轴	25 – 1T0734 – 42	30 – 1T0734 – 42	35 – 1T0734 – 42	40 – 1T0734 – 42
3	套	25 – 1T0734 – 61	30 – 1T0734 – 61	35 – 1T0734 – 61	40 – 1T0734 – 61
4	套	25 – 1T0734 – 62	30 – 1T0734 – 62	35 – 1T0734 – 62	40 – 1T0734 – 62
5	套	25 – 1T0721 – 61	30 – 1T0721 – 61	35 – 1T0721 – 61	40 – 1T0721 – 61
6	套	25 – 1T0721 – 62	30 – 1T0721 – 62	35 – 1T0721 – 62	40 – 1T0721 – 62
7	套	25 – 1T0721 – 63	30 – 1T0721 – 63	35 – 1T0721 – 63	40 – 1T0721 – 63
8	套	25 – 1T0721 – 65	30 – 1T0721 – 65	35 – 1T0721 – 65	40 – 1T0721 – 65
9	套	25 – 1T0721 – 66	30 – 1T0721 – 66	35 – 1T0721 – 66	40 – 1T0721 – 66
10	套	25 – 1T0721 – 67	30 – 1T0721 – 67	35 – 1T0721 – 67	40 – 1T0721 – 67
11	套	25 – 1T0721 – 68	30 – 1T0721 – 68	35 – 1T0721 – 68	40 – 1T0721 – 68
12	套	25 – 1T0731 – 63	30 – 1T0731 – 63	35 – 1T0731 – 63	40 – 1T0731 – 63
13	键	键 B8×22 GB1096—79	键 B8×22 GB1096—79	键 B10×22 GB1096—79	12×22 1T0721 – 86
14	键	键 B8×32 GB1096—79	键 B8×32 GB1096—79	键 B10×32 GB1096—79	键 B12×32 GB1096—79
15	键	键 B8×50 GB1096—79	键 B8×50 GB1096—79	键 B10×50 GB1096—79	键 B12×50 GB1096—79
16	圆螺母	M24×1.5　GB812	M30×1.5　GB812	M33×1.5　GB812	M39×1.5　GB812
17	垫圈	24　GB858	30　GB858	33　GB858	39　GB858
18	套	25×16　Q43 – 1	30×16　Q43 – 1	35×16　Q43 – 1	40×16　Q43 – 1
19	滚锥轴承	7205　25×52×16	7506　30×62×21	7507　35×72×24	7508　40×80×24.5

表 7-18　埋头传动轴组件联系尺寸　　　　　　　　　　　　(mm)

d (js6)	d_1 (js7)	d_2	d_3	d_4	L_1	$L_2 {}^{+0.2}_{0}$	L_3	l_1	l_2	l_3	l_4	l_5
25	52	45	42	30	27.5	126.5	60	23	67	29.5	73.5	12
30	62	55	48	35	32.5	116.5	60	18	62	24.5	68.5	12
35	72	65	52	42	35.5	110.5	60	15	59	21.5	65.5	12
40	80	72	58	48	36	109.5	60	15	59	21.5	65.5	12

4．手柄轴组件

（1）手柄轴装配结构（图 7-10）。

（2）手柄轴配套零件表（表 7-19）。

（3）手柄轴联系尺寸（表 7-20）。

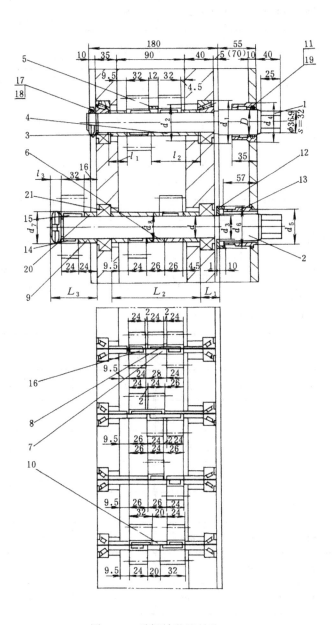

图 7-10　手柄轴装配结构

表 7-19　手柄轴配套零件表

序号	名称	标记 d=30	标记 d=40	标记 d=50	序号	名称	标记 d=30	标记 d=40	标记 d=50
1	轴	30-1T0736-41	40-1T0736-41	50-1T0736-41	12	罩	B40-1T0721-82	B50-1T0721-82	B67-1T0721-82
2	轴	30-1T0736-42	40-1T0736-42	50-1T0736-42	13	套	40-1T0721-83	50-1T0721-83	67-1T0721-83
3	套	30-1T0721-61	40-1T0721-61	50-1T0721-61	14	键	键 B8×22 GB1096—79	12×22 -1T0721—86	14×22 -1T0721—86
4	套	30-1T0721-62	40-1T0721-62	50-1T0721-62	15	键	键 B8×32 GB1096—79	键 B12×32 GB1096—79	14×32 -1T0721—86
5	套	301T0721-63	40-1T0721-63	50-1T0721-63	16	键	键 B8×50 GB1096—79	键 B12×50 GB1096—79	键 14×50 GB1096—79
6	套	30-1T0721-65	40-1T0721-65	50-1T0721-65	17	圆螺母	M30×1.5 GB812	M39×1.5 GB812	M48×1.5 GB812
7	套	30-1T0721-66	40-1T0721-66	50-1T0721-66	18	垫圈	30 GB858	39 GB858	48 GB858
8	套	30-1T0721-67	40-1T0721-67	50-1T0721-67	19	毡衬圈	35 G51-1	50 G51-1	65 G51-1
9	套	30-1T0721-68	40-1T0721-68	50-1T0721-68	20	套	30×16 Q43-1	40×16 Q43-1	50×16 Q43-1
10	套	30-1T0731-63	40-1T0731-63	50-1T0731-63	21	滚锥轴承	7506 30×62×21	7508 40×80×24.5	7510 50×90×24.5
11	套	40-1T0721-81	50-1T0721-81	67-1T0721-81					

表 7-20　手柄轴联系尺寸　　　　　　　　　　　　　　　（mm）

d (js6)	30	40	50	d (js6)	30	40	50
$D_{-0.1}^{0}$	40	50	67	d_8	35	48	60
d_1 (js7)	62	80	90	L_1	26	29.5	29.5
d_2	55	72	82	$L_2{}_{0}^{+0.3}$	123	116	116
d_3 ($\frac{H7}{n6}$)	42	48	58	L_3	60	60	62
d_4 ($\frac{H8}{t7}$)	52	65	82	l_1	24.5	21.5	21.5
d_5 ($\frac{H8}{t7}$)	44	55	72	l_2	68.5	65.5	65.5
d_6	48	58	78	l_3	12	12	14
d_7	48	58	72				

5. 液压泵及液压泵传动轴

(1) 液压泵传动轴组件（图 7-11）。

(2) 叶片式液压泵结构及安装尺寸（图 7-12）。

(3) 叶片液压泵输油量图表（图 7-13）。

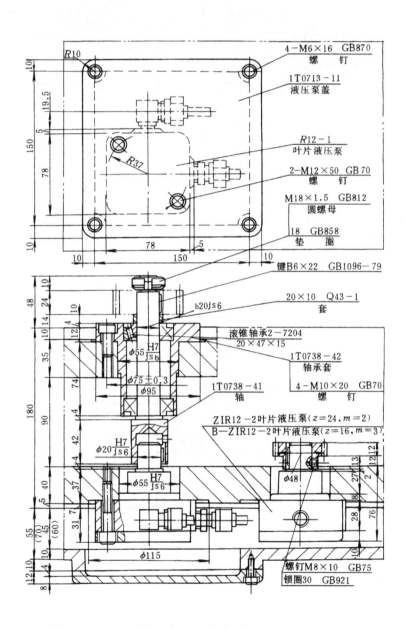

图 7-11 液压泵传动轴组件

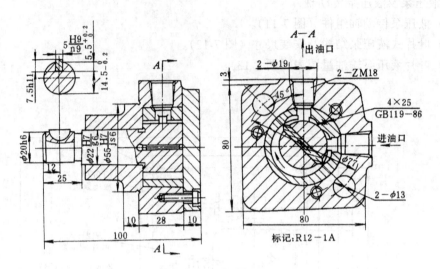

图 7-12   润滑叶片液压泵（R12－1A）

注：1.R12－1 型叶片泵安装孔距为 ϕ74mm，采用平键 6h8，其余与 R12－1A 相同。

2.可反向（逆向）旋转，只要互换进、出油口。

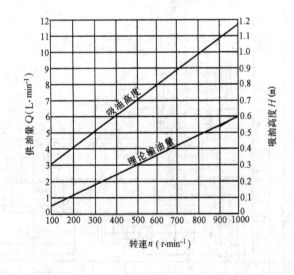

图 7-13   输送 L－AN32 全损耗系统用油时输油量图表

注：推荐转速 $n = 550 \sim 800$r/min。

6. 攻螺纹用蜗杆轴及齿轮（图7-14）

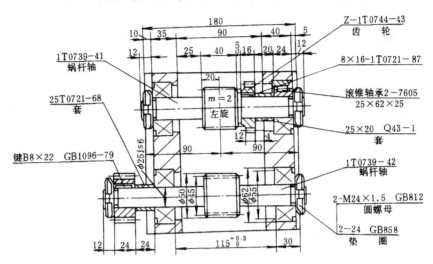

齿轮(1T0744-43) $m=2.5, z=30, 33\ 36, 39, 42, 45, 48$

图 7-14　攻螺纹用蜗杆轴及齿轮

第三节　齿轮、套

一、齿轮

1. 传动齿轮综合表（表7-21）

表 7-21　传动齿轮综合表

材料：45 钢
热处理：齿部 G54
齿轮精度按
ZHB032 渐开线
圆柱齿轮精度
7-7c 级检查

Ⅰ型齿轮包括 $m=2$（$B=20$）、$m=2.5$（$B=25$）；Ⅱ型齿轮包括 $m=3$，$m=4$

标记：$m \times z \times d - 1T0741 - 41$（或 $m \times z \times d - 1T0741 - 42$）；如齿轮 $m=3$（或2），$z=28$，$d=25$，标记为 $3 \times 28 \times 25 - 1T0741 - 42$（或 $2 \times 28 \times 25 - 1T0741 - 42$）

d (H7) (mm)	m (mm)	b (js9) (mm)	B (mm)	齿　数　z	
				1T0741 - 41	1T041 - 42
15	2	5 ± 0.015	$17.3^{+0.10}_{0}$		16~32 连续
	3				16~25 连续

（续）

d (H7) (mm)	m (mm)	b (jS9) (mm)	B (mm)	齿 数 z	
				1T0741 – 41	1T041 – 42
20	2	6 ± 0.015	$22.8^{+0.10}_{0}$		19～36 连续
	2.5				16～36 连续
	3				16～45 连续
25	2	8 ± 0.018	$28.3^{+0.20}_{0}$	23～50 连续，52，54，56	23～45 连续
	2.5			19～50 连续，52，54，56	19～45 连续
	3			17～50 连续，52，54，56	17～50 连续
30	2	8 ± 0.018	$33.3^{+0.20}_{0}$	25～50 连续，52～64 偶数	25～48 连续
	2.5			21～50 连续，52～64 偶数	21～48 连续
	3			18～50 连续，52～70 偶数	18～50 连续
	4			16～50 连续	
35	2	10 ± 0.018	$38.3^{+0.20}_{0}$	27～50 连续，52～64 偶数	27～45 连续
	2.5			23～50 连续，52～64 偶数	23～45 连续
	3			20～50 连续，52～70 偶数	20～50 连续
	4			16～50 连续	
40	2	12 ± 0.0215	$43.3^{+0.20}_{0}$	30～50 连续，52～64 偶数	30～45 连续
	3			21～50 连续，52～70 偶数	21～50 连续
	4			18～50 连续	
50	3	14 ± 0.0215	$53.8^{+0.20}_{0}$	25～50 连续，52～70 偶数	
	4			20～50 连续	
60	4	18 ± 0.0215	$64.4^{+0.20}_{0}$	23～50 连续	

2. 动力箱齿轮（表 7-22）

表 7-22 动力箱齿轮

材料：45 钢
热处理：齿部 G54

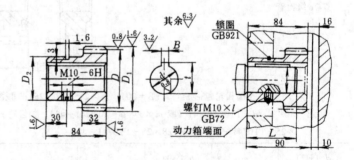

标记：$m\times z\times d$ – 1T0744 – 41 如 $m=3$，$z=22$，$d=40$ 的 1TD 动力箱齿轮标记为 $3\times22\times40$ – 1T0744 – 41

模数 (mm)	齿数 z	D (mm)	孔径 d (mm)	D_1 (mm) 尺寸	D_1 (mm) 公差	D_2 (mm)	公法线长度 L (mm) 公称尺寸	公法线长度 L (mm) 公差	螺钉 GB72	锁紧圈 GB921
3	21	63	30	69	0	55	23.023	-0.071		47
	22	66		72			23.065			

（续）

模数（mm）	齿数 z	D（mm）	孔径 d（mm）	D_1（mm）尺寸	公差	D_2（mm）	公法线长度 L（mm）公称尺寸	公差	螺钉 GB72	锁紧圈 GB921
3	23	69	40	75	−0.19	60	23.107	−0.107	M10×l 长度 l 由设计选定	54
	24	72		78			23.149			
4	21	84	40, 45 50	92	0 −0.22	75(d=40, 45,50) 85 (d=60)	30.698	−0.080 −0.125		62 (D_2=75)
	22	88		96			30.754			
	23	92	40, 45 50, 60	100			30.810			76 (D_2=85)
	24	96		104			30.866			

动力箱型号	1TD25	1TD32	1TD40	1TD50	1TD63	1TD80
d（H7）	30	30	40	45	50	60
B（js9）	8 ± 0.018	8 ± 0.018	12 ± 0.0215	14 ± 0.0215	14 ± 0.0215	18 ± 0.0215
t	$33.3^{+0.2}_{0}$	$33.3^{+0.2}_{0}$	$43.3^{+0.2}_{0}$	$48.8^{+0.2}_{0}$	$53.8^{+0.2}_{0}$	$64.4^{+0.2}_{0}$
L	45	80				

3．电动机用齿轮（表 7-23）

表 7-23　电动机用齿轮

齿轮材料　45 钢

热处理　齿部 G54

标记　$m = 3$　$z = 21$　$d = 28$ 的齿轮标记为 $3 \times 21 \times 28 - 1T0744 - 42$

模数 m（mm）	齿数 z	D（mm）	孔径 d（mm）	D_1（mm）尺寸	公差	D_2（mm）	D_3（mm）	公法线长度 L（mm）公称尺寸	公差	螺钉 GB72	锁紧圈 GB921
3	21	63	28	69	0 −0.190	55	62	23.023	−0.071 −0.107	M10× l 长度 l 由设计者选定	62
	22	66		72		58		23.065			
	23	69	38	75		60	80	23.107			67
	24	72		78		64		23.149			
4	21	84	42	92	0 −0.220	72	95	30.698	−0.080 −0.125		86
	22	88		96				30.754			
	23	92	48	100		78	100	30.810			91
	24	96		104				30.866			

注：D_3 为参考值。

（mm）

电动机型号	Y100L、Y112M	Y132S、Y132M	Y160M、Y160L	Y180M、Y180L
d（H7）	28	38	42	48
B（js9）	8	10	12	14
t	$31.3^{+0.2}_{0}$	$41.3^{+0.2}_{0}$	$45.3^{+0.20}_{0}$	$51.8^{+0.2}_{0}$

（续）

电动机型号	Y100L、Y112M	Y132S、Y132M	Y160M、Y160L	Y180M、Y180L
L	79	79	78	78
l	60	80	110	110
h	4	4	5	5

二 套和防油套

1. 套综合表（表7-24）

表7-24 套综合表 (mm)

材料：Q235，45钢或瓦斯管，无缝钢管

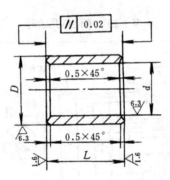

d 公称尺寸	d 公差	D	L 公称尺寸	L 公差	零件标记	d 公称尺寸	d 公差	D	L 公称尺寸	L 公差	零件标记
15	$+0.25$ 0	20	26	$+0.1$ 0	15-1T0721-65	20	$+0.25$ 0	25	61	$+0.2$ 0	20-1T0723-62
			24		15-1T0721-68				14	$+0.1$ 0	20-1T0723-64
			26.5		15-1T0722-61				22		20-1T0723-68
			33.5	$+0.2$ 0	15-1T0722-62			30	15	0 -0.1	20-1T0723-43
			18	$+0.1$ 0	15-1T0723-61						
			62	$+0.2$ 0	15-1T0723-62						
			14	$+0.1$ 0	15-1T0723-64	25	$+0.25$ 0		23	$+0.1$ 0	25-1T0734-61
			22		15-1T0723-68				67	$+0.3$ 0	25-1T0734-62
		22	13	0 -0.1	15-1T0724-43				29.5	$+0.1$ 0	25-1T0721-61
		26	10	$+0.1$ 0	15-1T0725-46				73.5	$+0.2$ 0	25-1T0721-62
			14.5		15-1T0725-61				26	$+0.1$ 0	25-1T0721-65
			19.5		15-1T0725-65				24		25-1T0721-68

（续）

d		D	L		零件标记	d		D	L		零件标记
公称尺寸	公差		公称尺寸	公差		公称尺寸	公差		公称尺寸	公差	
15	+0.25 / 0	26	29.5	0 / -0.1	15-0725-65				19.5		25-1T0722-61
									63.5	+0.2 / 0	25-1T0722-62
20	+0.25 / 0	25	30.5	+0.1 / 0	20-1T0721-61	25	+0.25 / 0		16	+0.1 / 0	25-1T0723-61
			74.5	+0.2 / 0	20-1T0721-62				60	+0.2 / 0	25-1T0723-62
			26		20-1T0721-65				14	+0.1 / 0	25-1T0723-64
			24	+0.1 / 0	20-1T0721-68				22		25-1T0723-68
			21.5		20-1T0722-61						
			30.5	+0.2 / 0	20-1T0722-62						
			17	+0.1 / 0	20-1T0723-61						
30	+0.25 / 0	35	24.5	+0.1 / 0	30-1T0721-61	35	+0.35 / 0	42	15	+0.1 / 0	35-1T0723-61
			68.5	+0.2 / 0	30-1T0721-62				59	+0.2 / 0	35-1T0723-62
			26		30-1T0721-65				14		35-1T0723-64
			24	+0.1 / 0	30-1T0721-68				22	+0.1 / 0	35-1T0723-68
			17.5		30-1T0722-61						
			61.5	+0.2 / 0	30-1T0722-62	40	+0.35 / 0	48	21.5	+0.1 / 0	40-1T0721-61
			16	+0.1 / 0	30-1T0723-61				65.5	+0.2 / 0	40-1T0721-62
			60	+0.2 / 0	30-1T0723-62				26		40-1T0721-65
			14		30-1T0723-64				24	+0.1 / 0	40-1T0721-68
			22	+0.1 / 0	30-1T0723-68				12.5		40-1T0722-61
			18		30-1T0734-61				56.5	+0.2 / 0	40-1T0722-62
			62	+0.2 / 0	30-1T0734-62				14	+0.1 / 0	40-1T0723-61
									58	+0.2 / 0	40-1T0723-62
35	+0.35 / 0	42	21.5	+0.1 / 0	35-1T0721-61				22	+0.1 / 0	40-1T0723-68
			65.5	+0.2 / 0	35-1T0721-62				15	+0.1 / 0	40-1T0734-61
			26		35-1T0721-65				59	+0.2 / 0	40-1T0734-62
			24	+0.1 / 0	35-1T0721-68						
			14.5		35-1T0722-61	50	+0.35 / 0	60	21.5	+0.1 / 0	50-1T0721-61
			58.5	+0.2 / 0	35-1T0722-62				65.5	+0.2 / 0	50-1T0721-62
						60	+0.5 / 0	70	16.5	+0.1 / 0	60-1T0721-61
									60	+0.2 / 0	60-1T0721-62

2. 防油套综合表（表 7-25）

表 7-25　防油套综合表 (mm)

材料：45 钢

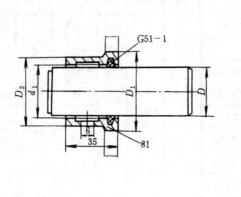

套（81）

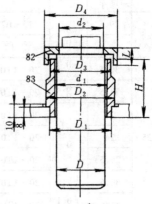

套（81）

主轴直径 D	D₁ (t7)	D₂	d₁	零件标记	毡衬圈 G51-1
32	44	40	33	32-1T0721-81	32
40	52	48	41	40-1T0721-81	40
50	65	60	51	50-1T0721-81	50
67	82	78	68	67-1T0721-81	65
80	95	90	81	80-1T0721-81	80

套（81）

主轴外径 D	D₁ (t7)	D₂	d₁	H	零件标记
32	36	38	33		32-1T0721-83
40	44	48	41		40-1T0721-83
50	55	58	51	67	50-1T0721-83
67	72	76	68		67-1T0721-83
80	85	84	81		80-1T0721-83
25	28	30	26		25-1T0722-83
32	36	38	33		32-1T0722-83
40	44	48	41	57	40-1T0722-83
50	55	58	51		50-1T0722-83
67	72	76	68		67-1T0722-83
25	28	30	26	62	25-1T0723-83
32	36	38	33	61	32-1T0723-83
40	44	48	41	61	40-1T0723-83
50	55	58	51	60	50-1T0723-83
25	28	30	26	50	25-1T0724-83
32	36	38	33	48	32-1T0724-83
40	44	48	41	47	40-1T0724-83
25	27.5	29.4	26	63	25-1T0725-83

罩（82）

主轴外径 D	d₂ (H7)	D3	D4	L	零件标记
25	23	30	32		25-1T0721-82
32	26	38	40		32-1T0721-82
32	30	38	40		B32-1T0721-82
40	31	46	48		40-1T0721-82
40	38	46	48		B40-1T0721-82
50	42	56	58	10	50-1T0721-82
50	48	56	58		B50-1T0721-82
67	48	76	78		67-1T0721-82
67	60	76	78		B67-1T0721-82
80	58	86	88		80-1T0721-82
25	23	30	32		25-1T0724-82
32	30	38	40	7	32-1T0724-82
40	38	46	48		40-1T0724-82
25	15	27.6	29.4	10	25-1T0725-82

第四节　攻螺纹行程控制机构

一、旋转式行程控制机构及联系尺寸（图 7-15）

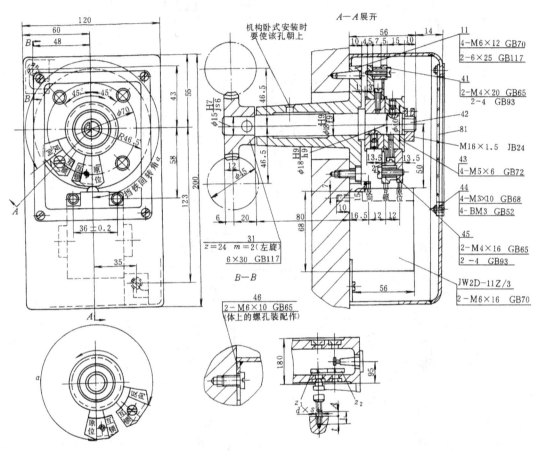

注：1. 允许的挡铁回转角 α 约为 $120°\sim300°$，即允许挡铁回转约为 $0.33\sim0.83$ 圈

主轴至蜗杆轴的速比 $i=\dfrac{z_1 z_3}{z_2 z_4}$

$$=\frac{(0.33-0.83)\times24\times P}{L}$$

式中　P——被加工螺纹螺距，单位为 mm；

　　　L——攻螺纹行程，单位为 mm

　　　$\dfrac{L}{P}$——丝锥完成攻螺纹行程主轴转过的转数；

　　　$\dfrac{1}{24}$——蜗轮副速比。

2. 主轴至蜗杆轴，可以采用一对或几对齿轮。

3. 图中两位数字的编号读时应加字头 1T7942，如 45，则应读成 1T7942 - 45。

图 7-15　旋转式行程控制机
构及联系尺寸图

二、直线式行程控制机构及尺寸联系（图7-16）

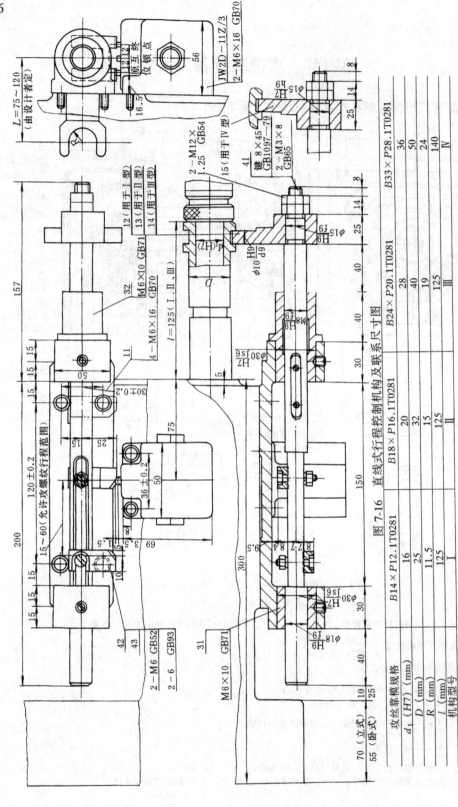

图7-16　直线式行程控制机构及联系尺寸图

攻丝靠模规格	$B14×P12.1T0281$	$B18×P16.1T0281$	$B24×P20.1T0281$	$B33×P28.1T0281$
d_1 ($H7$) (mm)	16	20	28	36
D (mm)	25	32	40	50
R (mm)	11.5	15	19	24
l (mm)	125	125	125	140
机构型号	I	II	III	IV

注：1. 由于适用的1T0281攻螺纹靠模规格的不同，本机构分为 I、II、III、IV 型，其标记为1T7943 - I（或II、III、IV）。
　　2. 采用本机构时，同时还必须采用主轴原位制动机构。
　　3. 图中两应加字头1T7943，如41，则应读成1T7943 - 41。
　　4. 根据需要选定拨叉长度，并在该组伴明细明细表的备注栏内注明拨叉标记。如 I 型，$L = 80$ 时的拨叉标记：80 - 1T7943 - 12。

第八章　组合机床常用工辅具和通用件

第一节　常用工辅具

一、卡头

在组合机床上使用钻头、扩孔钻、铰刀和丝锥等标准刀具时，通常采用可以调节轴向尺寸的接杆和卡头等中间工具安装在主轴孔中。图 8-1 为常用的夹持圆柱柄刀具用的弹簧夹头。它们分别与相应的接杆或卡头配套使用。

序号	用　途	图	外形尺寸			
1	用于夹持 φ3～φ12.9mm 的圆柱柄刀具，如直柄钻头、铰刀等	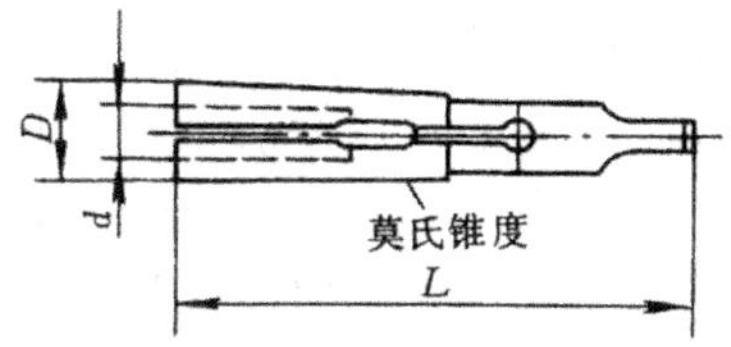	d (mm)	D (mm)	L (mm)	莫氏圆锥
			3～8.9	12.265	66	1
			6.2～12.9	17.98	78.5	2
2	用于夹持 φ3～φ25mm 的圆柱柄刀具，如直柄钻头、立铣刀及镗刀杆等		规　格	d (mm)	D (mm)	L (mm)
			3～10	3、4、5、6、8、10	18	30
			6～20	6、8、10、12、14、16、18、20	32	50
			10～25	10、12、14、16、18、20、25	40	70
3	用于夹持 M6～M30 的机用丝锥	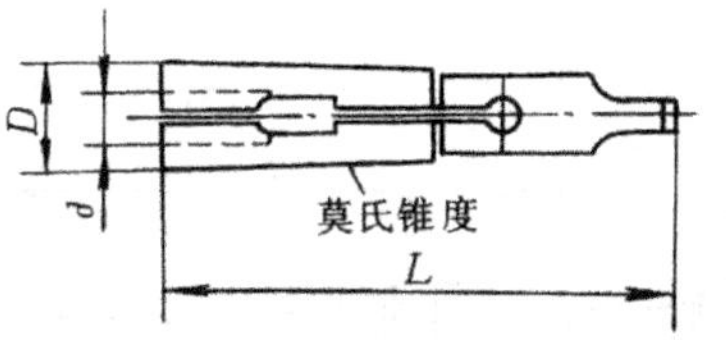	d (mm)	D (mm)	L (mm)	莫氏圆锥
			4.8～7	12.31	67	1
			6～12.5	18.06	80	2
			12.5～18	24.15		3（短型）
			16～24	31.66	90	4（短型）

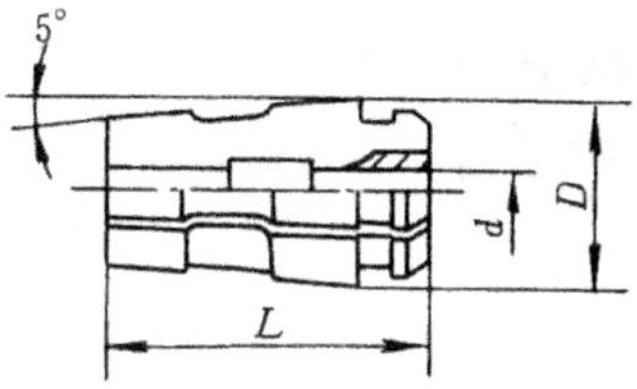

图 8-1　弹簧卡头

在采用长导向套或多个导向套进行镗孔、扩孔或铰孔时，为避免主轴与夹具导向套的同轴度以及主轴的振摆对加工精度的影响，刀杆与主轴之间需采用浮动卡头连接。图 8-2 为组合机床常用的两种浮动卡头，这两种浮动卡头中间都是由十字形结合块来传递扭矩。使用大浮动量卡头时，为保证有足够的浮动量，不应将螺母 1 拧得过紧。在非立式机床上使用这种卡头，滑台返回时，如刀杆导向部分退出夹具导向套时，刀杆下垂量较大。为使刀杆在再次工作循环时能顺利地重新进入导套，机床需设托架，将刀杆托起。在使用浮动量较小的卡头时，可不用托架。但为避免刀具因下垂量过大而不能重新进入导向套，必须根据浮动卡头的浮动量（间隙）和刀杆的长度计算刀杆前端的下垂量。如图 8-3 所示，应能满足：

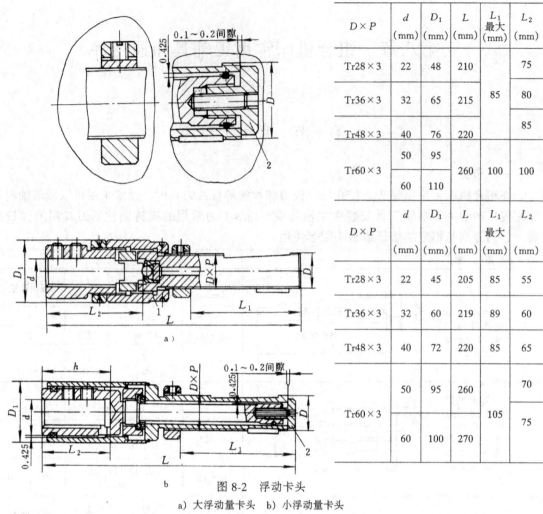

图 8-2 浮动卡头
a) 大浮动量卡头　b) 小浮动量卡头

$D \times P$	d (mm)	D_1 (mm)	L (mm)	L_1 最大 (mm)	L_2 (mm)
Tr28×3	22	48	210		75
Tr36×3	32	65	215	85	80
Tr48×3	40	76	220		85
Tr60×3	50	95	260	100	100
	60	110			
$D \times P$	d (mm)	D_1 (mm)	L (mm)	L_1 最大 (mm)	L_2 (mm)
Tr28×3	22	45	205	85	55
Tr36×3	32	60	219	89	60
Tr48×3	40	72	220	85	65
Tr60×3	50	95	260	105	70
	60	100	270		75

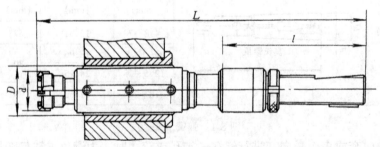

图 8-3 刀杆下垂量计算

$$\frac{d}{2} + \Delta < \frac{D}{2}$$

刀具下垂量 $\Delta = 0.5 \dfrac{L}{l} + \delta$

式中　δ——工具及主轴系统因重量产生的挠度，单位为 mm。

如果 $\dfrac{d}{2} + \Delta \geqslant \dfrac{D}{2}$，则应加大导套直径 D 或设计新的浮动卡头，加长卡头长度 l。为使卡

头具有灵活地浮动功能，螺钉 2（适当拧紧）应与卡头尾柄端面之间保持 0.1～0.2mm 的间隙。

为了迅速方便地更换刀具，通常选用快换夹头，如图 8-4 所示。使用时只要将快换夹头的外套作克服弹簧的轴向移动，使钢球滑出就可以实现刀具的快速更换。

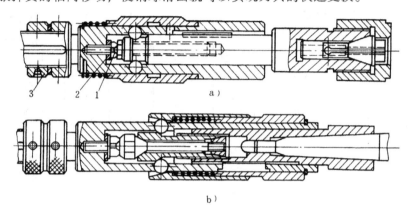

a）

b）

图 8-4　快换夹头

1—螺钉　2—调整垫　3—调整螺母

二、接杆

表 8-1、表 8-2 分别为标准的轴向可调接杆和特长接杆规格尺寸。适合安装锥柄的钻头、铰刀和锪孔刀等刀具。为便于插入主轴端孔，A 型和 B 型接杆的端部应具有适当型式的引导。接杆装入主轴孔内后，为了安全，拧紧锁紧螺钉使之不能超出两个夹紧螺母的滚花外径，必要时应减小锁紧螺钉的长度，使其不致突出。夹紧螺母型式及尺寸如图 8-5 所示。

表 8-1　可调接杆尺寸（GB3668.10—83）　　　　　　　　　　（mm）

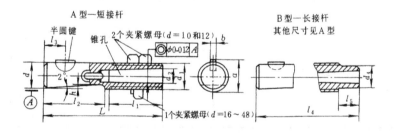

d h6	d_1 h6	d_2				a		b P9/h9	h max	L	L_1	L_2	L_3	d_4	l_4	l_5	半圆键	调整量
		锥度	基准直径	尺寸	公差													
10	Tr10×1.5	公制 6 号	6	10.9	0 −0.15			3	1	62	28	32	10	8	72 82 92	10 20 30	3×13	16
12	Tr12×1.5	公制 6 号	6	12.9	0 −0.20			3	1	62	28	32	10	10	72 82 92 102	10 20 30 40	3×13	16

（续）

d h6	d1 h6	d2 锥度	d2 基准直径	a 尺寸	a 公差	b P9/h9	h max	L	l1	l2	l3	d4	l4	l5	半圆键	调整量
16	Tr16×1.5	莫氏 0 或 1 号	9.045 或 12.065	17.1	0 −0.25	5	1.3	85	40	43	11	14	110 / 135 / 160 / 185	25 / 50 / 75 / 100	5×16	28
20	Tr20×2	莫氏 1 号	12.065	21.1	0 −0.25	5	1.3	88	40	46	13	17	113 / 138 / 163 / 188	25 / 50 / 75 / 100	5×19	28
25	Tr25×2	莫氏 1 或 2 号	12.065 或 17.780	26.5	0 −0.25	6	1.5	95	42	51	15	22	120 / 145 / 170 / 195	25 / 50 / 75 / 100	6×22	30
28	Tr28×2	莫氏 1 或 2 号	12.065 或 17.780	29.5	0 −0.25	6	1.5	95	42	51	15	25	120 / 145 / 170 / 195	25 / 50 / 75 / 100	6×22	30
36	Tr36×2	莫氏 2 或 3 号	17.780 或 23.825	37.5	0 −0.35	8	1.7	118	50	65	20	33	148 / 178 / 208 / 238	30 / 60 / 90 / 120	8×28	36
48	Tr48×2	莫氏 3 或 4 号	23.825 或 31.267	49.9	0 −0.35	10	2.2	144	65	76	24	45	184 / 224 / 264 / 304	40 / 80 / 120 / 160	10×32	47

注：标记示例如：A10/公制 6 号；B20/1/50（B 型接杆标记中还包括延伸长度 l_5）；楔铁槽应与半圆键成 90°布置。

图 8-6 为组合机床常用攻螺纹卡头及攻螺纹接杆。攻螺纹卡头和攻螺纹装置的攻螺纹靠模配套使用。丝锥用相应的弹簧夹头（图 8-1）装在攻螺纹接杆上。带轴向补偿的丝锥卡头见表 8-3。

为减少刀具调整与更换的时间，提高机床的利用率，轴数较多的组合机床及自动线上，常采用各种快换工具。图 8-7 所示为典型的快换接头结构。这类接头多采用钢球固定，锁紧安全可靠，精度和刚度与通常的接杆一样。更换时，只需拉一下滑套即可松开接头螺母。

图 8-8 为用钢球夹紧的快换攻螺纹接杆。接杆 1 用三个钢球 3 压紧丝锥尾柄，推动套 4，压缩弹簧 2，即可取下丝锥。钢球从螺孔中放入，嵌在套 4 的圆周上。

表 8-2 特长可调接杆尺寸（GB3668.10—83）　　　　　　（mm）

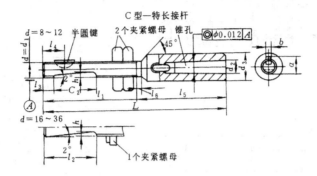

d h6	d_1 h6	d_1		d_3	a		b P9/h9	k max	L	l_1	l_2	l_3	l_4	l_5	l_6	半圆键	调整量
		锥度	基准直径		尺寸	公差											
8	Tr8×1	公制 6 号	6	12	8.8	0 −0.1	2	1.5	96	50	22	4	10	46	2	2×10	12
10	Tr10×1.5	莫氏 0 号	9.045	18	10.9	0 −0.15	3	2	135	62	28	4	10	73	3	3×13	16
12	Tr12×1.5	莫氏 0 号	9.045	18	12.9	0 −0.2	3	2	135	62	28	4	10	73	3	3×13	16
16	Tr16×1.5	莫氏 2 号	17.780	28	17.1	0 −0.25	5	1.3	182	88	43	—	11	94	3	5×16	28
20	Tr20×2	莫氏 2 号	17.780	28	21.1	0 −0.25	5	1.3	182	88	46	—	13	94	3	5×19	28
25	Tr25×2	莫氏 3 号	23.825	36	26.5	0 −0.25	6	1.5	212	95	51	—	15	117	3	6×22	30
28	Tr28×2	莫氏 3 号	23.825	36	29.5	0 −0.25	6	1.5	212	95	51	—	15	117	3	6×22	30
36	Tr36×2	莫氏 4 号	31.267	48	37.5	0 −0.35	8	1.7	264	118	65	—	20	146	3	8×28	36

注：标记示例：C28/3。

楔铁槽应与半圆键成 90°布置。

（mm）

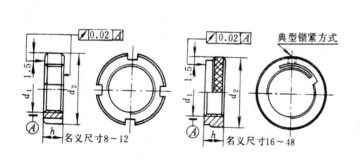

名义尺寸	d_1	d_2	h
8	Tr8×1	$14.8_{-0.2}^{0}$	5
10	Tr10×1.5	$17.8_{-0.2}^{0}$	6
12	Tr12×1.5	$19.7_{-0.2}^{0}$	6
16	Tr16×1.5	24.6	12
20	Tr20×2	31.6	12
25	Tr25×2	36.6	12
28	Tr28×2	39.6	12
36	Tr36×2	49.6	14
48	Tr48×2	66.6	18

图 8-5　夹紧螺母型式及尺寸

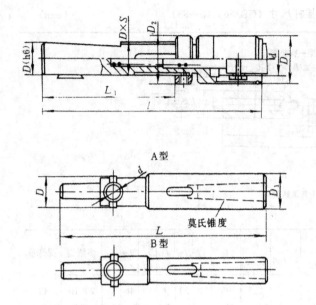

$D \times S$	d (mm)	D_1 (mm)	D_2 (mm)	L (mm)	L_1 (mm)	切削螺纹
Tr16×2	16	23	24.5	124	73	M5～M12
Tr20×2	20	31	31.6	131	76	M5～M14
Tr28×3	28	42	39.6	143	83	M10～M20
Tr36×3	38	55	49.6	172	104	M16～M30

D (mm)	d (mm)	D_1 (mm)	L (mm)	莫氏圆锥	切削螺纹
16	6.5	18	125～455	1	M5～M8
		23	140～470	2	M5～M12
20	8	18	130～460	1	M5～M8
		23	145～475	2	M5～M14
28	12		155～485		M10～M16
		32	160～500	3（短型）	M16～M22
36	14	40	170～500	4（短型）	M20～M30

图 8-6　攻螺纹卡头及攻螺纹接杆

表 8-3　带轴向补偿的丝锥卡头

形式	结构示意图	结构特点	适用范围
丝锥"超前"进给的单向补偿		补偿时，心杆4拉伸拉簧1在卡头3和扁销2上向外伸出，丝锥5固定在心杆4中，扁销2固定在卡头5上，穿过心杆4，用以限制它的轴向移动，并传递扭矩	补偿不灵活，与攻螺纹靠模配合，加工精度不高的螺母
		补偿时，心杆4拉伸弹簧1，丝锥5通过弹簧涨套固定在心杆4中，钢球3在卡头体2及心杆4轴向移动的槽中滚动，并传递扭矩	补偿比较灵活，单独使用或与攻螺纹靠模配合，加工精度不高的螺孔
丝锥"滞后"进给的单向补偿		补偿时，心杆4压缩弹簧1，丝锥5通过弹簧涨套固定在心杆4中，销子3固定在心杆4上，并插入卡头体2的槽内，以限制它轴向移动，并传递扭矩	补偿不灵活，单独使用或与攻螺纹靠模配合，加工精度不高的螺孔

形式	结 构 示 意 图	结构特点	适用范围
丝锥"滞后"进给的单向补偿	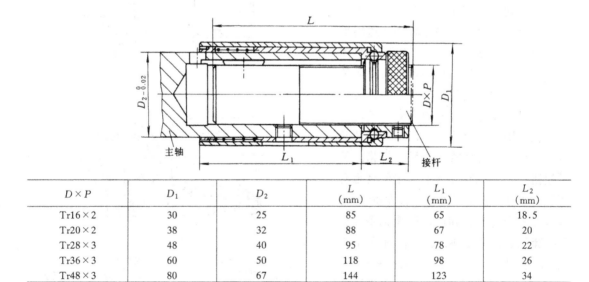	补偿时，装有套5的心杆6压缩压簧1，在卡头体2中的钢球4作轴向导向支承，丝锥7通过弹簧涨套固定在心杆6中，轴承3固定在心杆6上，并穿过卡头体2的槽以限制它轴向移动，并传递扭矩	补偿比较灵活，与攻螺纹靠模配合，加工精度很高的螺孔
双向补偿		在卡头3中，用销子4将套5固定，弹簧6及2分别作用于套5两个端面和可动壳体1底部及心杆7尾端，这样便能实现轴向两个方向的补偿，丝锥8通过快换卡头固定在心杆7中	补偿不灵活，单独使用，加工精度不高的螺孔

$D \times P$	D_1	D_2	L (mm)	L_1 (mm)	L_2 (mm)
Tr16×2	30	25	85	65	18.5
Tr20×2	38	32	88	67	20
Tr28×3	48	40	95	78	22
Tr36×3	60	50	118	98	26
Tr48×3	80	67	144	123	34

图 8-7 快换接头

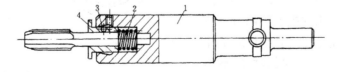

图 8-8 快换攻螺纹接杆

三、导向装置

导向装置的作用是：保证刀具相对工件的正确位置；保证各刀具相互间的正确位置；提高刀具系统的支承刚性。

刀具导向装置常设置在机床夹具上，并成为组合机床夹具的一个组成部分。在某些特定情况下，如导向装置要随机床多轴箱一起移动或者导向装置要随夹具的镗模（或钻模）架一起移动，这种可移动式的导向装置则称为"活动钻模板"。

组合机床上刀具导向装置通常分为固定式导向和旋转式导向两大类。

1. 固定式导向

固定式导向装置的导套装在夹具上固定不动，刀具或刀杆导向部分在导套内可以转动和移动。通常用于钻头、扩孔钻、铰刀复合刀具或镗杆的导向。这种导向精度较高，但容易磨损，当转速较高时，会引起导向部分摩擦而产生热变形，造成"别劲"现象或因导向润滑不良和切屑尘末渗入，使刀具或刀杆与导套"咬死"。适宜于小孔加工，导向表面旋转线速度 $v < 20\mathrm{m/min}$；当用扩孔钻本身导向，线速度可达 $23 \sim 25\mathrm{m/min}$；当镗杆与导套密合和防屑情况十分良好、用强迫冷却、机床精度高时，其线速度可更高些。

（1）固定导套的结构　图 8-9 为固定导套结构型式，一般由中间套、可换导套和压套螺钉组成。中间导套的作用是在导套磨损后，可以较为方便地更换，并不会破坏钻模体上的孔，有利于保持导向精度。对于不频繁更换导套的场合（或结构受限制时），可以不设置中间套，这样便减少了一层误差，有利于提高孔的位置精度。当导向孔间距较小时，可将导套法兰边削平安装使用。图 8-9c 为具有引刀槽的固定导套，适用于镗削孔径较大而导向装置在径向尺寸受到限制的场合，镗刀可在引刀槽中通过，镗杆由导套导向。

（2）固定导套的布置及其参数的确定　表 8-4 为通用导套的尺寸规格，每种规格孔径 d 的可换导套、中间套都有短型、中型和长型三种导向长度供选用。各种导向套的布置和应用范围见表 8-5。导向套配合的选择见表 8-6，标准结构尺寸的导向套见 GB2262—80 ~ GB2267—80。根据导向型式、工件形状和加工精度以及刀具的刚性等因素，确定导向参数：即导套直径及公差配合，导套长度及导套离工件端面距离等。导向长度的确定必须保证刀具刚切入工件时，已进入导套内的导向长度 L 不小于一个导向部分的直径 d（即 $L \geqslant d$）；

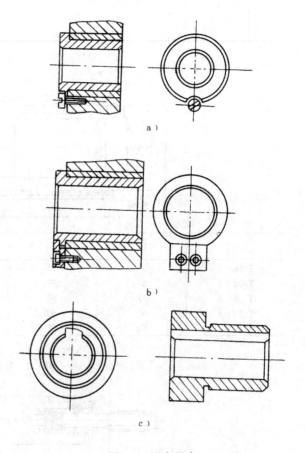

a）

b）

c）

图 8-9　固定导套

导向数量还应根据工件内部结构和具体加工情况决定：通常钻、扩、铰单层壁小孔或用悬臂不大的镗杆镗、扩、铰深度不大的孔时，选择单导向；当轴数少、刚性好或在已钻底孔中钻孔时，可不用导向；当在工件铸孔上扩孔时，为加强刀具导向刚性，通常采用双导向；若因工件内部结构限制而使刀杆悬臂较长或扩、铰位置精度较高的长孔时，宜设单个长导向或双导向；当采用长镗杆镗削多层壁同轴孔时，应根据工件具体情况采用双导向或多层导向。采用多导向加工时，位于进给方向前面的称为前导向，反之则为后导向，前后导向之间的导向称为中间导向。

表 8-4　通用导套的尺寸规格

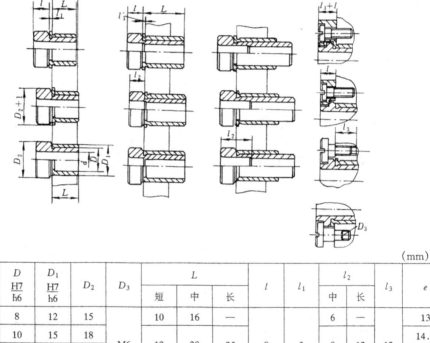

(mm)

d	D $\dfrac{H7}{h6}$	D_1 $\dfrac{H7}{h6}$	D_2	D_3	L			l	l_1	l_2		l_3	e
					短	中	长			中	长		
~4	8	12	15		10	16	—			6	—		13
>4~6	10	15	18										14.5
>6~8	12	18	22	M6	12	20	25	8	3	8	12	12	16.5
>8~10	15	22	26										18.5
>10~12	18	26	30		16	28	36			12	20		22
>12~15	22	30	34										24
>15~18	26	35	39		20	36	45			16	25		26.5
>18~22	30	40	44	M8				10	4			16	29
>22~26	35	46	50		25	45	55			20	30		32
>26~30	42	55	60										37
>30~35	48	62	67	M10	30	55	65	12	5	25	35	20	42
>35~42	55	70	75										46

注：1. d 的公差可选用 G6、G7、F8，当 d 为整数时，可选用 H7。

2. e 为压套螺钉至导套中心距离。

3. 导套材料及热处理：$d \leqslant 25$mm 时，选 T10A，C 62；$d > 25$mm 时，选用 20Cr，S1.0—C62。

表 8-5　各种导向的布置和应用范围

工艺方法	加工示意图	导向长度 l_1 (mm)	导套至工件端面的距离 l_2 (mm)	推荐的应用直径 (mm)	应用速度范围（导向部分的最大线速度）(m·min)	刀具与主轴的连接形式
钻孔	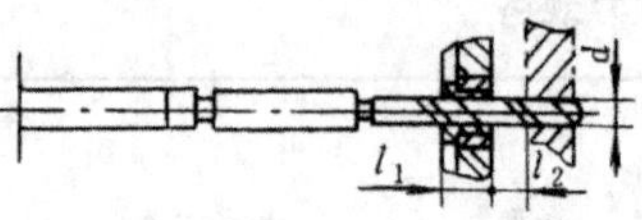	（1～2.5）d 小直径取大值，大直径取小值	钻钢时：（1～1.5）d 钻铸铁时：$\approx d$ d 过大或过小时，上述规律不适用，应比计算值作适当增减 l_2 5～35	≤40	<20	刚性
扩孔或铰孔	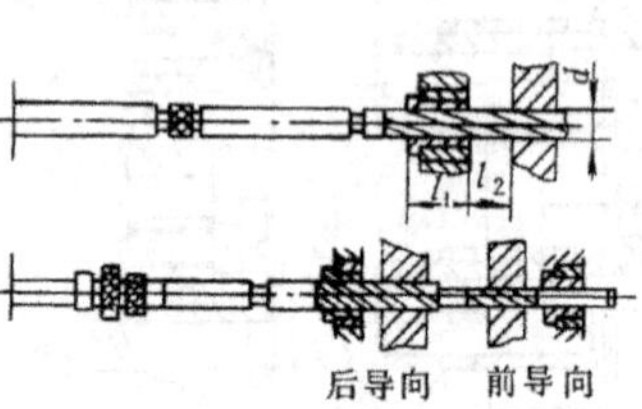 后导向　前导向	单导向：（2～4）d 双导向：（1～2）d 小直径取大值，大直径取小值 前导向可比后导向短些	扩孔：（1～1.5）d 铰孔：（0.5～1.5）d 直径小加工精度要求高时取小值	开油沟导向≤40 镶铜键导向≤80 直齿导向≤60 螺旋齿导向≤60	<20 <20	刚性或浮动 当导向长度较大和有两个以上导向时，应采用浮动连接
镗孔或套车外圆	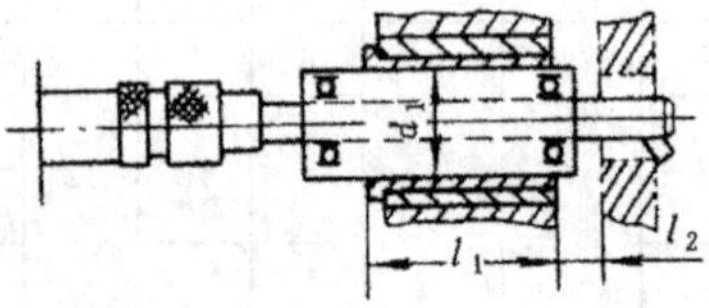	（2～3）d_1 当刀杆悬伸较大时应取大值 双导向加工时，前导向可比后导向短些，前导向可用旋转导向套	20～50 视结构许可而定	70～200 装滚动轴承 d_1>50 装滚珠轴承 d_1>70 装滚锥轴承 d_1>85 装滚针轴承 d_1>55	可用于高速。其速度只受轴承转速及刀具许用切削速度的限制	浮动
钻扩镗	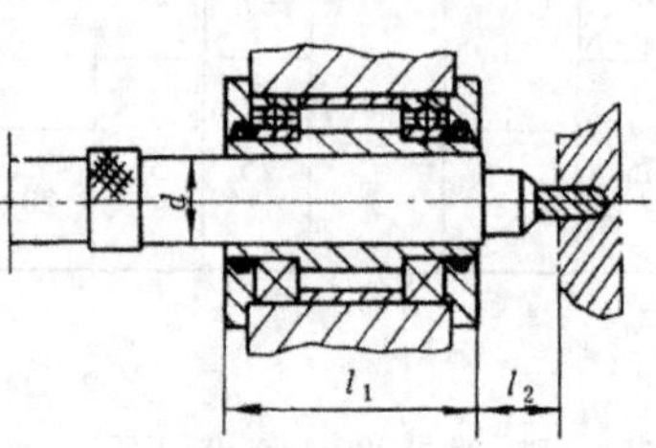	（2.5～3.5）d		≤80	可用于高速及切削负荷不均匀时	刚性或浮动

表 8-6　固定式导套配合的选择

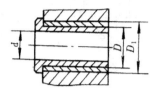

导向类别	工艺方法		d	D	D_1	刀具导向部分外径	
						刀具本身导向	接杆导向
第一类导向	钻孔		G7（或 F8）	$\dfrac{H7}{g6}$	$\dfrac{H7}{n6}$	钻头本身导向	
	扩孔		G7（或 H7）			扩 H8，H9 孔时：h6 扩 H11 以下孔时：g6	$\dfrac{H7}{g6}$
	铰孔	粗铰	铰 H8、H9 或 H11 孔 G7（或 H7）	$\dfrac{H7}{g6}$ 或 $\dfrac{H7}{h6}$	$\dfrac{H7}{n6}$	按略小于 h6 的公差选	$\dfrac{H7}{g6}$
		精铰	铰 H8 或 H7 孔 G6（或 H6）	$\dfrac{H6}{g5}$ 或 $\dfrac{H6}{h5}$		按略小于 h5 的公差选	$\dfrac{H6}{g5}$
第二类导向	镗孔或套车外圆	粗加工	H7	$\dfrac{H7}{js6}$	$D_1 \leqslant 80$ 时 $\dfrac{H7}{n6}$	按 h6 公差或按特殊公差制造 特殊公差：上偏差取 g6 上限的 1/2 下偏差取 g6 下限的 2/3～4/5	
		精加工	H6	$\dfrac{H7}{j5}$，$\dfrac{H7}{js6}$（或 $\dfrac{H6}{j5}$，$\dfrac{H6}{js6}$）	$D_1 > 80$ 时 $\dfrac{H7}{k6}$	按 h5 公差或按特殊公差制造 特殊公差：上偏差取 g5 上限的 1/4～1/3 下偏差取 g5 下限的 1/2～2/3	

注：精加工时，固定导套内孔 d 的椭圆度公差，可取 H6 公差的 1/4 左右。

（3）特殊形式导套

特殊导套　根据特殊加工情况需设置特殊的导套，其形式如图 8-10 所示。图 8-10a 是在工件内壁上钻孔，因钻模板不能有效地靠近被加工表面，导套需伸出，以减小导套至工件端面的距离；图 8-10b 是在偏移中心的圆弧面上钻孔；图 8-10c 为钻削斜孔；图 8-10d 为钻削中心距很近的两个或数个孔，为防止导套转动，除了用压套螺钉压紧导套外，还可用带有定位键（或定位销）的压板来固定导套，以保证导套上孔的方向和位置准确；图 8-10e 是用于在钢件上钻孔的断屑导套，导套前端铣有断屑槽，利于钻削铁屑的折断。

断屑导套　钢件钻孔时，断屑极为重要。图 8-11 所示为具有不同槽形的断屑导套，其端面槽形有锯齿形或矩形两种，槽深一般 4～5mm，槽数为 4～6 个（在圆周上均布），端部外圆常作成正锥体，以增强断屑效果。

固定导套除直接用于刀具本身导向外，还适用于接杆的导向。选用接杆导向时，接杆表面可开各种沟槽（螺旋槽、似扩孔钻和铰刀样的齿形直槽）或镶青铜（或钢）的导向块，刀杆导向表面淬硬并精磨，使之与导套间的润滑、配合更好，耐磨性也相应提高，旋转线速度可提高到 25m/min，导套的长度也可选得长些，导向精度也较高。

2．旋转式导向装置

旋转式导向装置具有可旋转的导向部分，刀具导向部分与夹具导套间只有相对移动而无相对转动。这类导向允许线速度 $v > 20$m/min，适用于直径 $\phi25$mm 以上的孔加工，特别是大直径镗孔应用较多。

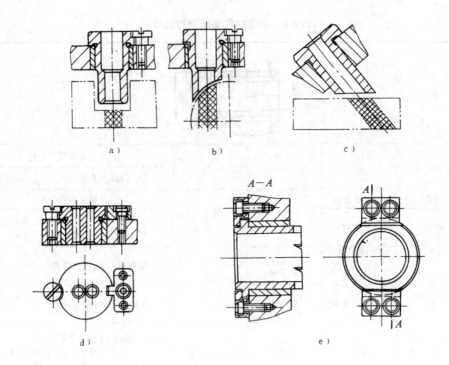

图 8-10　特殊导套

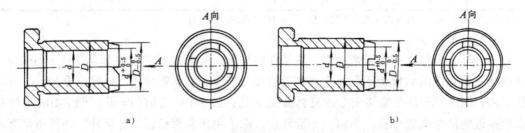

图 8-11　断屑导套
a) 锯齿形槽　b) 矩形槽

　　旋转式导向装置的两种基本形式如图 8-12 所示。图 8-12a 为内滚式导向装置，其旋转部分（在导向套的内部，并成为刀杆的一个组成部分）在刀杆上，它装有滚动轴承（滚珠，滚柱、滚锥轴承等形式），导套固定，其直径比固定式导向装置的通用导套直径大，故需专门设计；图 8-12b 为外滚式导向装置，其旋转部分（在导套滑动表面的外部）设置在夹具上，导套本身可以作旋转运动，刀具则依靠其刀杆部分在导套内移动实现导向。

　　(1) 内滚式导向装置结构形式　内滚式导向装置的结构形式如图 8-13 所示。图 8-13a 和 b 为配有滑动轴承的导向，抗振性能较好，但须保证轴承润滑充分、密封良好。这种结构，刀杆的一端为圆柱表面，另一端为圆锥表面，并应研配以保证有较高的导向精度。多用于转速不太高的场合，如铰孔时的导向。图 8-13c 和图 8-13d 为装有滚珠轴承的导向，这种结构刚性好，适当调整轴承并预紧，可提高导向精度和承载能力，适宜于扩孔、粗镗及较高转速时的导向。

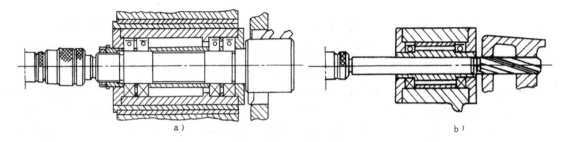

图 8-12　旋转式导向装置
a）内滚式　b）外滚式

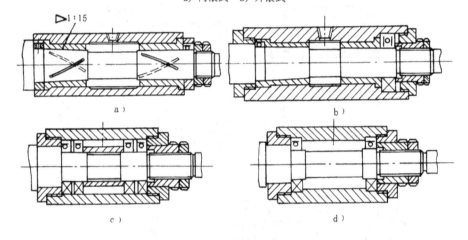

图 8-13　内滚式导向的结构

采用内滚式导向镗孔时，导向装置所配置的轴承型式和精度等级与导向精度直接相关，导向精度要求较高时选高精度等级轴承。采用滚珠轴承导向，适用于中、高速时的半精加工和精加工场合；滚锥轴承的导向刚度较高，但回转精度稍差，常用作粗加工时的导向；滚针轴承仅用于结构受到限制或径向尺寸要求较小时，通常不选用。内滚式导向参数查表 8-5。

图 8-14 所示为单导向与双导向镗孔加工方式。在镗削工件薄壁上相距较近的两个同轴孔时，因镗杆悬伸不大，故常采用悬臂单导向加工方式；在镗削工件的多层孔壁上

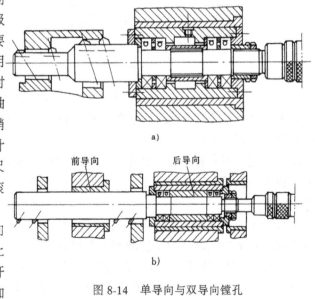

图 8-14　单导向与双导向镗孔
a）单导向　b）双导向

相距较远的两个或三个同轴孔时，因镗杆较长而刚性较差。所以常要采用双导向或多导向的加工方式。

（2）外滚式导向装置结构形式　图8-15所示为外滚式导向装置的常用结构形式。图8-15a、b、c三种导向装置中，图8-15a是装有滚珠轴承，适用粗加工、半精加工和精加工的导向（精加工时多选用单列向心推力轴承）；图8-13b是安装滚锥轴承，其导向刚性高，常用于对加工余量不匀的粗加工导向；图8-13c是装有滚针轴承，结构紧凑，特别是径向尺寸小，但回转精度较低，仅用于结构尺寸受限制的粗加工导向，若提高滚针直径精度并严格挑选，导向精度则有明显提高；图8-13d为采用滑动轴承导向，此种结构与内滚式导向性能相彷，适于转速不太高的场合。

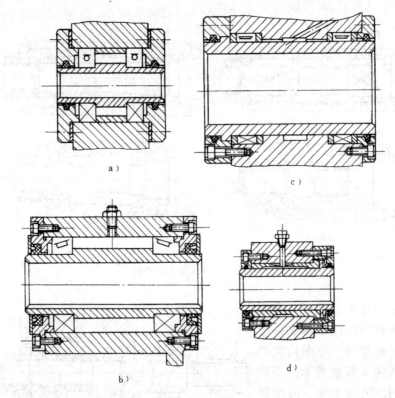

图 8-15　外滚式导向结构

表8-7为外滚式旋转导向的主要参数，表中推荐的导向长度适用于单导向的悬臂镗孔，其镗杆的悬伸不宜太长。

综上所述，组合机床上刀具导向装置结构有多种形式，导向装置的导向元件有设置在刀杆上，也有在夹具上；在同一个刀杆上既可以选用相同的导向装置，也可以选用不同的导向装置。

组合机床上常遇到在孔中切环槽、车端面及止口、圆锥面和球形面等工艺，这就要求刀具具有纵向和横向运动或两个运动间有严格传动比要求的复合运动。通常采用两种方法来实现：1）采用镗孔车端面头，在刀盘的横刀架上安装刀夹和刀具，用以车内外端面、环形槽等（见图2-7）。2）在钻、镗切削头上采用特种工具使刀具获得横向或斜向运动（见表8-8）。

表 8-7　旋转导向的主要参数

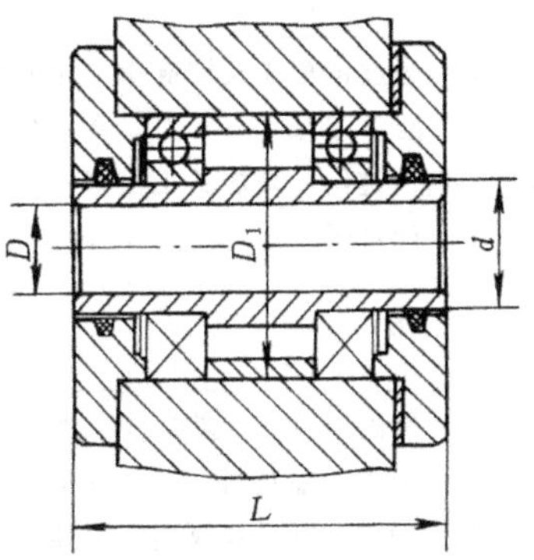

加工要求	导向长度 L（mm）	轴承形式	轴承精度	导向的配合			
				D	d_1	d	镗杆导向部分外径
粗加工	(2.5~3.5)D	单列向心球轴承 单列圆锥滚子轴承 滚针轴承	F、G	H7	J7	k6	g6 或 h6
半精加工		单列向心球轴承 向心推力球轴承	D、E	H7	J7	k6	h6 或 g5
精加工		向心推力球轴承	C、D	H6	k6	j5 js6 k6	h5

注：1. 当精镗孔的位置精度要求很高时，建议镗杆导向外径的公差取为 0.4h5，导套内孔直径的公差取为 1/3H6，或配研至其间隙不大于 0.01mm。

　　2. 精加工时，导套内孔的椭圆度公差取为镗孔圆柱度公差的 1/5~1/6。

表 8-8　采用特殊工具的典型加工方法

工序名称	特 殊 工 具 结 构 示 意	结构特点	适用范围
内宽槽	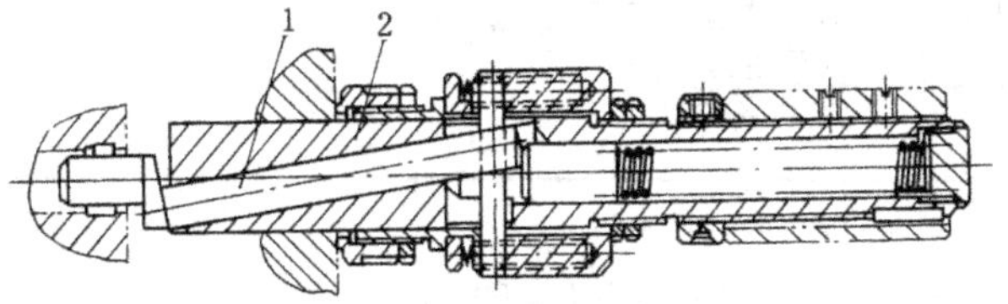	通过刀杆 1 及杆 2 在斜面上的相对移动，实现径向进给，来加工内宽槽	承受切削载荷不太重
内端面	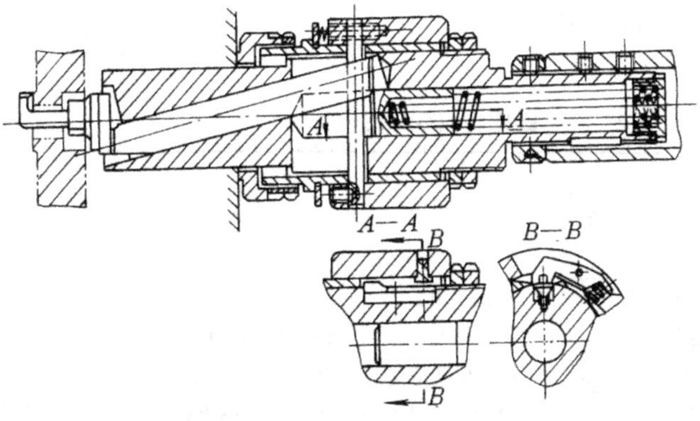	在上面的结构上附加一装置，通过卡爪 1 实现让刀，来加工孔的内端面	承受切削载荷不太重，加工完成后要求让刀
内、外止口	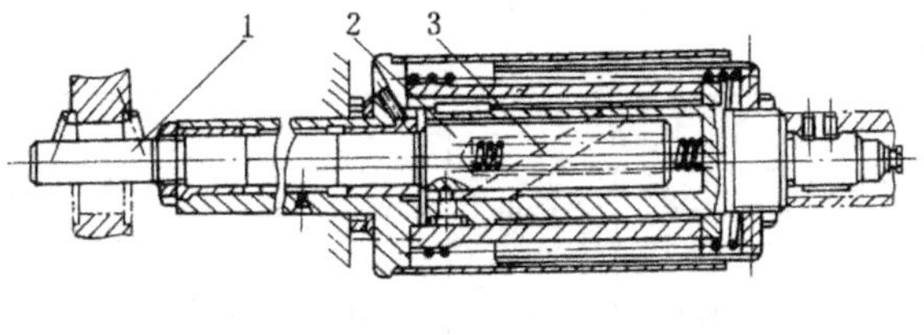	刀杆 1 与尾柄 2 是偏心安装，并通过螺旋槽 3 使刀杆 1 与尾柄 2 产生相对转动，实现径向进给，来加工工件的内、外止口	承受切削载荷可较重

（续）

工序名称	特殊工具结构示意	结构特点	适用范围
锥面	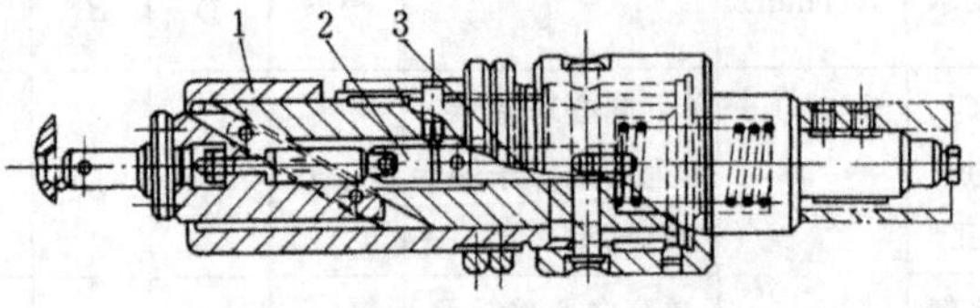	通过销轴 3 及铰链 2 推动刀架 1，实现斜向进给，来加工工件的锥面	承受切削载荷可较重
球形孔	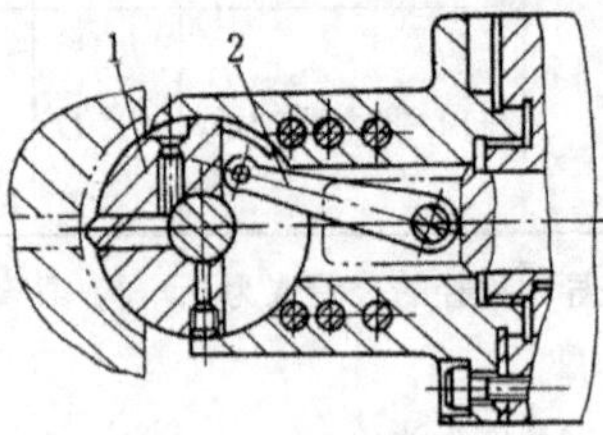	常配用镗孔车端面动力头，通过杠杆 2 推动刀架 1，实现圆周进给，来加工工件的球形孔	承受切削载荷不太重
球形孔	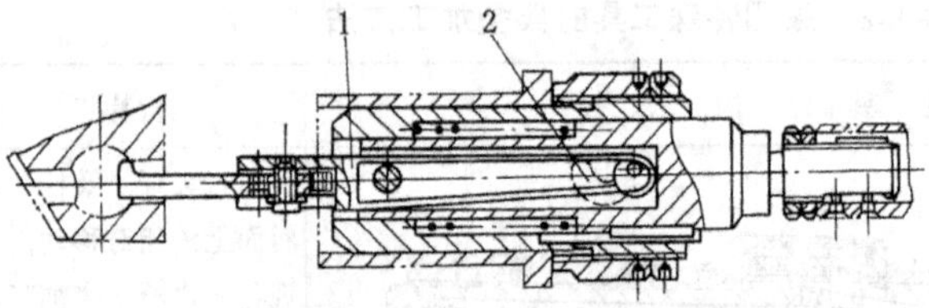	刀杆 1 通过曲线槽 2 实现圆周进给来加工球形孔	承受切削载荷不太重

第二节　常用标准件和通用件

一、螺母、垫圈、螺钉、铆钉、标牌等

1. 圆螺母（GB812—88）（表 8-9）

表 8-9　圆螺母（GB812—88）　　　　　　　　（mm）

其余 $\sqrt{6.3}$

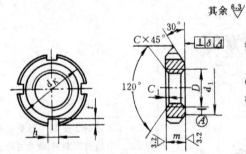

标记示例：

螺母 GB812—88　M16×1.5

（细牙普通螺纹，直径 16mm、螺距 1.5mm、材料为 45 钢、槽或全部热处理硬度 HRC35～45，表面氧化的圆螺母）

螺纹规格 $D \times P$	d_k	d_1	m	h		t		C	C_1
				max	min	max	min		
M10×1	22	16	8	4.3	4	2.6	2	0.5	0.5
M12×1.25	25	19							
M14×1.5	28	20							

（续）

螺纹规格 $D \times P$	d_k	d_1	m	h		t		C	C_1
				max	min	max	min		
M16×1.5	30	22	8					0.5	
M18×1.5	32	24							
M20×1.5	35	27							
M22×1.5	38	30		5.3	5	3.1	2.5		
M24×1.5	42	34						1	
M25×1.5*									
M27×1.5	45	37							0.5
M30×1.5	48	40							
M33×1.5	52	43	10						
M35×1.5*									
M36×1.5	55	46		6.3	6	3.6	3		
M39×1.5	58	49							
M40×1.5*									
M42×1.5	62	53							
M45×1.5	68	59							
M48×1.5	72	61						1.5	
M50×1.5*									
M52×1.5	78	67	12						
M55×2*				8.36	8	4.25	3.5		
M56×2	85	74							
M60×2	90	79							
M64×2	95	84							
M65×2*									
M68×2	100	88		10.36	10	4.75	4		

注：1. 槽数 n：当 $D \leqslant M100 \times 2$，$n=4$；当 $D \geqslant M105 \times 2$，$n=6$。

2. * 仅用于滚动轴承锁紧装置。

2. 圆螺母用止动垫圈（GB858—88）（表 8-10）

表 8-10 圆螺母用止动垫圈（GB858—88）　　　　　　（mm）

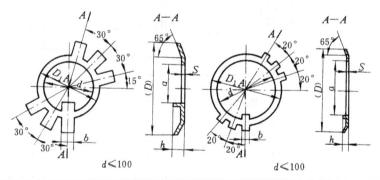

标记示例：

垫圈 GB858—88 16

（公称直径16mm、材料为
Q235A、经退火、表面氧化的圆
螺母用止动垫圈）

规格（螺纹大径）	d	D 参考	D_1	S	h	b	a
10	10.5	25	16				8
12	12.5	28	19		3	3.8	9
14	14.5	32	20				11
16	16.5	34	22	1			13
18	18.5	35	24			4.8	15
20	20.5	38	27		4		17
22	22.5	42	30				19

（续）

规格（螺纹大径）	d	D 参考	D_1	S	h	b	a
24	24.5	45	34	1	4	4.8	21
25*	25.5	45	34				22
27	27.5	48	37				24
30	30.5	52	40				27
33	33.5	56	43		5		30
35*	35.5	56	43				32
36	36.5	60	46			5.7	33
39	39.5	62	49				36
40*	40.5	62	49				37
42	42.5	66	53				39
45	45.5	72	59	1.5			42
48	48.5	76	61				45
50*	50.5	76	61				47
52	52.5	82	67				49
55*	56	82	67			7.7	52
56	57	90	74				53
60	61	94	79		6		57
64	65	100	84				61
65*	66	100	84				62
68	69	105	88			9.6	65

注：* 仅用于滚动轴承锁紧装置。

3. 开槽锥端定位螺钉（GB72—88）（表 8-11）

表 8-11　开槽锥端定位螺钉（GB72—88）　　　　　　　　（mm）

材料：钢——表面不经处理或氧化或镀锌钝化
处理不锈钢——表面不经处理

标记：螺纹规格 d = M10，公称长度 l = 20mm，
性能等级为 14H 级，不经表面处理的开
槽锥端定位螺钉的标记：

螺钉 GB72M10×20

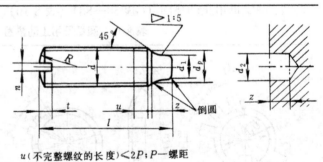

u（不完整螺纹的长度）<$2P$；P—螺距

		M3	M4	M5	M6	M8	M10	M12
dp	max/min	2/1.75	2.5/2.25	3.5/3.2	4/3.7	5.5/5.2	7/6.64	8.5/8.14
	n	0.4	0.6	0.8	1	1.2	1.6	2
t	max/min	1.05/0.8	1.42/1.12	1.63/1.28	2/1.6	2.5/2	3/2.4	3.6/2.8
	$d_1 \approx$	1.7	2.1	2.5	3.4	4.7	6	7.3
	z	1.5	2	2.5	3	4	5	6
	$R \approx$	3	4	5	6	8	10	12

（续）

	M3	M4	M5	M6	M8	M10	M12
d_2（推荐）	1.8	2.2	2.6	3.5	5	6.5	8
l 通用规格范围	4～16	4～20	5～20	6～25	8～35	10～45	12～50
长度 l 系列	4、5、6、8、10、12、(14)、16、20、25、30、35、40、45、50						

注：1. 螺纹公差 6g（按 GB196、CB197 规定）。

　　2. 尽可能不采用括号内的规格。

4. 钢丝锁圈（GB921—86）（表 8-12）

表 8-12　钢丝锁圈（GB921—86）　　　　（mm）

材料：碳素弹簧钢丝

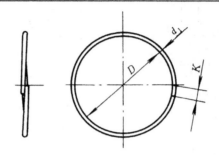

公称直径 D	d_1	K	适用的挡圈 GB885—86	公称直径 D	d_1	K	适用的挡圈 GB885—86
15	0.7	2	8	47	6		35
17			9、10	54			40
20			12、13	62			45
23	0.8	3	14	71	1.4		50
25			15、16	76			55
27			17、18	81			60
30			19、20	86		9	65
32			22	91			70
35	1	6	25	100	1.8		75
38			28	105			80
41			30	110			85
44			32	115			90

注：1. 锁圈材料质量应符合 YB248—64 标准规定。

　　2. 验收检查、标志与包装按 GB90—85 规定。

　　3. 本标准适用 D＝15～236mm 的锁圈，本表仅列部分规格。

5. 隔套 （Q43-1）（表8-13）

表8-13　内隔套（Q43-1）　　　　　　　　　　　　　（mm）

材料　H7150
　　　　35

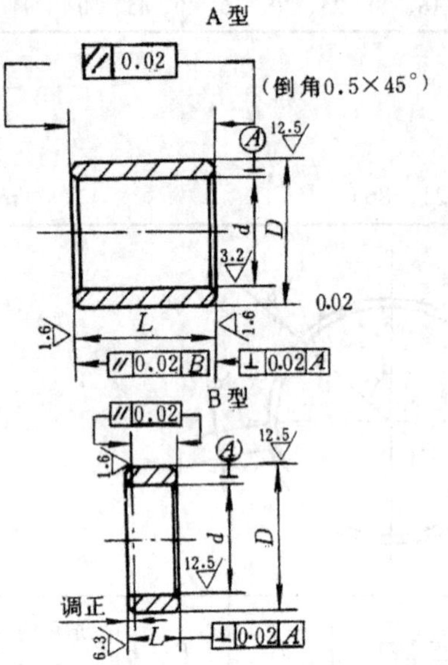

A型

B型

d (D11)	D	L	d (D11)	C	L	d (D11)	D	L
3	5.5	2~16	25	32	2~45	85	100	5~120
4	7		30	38		90	105	
5	9	2~20	35	45	2~50	95	110	6~120
6	10		40	50	2~60	100	115	
7	12	2~25	45	55	4~60	105	125	
8	13		50	60	5~70	110	130	
9	14	2~30	55	65		120	140	
10	15		60	72	5~80	130	150	
12	17	2~40	65	78		L 可选用系列: 2, 3, 4, 5, 6, 8, 10, 12, 16, 20, 25, 30, 35, 40, 45, 50, 55, 60, 65, 70, 80, 90, 100, 110, 120		
15	21		70	82	5~100			
17	24	2~45	75	88				
20	26		80	95	5~120			

注：标记示列：$d=10mm$，$L=20mm$A型（或B型）的内隔套：内隔套 10×20（或B-10×20）Q43-1。

6. 堵塞 （Q56-1）（图8-16）

材料：A3　　　　　　　　　　其余 2.5

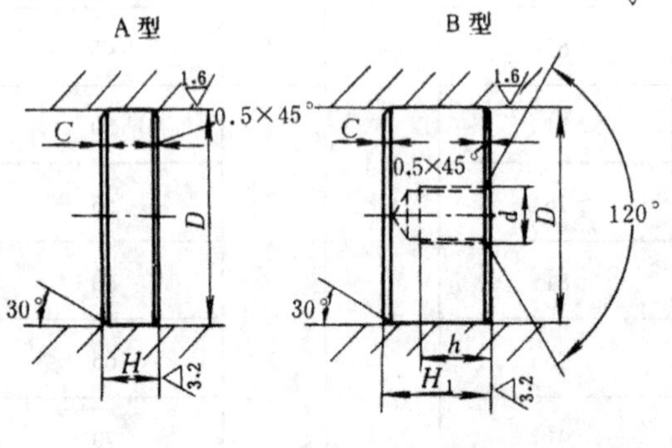

A型　　　　　　　　B型

D (n6)	H	H₁	c	h	d	螺　钉 GB71—85
8	5	12	0.5	8	M5	M5×6
10						
12						
14	6	12		8	M6	M6×6
(15)						
16						
18						
20						
22						
(24)						
25						
(26)			1			
28						
30						
32						
(34)	8	15		10	M8	M8×10
35						
(36)						
(38)						
40						

A型 $D=16mm$　　标记：16Q56-1

B型 $D=16mm$　　标记：B-16Q56-1

A型材料允许用 HT150。

右表中括号内尺寸尽可能不用：$D>40\sim120mm$ 规格数据从略。

图8-16　堵塞（Q56-1）

H_1

7. 环首螺钉堵（ZIJ29-7）（图 8-17）

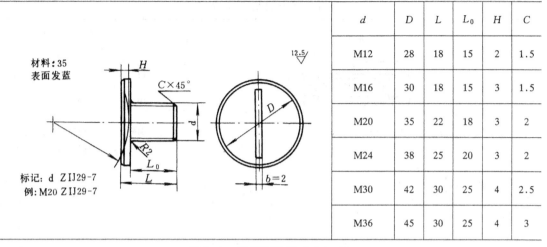

材料：35
表面发蓝

$C \times 45°$

标记：d ZIJ29-7
例：M20 ZIJ29-7

d	D	L	L_0	H	C
M12	28	18	15	2	1.5
M16	30	18	15	3	1.5
M20	35	22	18	3	2
M24	38	25	20	3	2
M30	42	30	25	4	2.5
M36	45	30	25	4	3

图 8-17 环首螺钉堵（ZIJ29-7）

8. 标牌用铆钉（GB82—86）（表 8-14）

表 8-14 标牌用铆钉（GB827—86） (mm)

材料：钢、铜及其合金，铝及其合金

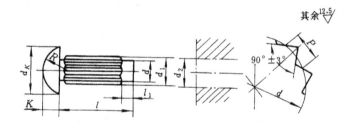

其余 $\sqrt{12.5}$

$90° \pm 3°$

标记：公称直径 $d = 3mm$、公称长度 $l = 10mm$，材料为 ML_2，不经表面处理的标牌铆钉的标记

示例：铆钉 GB827—86-3×10

d	d_k		K		d_1	$P\approx$	l_1	$R\approx$	d_2		商品规格范围	l (max/min)
	max	min	max	min	min				max	min	l	
(1.6)	3.2	2.8	1.2	0.8	1.75	0.72	1	1.6	1.56	1.5	3, 4, 5, 6	3 (3.2/2.8)
2	3.74	3.26	1.4	1.0	2.15	0.7	1	1.9	1.96	1.9	3, 4, 5, 6, 8	4 (4.24/3.76)
												5 (5.24/4.76)
2.5	4.84	4.36	1.8	1.4	2.65	0.72	1	2.5	2.46	2.4	3, 4, 5, 6, 8, 10	6 (6.24/5.76)
												8 (8.29/7.71)
3	5.54	5.06	2.0	1.6	3.15	0.72	1	2.9	2.96	2.9	4, 5, 6, 8, 10, 12	10 (10.29/9.71)
												12 (12.35/11.65)
4	7.39	6.89	2.6	2.2	4.15	0.84	1.5	3.8	3.96	3.9	6, 8, 10, 12, 15, 18	15 (15.35/14.65)
												18 (18.35/17.65)
5	9.09	8.51	3.2	2.8	5.15	0.92	1.5	4.7	4.96	4.9	8, 10, 12, 15, 18, 20	20 (20.42/19.58)

注：1. 尽可能不采用括号内的规格。

2. 铆钉用材料，热处理及表面处理规定按"铆钉技术条件"（GB116—86）选取。

9. 组合机床用标牌（表 8-15、图 8-18）

表 8-15　机床机构标牌（Q91-2）

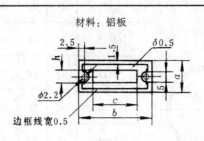

材料：铝板

形式	a	字体高 h	一字至四字	
			b	C
A	12	5	25	14
B	16	7	40	25

A 型编号 13　　标记：13Q91-2

B 型编号 13　　标记：B-13Q91-2

编号	标牌内容	编号	标牌内容	编号	标牌内容	编号	标牌内容	编号	标牌内容	编号	标牌内容
1	主 轴	8	滑 枕	15		42	接 地	49		81	液 压
2	工作台	9	滑 块	16		43	照 明	50		82	
3	刀 架	10	横 梁	17		44		61	润 滑	83	
4	前刀架	11	光 杠	18		45		62	冷 却	84	
5	后刀架	12	丝 杠	19		46		63	注 油		
6	砂 轮	13	调 正	20		47		64	排 油		
7	铣 刀	14	变 速	41	电 源	48		65	油 位		

注：1. 标牌字体按 GB4457.3—84 的规定。

2. 字与边框线为黑色并凹入标牌表面约 0.15mm，牌面为银白色不应刺目反光。

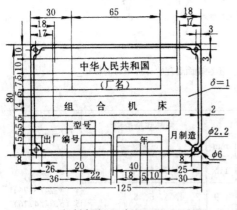

材料：铝板、黄铜

要求：

(1) 字体按 GB4457.3—84 规定。字的高度和行距按图示尺寸规定，字体排列应均匀对称。

(2) 出国名牌用铜制，国内名牌用铝制。

(3) 文字、符号、边框应凸起，凹下部分凹入标牌表面约 0.15mm，并涂以黑漆。铜制名牌凸起部分应镀铬抛光。

(4) 型号、出厂编号、年月为空白，具体内容用打字法填充。

铝制名牌　　标记：ZIQ92-1

铜制名牌　　标记：铜 ZIQ92-1

图 8-18　组合机床名牌（ZIQ92-1）

注：组合机床自动线名牌（ZIQ92-2）规格要求与组合机床名牌（ZIQ92-1）相同，但须把"组合机床"改标为，组合机床自动线"，其最右、最左的字与边框相距约为 6.5mm。

二、润滑件

1. 圆形分油器（ZIR31-2）（表 8-16）

表 8-16　圆形分油器（ZIR31-2）

(mm)

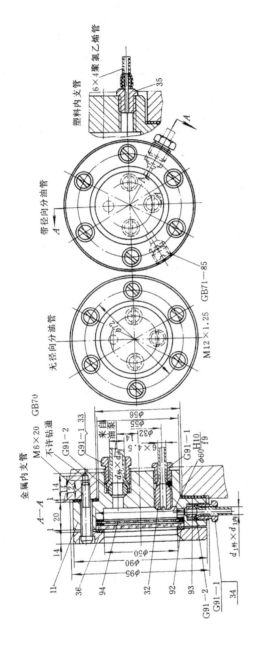

A 型　金属内支管标记：	ZIR31-2	塑料内支管标记：	塑-ZIR31-2
B 型　金属内支管标记：	B-ZIR31-2	塑料内支管标记：	塑B-ZIR31-2
G 型　金属内支管标记：	G-ZIR31-2	塑料内支管标记：	塑G-ZIR31-2

分油器	无径向油管		带一个径向油管		带两个径向油管	
$d_{外} \times d_{内}$	8×6	12×10	8×6	12×10	8×6	12×10
$d_{内} \times d_{内}$	—	—	6×4.5	8×6	6×4.5	8×6
型式	A	B	C	D	E	F
内支管	金属	塑料	金属	塑料	金属	塑料

（续）

零件号	名称	材料	A 金属	A 塑料	B 金属	B 塑料	C 金属	C 塑料	D 金属	D 塑料	E 金属	E 塑料	F 金属	F 塑料	G 金属	G 塑料	规格	型号
11	体	HT200	–	1	–	1	–	1	–	1	–	1	–	1	–	1		ZIR31-2-11
			1	–	1	–	1	–	1	–	1	–	1	–	1	–		B-ZHR31-2-11
36	法兰	15钢	1	1	1	1	1	1	1	1	1	1	1	1	–	1		ZIR31-2-36
32	螺纹垫	35钢	3	–	3	–	3	–	3	–	3	–	3	3	–	–		ZIR31-2-32
33	管接头	35钢	1	1	–	1	–	1	–	1	1	1	1	1	–	1		ZIR31-2-33
34	管接头	35钢	–	–	–	–	–	–	–	–	1	1	–	–	–	–		ZIR31-2-34
35	管接头	35钢	–	3	–	3	–	3	–	3	–	3	–	3	–	3		ZIR31-2-35
94	镜片	有机玻璃	1	1	1	1	1	1	1	1	1	1	1	1	1	1		ZIR31-2-94
92	垫	聚氯乙烯	2	2	2	2	2	2	2	2	2	2	2	2	2	2		ZIR31-2-92
93	垫	聚氯乙烯	1	1	1	1	1	1	1	1	1	1	1	1	1	1		ZIR31-2-93
	螺钉		6	6	6	6	6	6	6	6	6	6	6	6	6	6	M6×40	GB65-85
	螺钉		–	–	–	1	4	–	1	1	3	1	–	–	–	1	MI2×1.25×14	GB78-85
	管接头		–	–	–	–	–	1	1	1	–	1	2	–	2	1	6 / 12	G91-1
	密合垫		–	1	–	1	–	1	1	1	1	1	1	1	1	1	8 / 12	G91-2

2．弯头注油油杯（图8-19）

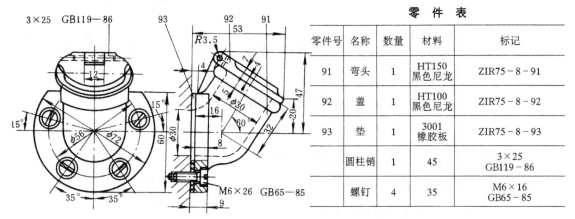

零 件 表

零件号	名称	数量	材料	标记
91	弯头	1	HT150 黑色尼龙	ZIR75－8－91
92	盖	1	HT100 黑色尼龙	ZIR75－8－92
93	垫	1	3001 橡胶板	ZIR75－8－93
	圆柱销	1	45	3×25 GB119－86
	螺钉	4	35	M6×16 GB65－85

图 8-19 弯头注油油杯

参 考 文 献

1 大连组合机床研究所编·组合机床设计第一册．北京：机械工业出版社，1975

2 金振华主编．组合机床及其调整与使用．北京：机械工业出版社，1990

3 徐英南编．组合机床及其自动线的使用与调整．北京：劳动人事出版社，1987

4 大连组合机床研究所主编．机械工程手册第62篇．北京：机械工业出版社，1980

5 孟少农主编．机械加工工艺手册第3卷．北京：机械工业出版社，1992

6 范国清等编．组合机床通用部件专辑。大连：大连组合机床研究所

7 沈阳工学院等编．组合机床设计．上海：上海科技出版社·1985

8 大连组合机床研究所编．组合机床．1980年～1986年．《组合机床与自动化加工技术》1987～1992年

9 黄鹤汀主编．金属切削机床设计．上海：上海科技文献出版社，1986

10 顾维邦主编．金属切削机床（下册）．北京：机械工业出版社，1984

11 李天无主编．简明机械工程师手册（上册）．昆明：云南科技出版社，1988

12 李铁尧主编．金属切削机床．北京：机械工业出版社，1990

13 黄少昌等编．计算机辅助机械设计技术基础．清华大学出版社，1988

14 王隆太等．基于PC微机对多轴箱辅助设计系统BOXCAD的开发研究．机床．1990，(6)

15 李元奇．计算机辅助设计多孔钻主轴箱．机械工业自动化．1983，(4)

16 哈尔滨工业大学、哈尔滨市教育局．专用机床设计与制造．哈尔滨：黑龙江人民出版社，1979

机械制造系列简明手册

1	金属切削机床设计简明手册	范云涨、陈兆年　主编
2	组合机床设计简明手册	谢家瀛　主编
3	液压系统设计简明手册	杨培元　朱福元　主编
4	金属切削刀具设计简明手册	刘华明　主编
5	切削用量简明手册（第3版）	艾　兴　肖诗纲　编
6	机械制造工艺设计简明手册	李益民　主编
7	机械电气设计简明手册	韩敬礼　仪垂杰　主编